Berliner geographische Studien

Herausgeber: Frithjof Voss

Schriftleitung: Michael Wiesemann-Wagenhuber

Band 48

Gewässerschutz in Shanghai

上海水源保护研究

von Jian-Xin Li

D 83 **Berlin 1997**

Institut für Geographie der Technischen Universität Berlin

Die Arbeit wurde am 22. April 1997 vom Fachbereich Umwelt und Gesellschaft der Technischen Universität Berlin unter dem Vorsitz von Prof. Dr. G. Schmidt-Eichstaedt, Berlin, aufgrund der Gutachten von Prof. Dr. F. Voss, Berlin, Prof. Dr. Ting-Yao Gao, Shanghai, Prof. Dr. J. Küchler, Berlin und Prof. Dr. L. Lehmann, Berlin, als Dissertation angenommen.

Herausgeber:	Prof. Dr. Frithjof Voss

Autor:	Jianxin Li Nordhauser Straße 15, D-10589 Berlin

Schriftleiter:	Michael Wiesemann-Wagenhuber
Titelseite: Inset:	Dipl.-Ing. Hans-Joachim Nitschke Satellitenbild (TM) vom 18.5.1987 (Shanghaier Akademie für Vermessungswesen) Photos: Prof. Dr. Frithjof Voss

ISSN 0341-8537
ISBN ~~3 7983 1706 2~~

Gedruckt auf säurefreiem alterungsbeständigem Papier

Druck/ Printing:	Offset-Druckerei Gerhard Weinert GmbH Saalburgerstraße 3, D-12099 Berlin - Tempelhof
Vertrieb/ Publisher:	Technische Universität Berlin Universitätsbibliothek, Abt. Publikationen Straße des 17. Juni 135, D-10623 Berlin - Charlottenburg Tel.: (030) 314-22976, -23676 Fax.: (030) 314-24743
Verkauf/ Book-Shop:	Gebäude FRA-B Franklinstraße 15 (Hof), D-10587 Berlin - Tiergarten

VORWORT

"Mein guter Freund, habt Ihr irgendwelche Sorgen?
Soviel wie der nach Osten fließende Yangzi im Frühjahr."
- Spätkönig LI Yü (937 - 978 n. Chr.) -

Die vorliegende Arbeit entstand als Dissertation am Institut für Geographie der Technischen Universität Berlin.

Allen Personen, die dazu beigetragen haben, diese Arbeit abzuschließen, sei in diesem Zusammenhang gedankt. Hier nenne ich meine Kollegen in Berlin: Carmen Kittelberger, Cordula Petzold, Reinhold Rennert, Eva Sternfeld, Wolfgang Straub, Frank Torkler, die mir bei der deutschen Sprache öfter geholfen hatten.

Ein Dankeschön gilt auch für Herrn Dipl.-Ing. Hans-Joachim Nitschke und Herrn Michael Wiesemann-Wagenhuber, die die Schriftleitung der Dissertation übernahmen.

Bei meinen hochverehrten Hochschulmeistern Herrn Prof. Dr. Frithjof Voss (Doktorvater), Herrn Prof. Dr. Ting-Yao Gao (Tongji-Universität Shanghai) und Herrn Prof. Dr. Johannes Küchler (Technische Universität Berlin), die als Betreuer tätig waren, möchte ich mich für das Vertrauen, die Unterstützung, das Beibringen und die Geduld bedanken.

Bedanken möchte ich mich auch bei der Technischen Universität Berlin, die mir ein Promotionsstipendium für meine Arbeit in der Abschlußphase gewährt hat. Ohne das TU-Stipendium hätte ich die vorliegende Arbeit nicht fertigstellen können.

Herr Prof. Dr. Frithjof Voss ermöglichte die Veröffentlichung der Arbeit in seiner Schriftenreihe "Berliner geographische Studien"; auch hierfür sei recht herzlich gedankt.

Berlin, April 1997

博士导师:

柏林工业大学地理系教授 F. Voss 博士

上海同济大学环境工程学院教授高廷耀博士

柏林工业大学环境规划管理系教授 J. Küchler 博士

INHALTSVERZEICHNIS

Vorwort III
Inhaltsverzeichnis IV
Abbildungsverzeichnis VII
Tabellenverzeichnis VII
Abkürzungen IX

1 EINFÜHRUNG 1

2 LANDESNATUR UND STADTENTWICKLUNG ALS RAHMENBEDINGUNGEN DES GEWÄSSERSCHUTZES 5

2.1 Landesnatur und Agrarkultur 5
2.1.1 Geomorphologie 5
2.1.2 Klima 7
2.1.3 Boden und Agrarkultur 9

2.2 Stadtentwicklung 10
2.2.1 Entwicklungsgeschichte vor 1949 10
2.2.2 Stadtentwicklung 1949 - 1995 14

3 GEWÄSSER UND WASSERVERSORGUNG 19

3.1 Oberflächengewässer 19

3.2 Haushalt der Oberflächengewässer 21

3.3 Grundwasserdargebot 23

3.4 Grundwassererschließung und Belastung 24

3.5 Wasserversorgung und Wasserverbrauch 29
3.5.1 Öffentliche Wasserversorgung 29
3.5.2 Wasserverbrauch heute 30

3.6 Wassergüteproblem 31

4 BELASTUNG UND GÜTEZUSTAND DER OBERFLÄCHENGEWÄSSER 33

4.1 Gewässerbelastung 33
4.1.1 Abwasserbelastung 33
4.1.2 Gewässerverschmutzung und Abfallbeseitigung 36
4.1.3 Gewässerverschmutzung und Landwirtschaft 37
4.1.4 Die Lage in den fünf Huangpu-Anliegerkreisen 1984 38

4.1.4.1 Siedlungsabwasser 39
4.1.4.2 Ländlich-industrielles Abwasser 39
4.1.4.3 Einträge aus der Landwirtschaft 39
4.1.5 Beispiele der Verschmutzung und Schäden 40

4.2 Gewässergütekarte 41

5 SCHUTZ DER OBERFLÄCHENGEWÄSSER 43

5.1 Wasserschutzgebiete im Überblick 43

5.2 Das Wasserschutzgebiet am Oberlauf des Flusses Huangpu 50
5.2.1 Gebietsausweisung und Nutzungseinschränkungen 52
5.2.2 Zielsetzung, Durchführung und Folgen 52
5.2.3 Defizite bei der Akzeptanz und Durchsetzbarkeit des Wasserschutzgebiets 55
5.2.4 Überlegungen zum Trinkwasserschutz 57
5.2.5 Vorschläge für die künftige Neufestsetzung des Schutzgebiets an der Songpu Brücke 58
5.2.5.1 Grundlagen der Abgrenzung von Schutzzonen 58
5.2.5.2 Abgrenzung der Schutzzonen 61
5.2.5.3 Schutzbestimmungen 63
5.2.5.4 Schutzwald im Schutzgebiet 63
5.2.5.5 Reduzierung des Eintrags aus der Landwirtschaft 63
5.2.6 Vorschläge für die künftige Neufestsetzung des Schutzgebiets am See Dianshan 64
5.2.7 Gedanken über die Umsetzung der künftigen Neufestsetzung der Schutzgebiete 66

5.3 Das geplante Wasserschutzgebiet der Kreisstadt Songjiang 66

5.4 Aktionsprogramm "Huangpu-Sanierung" 67
5.4.1 Grundzüge des Aktionsprogramms "Huangpu-Sanierung" 67
5.4.2 Überlegungen und Vorschläge zum Aktionsprogram "Huangpu-Sanierung" 69
5.4.2.1 Zeitplan der Huangpu-Sanierung 70
5.4.2.2 Abwasserbeseitigung und Küstengewässerschutz 71
5.4.2.3 Gewässerüberwachung 73

5.5 Fazit 77

6 GRUNDWASSERSCHUTZ 78

7 GEWÄSSERSCHUTZPOLITIK 79

7.1 Allgemeine Handlungsprinzipien der Umweltpolitik 79

7.2 Rechtliche Grundlagen des Gewässerschutzes 80
7.2.1 Gesetzesentwicklung und -lage 80
7.2.2 Umweltschutzgesetz 81
7.2.3 Wassergesetz 82
7.2.4 Abwassergesetz 83
7.2.5 Boden- und Wassergesetz 84
7.2.6 Trinkwasser-Standard 85
7.2.7 Shanghaier Regelungen zum Gewässerschutz 85
7.2.8 Behördliche Vollzugsorganisation 86

7.3 Gewässergütenormen 88

7.4 Abwasser-Zertifikate 95

7.5 Abwasserabgabe und Wasserpreise 97
7.5.1 Abwasserabgabe 97
7.5.2 Wasserpreise 102
7.5.2.1 Entwicklung der Wassergebühren 102
7.5.2.2 Wasserpreisgestaltung und Gewässergüteschutz 105
7.5.2.3 Vorschläge zu Wasserpreisgestaltung und Wassersparen 106
7.5.3 Fazit 110

7.6 Ökologische Landwirtschaft 110

7.7 Technische Innovation und Marktwirtschaft 113

7.8 Fazit 116

8 ZUSAMMENFASSUNG 117

9 SUMMARY 119

10 论文简介 121

11 ANHANG 122

12 ATLAS 128

13 LITERATURVERZEICHNIS 144

ABBILDUNGSVERZEICHNIS

Abb. 1: Die geographische Lage von Shanghai 1
Abb. 2: Hydrogeologische Profile von Shanghai 6
Abb. 3: Isothermen und -hyeten 1978, Isolunniden 1961 - 1970 sowie die Verteilung des Sauren Regens 1980 - 1982 in Shanghai 9
Abb. 4: Kanalisationen der Flüsse Huangpu und Suzhou (Songjiang) am Anfang des 15. Jhs. 11
Abb. 5: Shanghai im Jahr 1853 13
Abb. 6: Bevölkerungs- und Wirtschaftsentwicklung (nicht inflationsbereinigt) sowie Stadtgebietserweiterung in Shanghai 1949 - 1994 15
Abb. 7: Tidenkurve (a) und Gezeitenkurve (b) bei Wusong an der Huangpu-Mündung 19
Abb. 8: Hauptflußnetz in Shanghai 22
Abb. 9: Absenkung der Landfläche durch Grundwasserentnahme in Shanghai 1956 - 1962 25/ 27
Abb. 10: DDT-Verschmutzung im Gemüseanbaugebiet um das Stadtgebiet Shanghais 1981/82 41
Abb. 11: Wasserschutzgebiete und Gewässergüte in Shanghai 1994 51
Abb. 12: Schema der Einteilung eines Seeschutzgebiets 59
Abb. 13: Vorschläge zur Gliederung und Abgrenzung der künftigen Wasserschutzgebiete an der geplanten Entnahmestelle Songpu Brücke am Oberhuangpu, am See Dianshan und am Fluß Tongbotang 62
Abb. 14: Wasserzirkulation in der Hangzhou-Bucht 72
Abb. 15: Meßstellen an den Oberflächengewässern im Großraum Shanghai 74
Abb. 16: Schema zur Planung der Überwachungsstellen bei einer möglichen Einleitung in Oberflächengewässer bzw. an einer Flußmündung 75
Abb. 17: Organisationsübersicht der Umweltschutzbehörden 87
Abb. 18: Die geographische Lage von Urumchi 104
Abb. 19: Zonentarif-Vorschlag für eine Familie mit 4 Personen in Shanghai 109
Abb. 20: Staffeltarif-Vorschlag für eine Familie mit 4 Personen in Shanghai 109
Abb. 21: Modell eines ökologischen Dorfs in Südchina 112

TABELLENVERZEICHNIS

Tab. 1: Daten der Wetterstation Shanghai 1951 - 1980 8
Tab. 2: SO_2- und Schwebstaubkonzentration der Luft in Shanghai 1994 8
Tab. 3: Anbauflächengrößen der Agrarkulturen 1992 in Shanghai 10
Tab. 4: Bevölkerungsentwicklung in Shanghai 1800 - 1949 12
Tab. 5: Wichtige Industrieprodukte 1952 - 1990 in Shanghai 16
Tab. 6: Bevölkerung, Ackerfläche und Produktion im ländlichen Raum von Shanghai 1949 - 1992 (unter Berücksichtigung der Gebietsreform von 1958) 16
Tab. 7: Wirtschaftsniveau Shanghais 1987 17
Tab. 8: Wasserbilanz Shanghais 21
Tab. 9: Verteilung der Wasserzuflußmengen in Shanghai 21
Tab. 10: Oberflächenwasserhaushalt und Wasserbedarf 2000 in Shanghai 22
Tab. 11: Grundwasserleiter in Shanghai 24

Tab. 12: Grundwasserentnahme und Absenkung der Landfläche in Shanghai 24
Tab. 13: Meßwerte des oberflächennahen Grundwassers in Shanghai und Grenzwerte der Gütestufe 2 des Oberflächenwasser-Standards GB3838-83 28
Tab. 14: Meßwerte des gespannten Grundwassers in Shanghai und Grenzwerte der Gütestufe 2 des Oberflächenwasser-Standards GB3838-83 29
Tab. 15: Wasserversorgung in Shanghai 30
Tab. 16: Abwassermenge, -entsorgung und -last in Shanghai 1990 33
Tab. 17: Anforderungen an das Einleiten von Abwasser in Gewässer 34
Tab. 18: Industrie- und Siedlungsabwasser und Behandlungsgrad in Shanghai 1992 - 1994 35
Tab. 19: Feste Abfälle mit einer Fläche von über 50 m^2 in Stadtgebiet und Umgebung von Shanghai 36
Tab. 20: Abfälle in Shanghai 1994 36
Tab. 21: Verbrauch an Kunstdünger und Pestiziden in der Landwirtschaft in Shanghai 37
Tab. 22: Bodenbelastung mit Schwermetallen in der Landwirtschaft in Shanghai 38
Tab. 23: Gewässerbelastung durch Siedlungsabwasser, Industrieabwasser und Bodenerosion in fünf Huangpu-Anliegerkreisen Shanghais 1984 39
Tab. 24: Wasserschutzgebiete in China und Deutschland 45
Tab. 25: Nutzungseinschränkungen in Schutzgebieten für Oberflächengewässer in China und Deutschland 46/50
Tab. 26: Nutzungseinschränkungen im Wasserschutzgebiet am Oberlauf des Flusses Huangpu in Shanghai 53
Tab. 27: Belastung (links) und Belastbarkeit (rechts) der Huangpu-Flußstrecken mit Abwasser 1985 54
Tab. 28: Räumliche Dimensionierung der Schutzzonen von Wasserschutzgebieten in Deutschland 60
Tab. 29: Gütedaten des Sees Dianshan im Jahr 1870 64
Tab. 30: Wasserqualität des Sees Dianshan 1990 64
Tab. 31: Stickstoff- und Phosphorbelastung des Sees Dianshan 65
Tab. 32: Qualitätszielsetzungen für das Huangpu-Einzugsgebiet in Shanghai 2000 - 2020 68
Tab. 33: Plan zur Abwasserreduzierung 2000 - 2020 in Shanghai 68
Tab. 34: Qualität der Küstengewässer bei der Yangzi-Mündung 71
Tab. 35: Ge- und Verbotskatalog zum Gewässerschutz 84
Tab. 36: Shanghaier Regelungen zum Gewässerschutz 86
Tab. 37: Parameter zur Gütebewertung der Oberflächengewässer in der EG, China und Shanghai 89/90
Tab. 38: Kriterien zur Beurteilung der Gewässergüte von Fließgewässern 90
Tab. 39: Zielvorgaben zum Schutz oberirdischer Binnengewässer für die Schwermetalle Blei, Cadmium, Chrom, Kupfer, Nickel, Quecksilber und Zink des deutschen Bund/Länder-Arbeitskreises "Qualitätsziele" und deren chinesische Grenzwerte 92
Tab. 40: Zielvorgaben für prioritäre Stoffe im Rahmen des Aktionsprogramms "Rhein" bis zum Jahre 2000 94/95
Tab. 41: Chinesische Überemissions-Abwasserabgabe 98
Tab. 42: Shanghaier Überemissions-Abwasserabgabe 98
Tab. 43: Abwasserabgabe und Wassergebühren für deutsche Haushalte 100

Tab. 44: Ist-Wert und Schätzungs-Soll-Wert der monatlichen Wasser-/Abwasserabgabe einer Familie mit 4 Personen in Berlin und Shanghai in bezug auf Saarländer Wasser-/Abwasserabgabe 100
Tab. 45: Leitungswasserpreise in Shanghai und Urumchi 104
Tab. 46: Produktionswerte der chinesischen Wasserwirtschaft 1989 114

ABKÜRZUNGEN

DVGW = Deutscher Verein des Gas- und Wasserfaches
LAWA = Länderarbeitsgemeinschaft Wasser
TGL = Technische Güte- und Lieferbedingungen
WSG = Wasserschutzgebiet / Trinkwasserschutzgebiet

1 EINFÜHRUNG

Shanghai, die größte Industriestadt Chinas, befindet sich im Yangzi-Delta an der ostchinesischen Küste (siehe Abb. 1). Sie ist eine provinzfreie Stadt, die zweitgrößte Stadt nach der Bevölkerung (etwa 13,56 Mio. Einwohner) und die achtzehntgrößte Stadt nach der Fläche (ca. 6.340 qkm) in China (Almanac of China's population 1985: 816). Die Stadt hat 1994 ein Stadtgebiet von ca. 2.057 qkm mit rd. 9,5 Mio. Einwohnern sowie 6 ländliche Kreise, wobei das Stadtgebiet in 14 Stadtbezirke gegliedert wird (vgl. Karte 1 und Beilage; Ministerium für Zivilverwaltung der VR China, 1993: 27).

Etwa 12% der Shanghaier Oberfläche ist mit Wasser bedeckt, sein Gewässernetz umfaßt rd. 30 Seen und 200 Flüsse mit einer Wasserführung von rd. 57,79 Mrd. m³ im Jahr (vgl. CHEN, L., 1987: 8; Kap. 3.2). Trotzdem wird Shanghai aufgrund der Umweltverschmutzung seit Jahrzehnten mit dem Wasserversorgungsproblem konfrontiert.

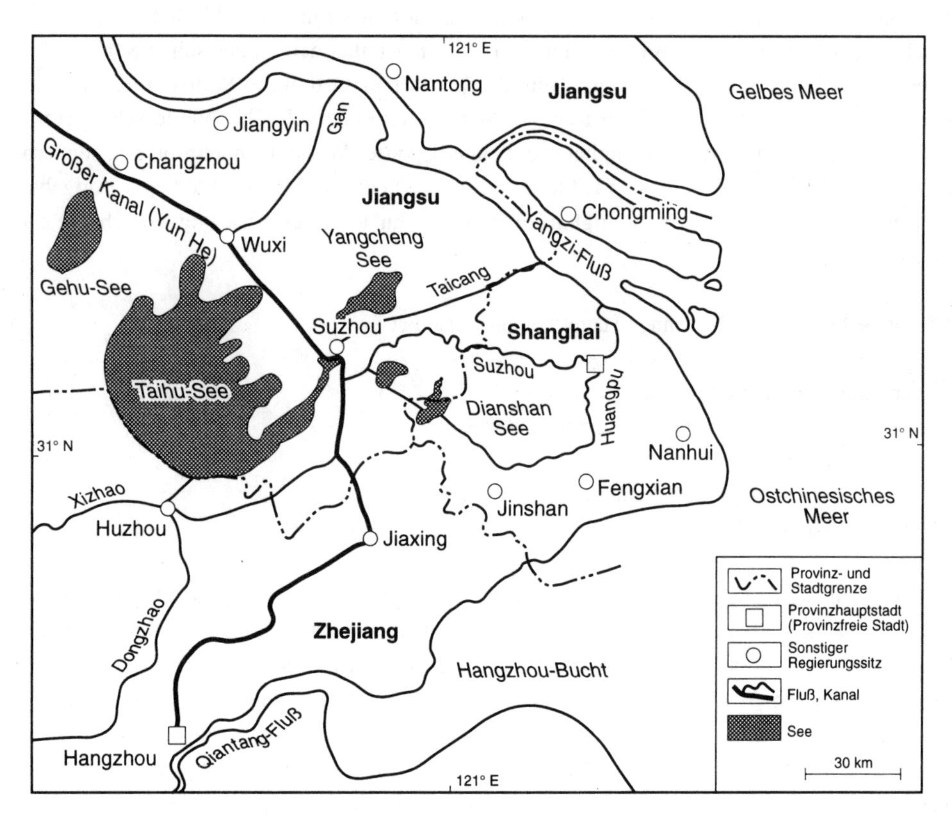

Abb. 1: 上海的地理位置
Die geographische Lage von Shanghai (Quelle: Atlas der physischen Geographie von China (1984): 123).

Die Gewässerverschmutzung ist in den meisten chinesischen Städten ein Problem. Nach dem Umweltbericht der VR China 1994 sind von den 136 kartierten städtischen Flüssen 18 als Gütestufe 2 bewertet, 13 als Gütestufe 3, 37 als Gütestufe 4, 17 als Gütestufe 5 und 51 als Gütestufe > 5 des Oberflächenwasser-Standards GB3838-88 (vgl. Anhang 2). Der Grund: Die meisten Flüsse wurden aus Mangel an Abfall- und Abwasseranlagen als Vorfluter benutzt.

In Shanghai ist z.B. bereits kein Gewässer mit der Gütestufe 1 bzw. 2 vorhanden. Die Lebensader der Stadt, der Fluß Huangpu, wurde 1994 zu 31,5% mit der Gütestufe 3 bewertet, zu 36,0% mit der Gütestufe 4 und zu 32,5% mit den Gütestufen 5 - 6 des Shanghaier Oberflächenwasser-Standards (vgl. Anhang 3; Karte 12; Shanghai Environmental Bulletin 1994: 4f.). Der schlechte Geruch des Huangpuwassers ist in China landesweit bekannt. Die Situation gefährdet die Volksgesundheit und zwingt die Shanghaier Regierung, die Wasserentnahmestellen am Unterlauf des Huangpu zum Teil stillzulegen und Fernwasserleitungen zu bauen (vgl. Kap. 5).

Shanghai ist als größte und modernste Industriestadt in China sowohl in der Umweltverschmutzung als auch im Umweltschutz ein Vorreiter unten den chinesischen Städten. Im Bereich Gewässerschutz ist Shanghai ein Beispielfall in Ost- bzw. Südostchina, wo im Gegensatz zu dem trockenen Nord- bzw. Nordwestchina reichliche Niederschläge zur Verfügung stehen. Man hat in Shanghai also kein ernsthaftes Wassermengenproblem, sondern ein Wassergüteproblem. Vor diesem Hintergrund stellt sich die vorliegende Studie die Aufgabe, die Gewässerschutz-praxis in Shanghai zu untersuchen und Verbesserungsvorschläge zu erarbeiten.

In der Arbeit werden die folgenden Hauptthemen behandelt:

- Landesnatur und Stadtentwicklung
- Wasserhaushalt, Gewässerbelastung und -gütezustand
- Wasserschutzgebiete
- Aktionsprogramm "Huangpu-Sanierung"
- Gewässerschutzpolitik

Im Binnengewässersystem von Shanghai ist der Hauptfluß der Huangpu. Das Huangpu-Einzugsgebiet umfaßt, mit wenigen Flüssen im Norden am Yangzi-Ufer als Ausnahme, fast alle Binnengewässer in Shanghai (vgl. Karte 1). Da über 90% des Wasserbedarfs im Shanghaier Stadtgebiet mit dem Wasser des Huangpu gedeckt wird, stellt der Huangpu das Kernstück des Gewässerschutzes in Shanghai dar. Ein anderes Hauptmerkmal des Binnengewässersystems von Shanghai ist, daß der Huangpu von der Yangzi-Mündung bis zu seinem Anfang am Dianshan-See unter dem Einfluß der Gezeiten steht (vgl. Abb. 1; Kap. 3). Aus diesen beiden Gründen erfordert die Aufgabenstellung dieses Forschungsvorhabens eine grundlegende Übersicht über das Gewässersystem und den Gewässerschutz in ganz Shanghai. Weil noch keine Übersichtsarbeit über den Gewässerschutz in Shanghai in dieser Art vorhanden war, wird am Anfang der Arbeit eine Bestandsaufnahme durchgeführt (Kap. 2 - 4). Dabei handelt sich um die Landesnatur, die Stadtentwicklung und den Wasserhaushalt von Shanghai als Rahmenbedingungen des Gewässerschutzes und der Gewässerbelastung durch die Stadtentwicklung sowie die damit verbundene Entwicklung der Gewässergüte 1984 - 1994. Verschiedene Übersichtskarten von Shanghai werden durch eigene Literaturauswertung und Geländearbeiten hergestellt (siehe Atlas auf den Seiten 128ff.).

Das Rechtsinstitut "Wasserschutzgebiet" in China wird erst seit 1984 durch das Abwassergesetz zur Verfügung gestellt. Nach einer Übersichtsdarstellung der Wasserschutzgebiete in China wird in dieser Arbeit in erster Linie das durch das Parlament der Stadt Shanghai vom 19.4.1985 festgesetzte Wasserschutzgebiet am Oberlauf des Huangpu ausführlich untersucht (Kap. 5.3). Das Wasserschutzgebiet am Oberhuangpu ist seit den 80er Jahren ein Hauptthema des Gewässerschutzes in Shanghai. Vom Oberhuangpu werden seit 1987 täglich ca. 2,3 Mio. m^3 Wasser dem Stadtgebiet am Unterhuangpu zugeleitet. Dabei ist die Gewässergüte im Wasserschutzgebiet am Oberhuangpu seither von Jahr zu Jahr schlechter geworden (vgl. Karten 8 - 12). Im Rahmen der vorliegenden Arbeit wird versucht, die in der Praxis bewährten Erfahrungen mit Wasserschutzgebieten in Deutschland auszuwerten und Verbesserungsvorschläge im Hinblick auf die Zonierung und Nutzungseinschränkungen für das Wasserschutzgebiet am Oberhuangpu zu erarbeiten.

Das Aktionsprogramm "Huangpu-Sanierung" der Stadt Shanghai wird nach der Festsetzung des Wasserschutzgebiets am Oberhuangpu von 1985 allmählich umgesetzt (Kap. 5.4). Da der ganze Huangpu ein Tidefluß ist, besteht nur dann die Möglichkeit zur Rettung des Wasserschutzgebiets am Oberhuangpu, wenn der Unterlauf (Gütestufe ≥ 5) saniert wird. Auch noch heute wird das Wasser vom Unterhuangpu zur Trinkwasserversorgung entnommen. Außerdem ist die Huangpu-Sanierung zugleich eine ernste Angelegenheit für die Volkswirtschaft, denn der Huangpu liefert gut 90% der Wasserbedarfsmenge im Shanghaier Stadtgebiet. Die Güteziele des Aktionsprogramms "Huangpu-Sanierung" für das Jahr 2020 sind, daß die Gewässer zur Trinkwasserversorgung die Gütestufe 1 erreichen sollen und jene für die landwirtschaftliche und industrielle Nutzung die Gütestufe 3. Die aktuelle Hauptmaßnahme zur Abwasserbeseitigung ist die Einrichtung der Abwasserleitungen zum Meer hin. In der vorliegenden Untersuchung wird das Aktionsprogramm "Huangpu-Sanierung" im Vergleich zu dem europäischen Vorbild Rheinsanierung sowie zu der aktuellen Elbesanierung hinsichtlich der folgenden Fragestellungen bewertet:

- Zeitplan der Sanierung des Huangpu
- Abwasserbeseitigung und Küstengewässerschutz
- Gewässerüberwachung

Das Wasserschutzgebiet am Oberhuangpu und das Aktionsprogramm "Huangpu-Sanierung" sind zwei Schwerpunkte der Shanghaier Regierung. Das Aktionsprogramm "Huangpu-

Sanierung" hat bereits die Aufmerksamkeiten der chinesischen Regierung gewonnen und dürfte in Zukunft als ein Pionierprojekt für die Flußsanierung in China angesehen werden.
Der Grundwasserschutz gegen Verunreinigung in Shanghai hat im Vergleich zum Schutz der Oberflächengewässer wenige Aufmerksamkeit bekommen, obwohl das oberflächennahe Grundwasser schwer belastet ist (Kap. 3.4). Da kaum Informationen über den Grundwasserschutz zur Verfügung stehen, wird das Thema nicht weiter verfolgt (Kap. 6).

Abschließend wird die Gewässerschutzpolitik untersucht (Kap. 7). Die Politikgeschichte in der VR China seit 1949 wird durch die Kulturrevolution (1966 - 1976) in zwei Großkapitel getrennt. Eigentlich gab es schon vor 1976 rechtliche Regelungen in der Wassergütewirtschaft. Da die Verwaltung damals aus ideologischen Gründen nicht normal funktionieren konnte, wurde kaum eine Regelung praktiziert, und es gab auch kein Gesetz zum Umweltschutz oder Gewässerschutz. Nach der Kulturrevolution setzt sich die neue Wirtschaftspolitik nach und nach durch. Auch zahlreiche Gesetze werden erlassen. Es existieren z.B. das Umweltschutzgesetz (1979/89), das Wassergesetz (1988), das Abwassergesetz (1984/96), das Boden- und Wassergesetz (1991) sowie Gewässergütenormen, Abwassergrenzwerte und so weiter. Grundsätzlich kann man sagen, daß die meisten rechtlichen Instrumente zur Regelung des Gewässerschutzes bereits vorhanden sind. Andererseits hat man die Tatsache vor Augen, daß die Gewässerqualität in Shanghai und auch in ganz China immer schlechter geworden ist. Die Erklärung dafür kann nur sein, nämlich es scheitere von Umsetzung in die Realität.

In Kap. 7 werden zuerst die Umwelt- und Gewässerschutzpolitik im Überblick sowie die einschlägigen Gesetze im einzelnen dargelegt, dann werden die folgenden umweltpolitischen Instrumente und Themen behandelt:

- Gewässergütenormen
- Abwasser-Zertifikate
- Abwasserabgabe und Wasserpreise
- ökologische Landwirtschaft
- Technische Innovation und Marktwirtschaft

Bei der Aufbereitung der Verbesserungsvorschläge werden wie in Kap. 5 auch in Kap. 7 die deutschen Erfahrungen mit dem Gewässerschutz besonders berücksichtigt, und zwar aus guten Gründen: Die alten Bundesländer Deutschlands haben die jetzige Phase der Industrialisierung in Shanghai bereits hinter sich und sind inzwischen international ein Vorbild für den Umweltschutz geworden; die neuen Bundesländer Deutschlands befinden sich hinsichtlich der Wirtschaftsreform und Umweltverschmutzung in einer ähnlichen Lage wie Shanghai. Zudem stehen mir die deutschen Erfahrungen auch wegen meiner Lebenserfahrung in Deutschland näher.

In Kap. 8 werden die wichtigsten Forschungsergebnisse kurz zusammengefaßt.

2 LANDESNATUR UND STADTENTWICKLUNG ALS RAHMENBEDINGUNGEN DES GEWÄSSERSCHUTZES

2.1 Landesnatur und Agrarkultur

Shanghai liegt im Einzugsgebiet des Taihu-Sees, welcher zum Yangzi-Regime zählt (vgl. Abb. 1). Der Taihu-See hat eine tellerförmige Reliefgestaltung, wenn der Seeboden als "Tellerboden" angesehen würde (vgl. CHEN, L., 1987: 2ff.). Blickt man weiterhin auf die Karten 1 - 3, erkennt man 3 Hauptmerkmale von Shanghai:

1. Das Land hat ein dichtes Flußnetz.
2. Es ist ein flaches Tiefland von einer halbtellerförmigen Reliefgestaltung mit der Küste als Hochrand.
3. Die ganze Landfläche ist intensiv kultiviert.

In diesem Teilkapitel werden die Umweltfaktoren Geomorphologie, Klima, sowie Boden und Agrarkultur dargestellt; das Thema Wasser wird gesondert in Kap. 3 behandelt.

2.1.1 GEOMORPHOLOGIE

Shanghai hat eine flache, halbtellerförmige Reliefgestaltung mit der Küste als Hochrand, das Relief liegt unter 7 m über Normalnull (vgl. Karte 2). Geomorphologisch hat die Deltaregion südlich des Yangzi zwei wichtige Phasen erfahren (YUN & CAI, 1986: 59). In der ersten Phase (seit dem Spätpleistozän) formte der Yangzi während des Meeresspiegelsanstiegs auf den mesozoischen Ablagerungen ein Altdelta, das wieder mit Sedimenten während der postglazialen Meerestransgression (etwa 10.000 Jahre vor heute) überlagert wurde (vgl. Abb. 2; YUN & CAI, 1986: 59). Das Altdelta entstand vor ca. 7.000 Jahren vor heute (vgl. Karte 2). In der zweiten Phase schaffen die Yangzi-Sedimente meerwärts das Neudelta, wobei der zähe Kampf des Menschen gegen das Eindringen des Meerwassers sowie die Landgewinnungsmaßnahmen eine große Rolle gespielt haben.

Heute bringt der Yangzi jährlich 500 Mio. t Feinsediment zur Mündung, das zum großen Teil aus abgespülten Bergäckern stammt (REN, M.-E., 1985: 79ff.). An der Mündung wird der Schluff von der Küstenströmung verteilt. Das Delta wächst meerwärts um durchschnittlich 20 m pro Jahr, im Osten 40 - 60 m und im Süden teilweise bis zu 100 m (LI, J., 1988; XU, S.-Y., 1989; YUN & CAI, 1986).

Die Inseln in der Mündung (vgl. Karte 1), auf chinesisch heißen sie etwa "Sande", entstehen durch die Gezeiten. Die Insel Chongming ist mit einer Fläche von ca. 953 qkm nach Taiwan und Hainan die drittgrößte Insel in China (CHEN, L., 1987: 1ff.).

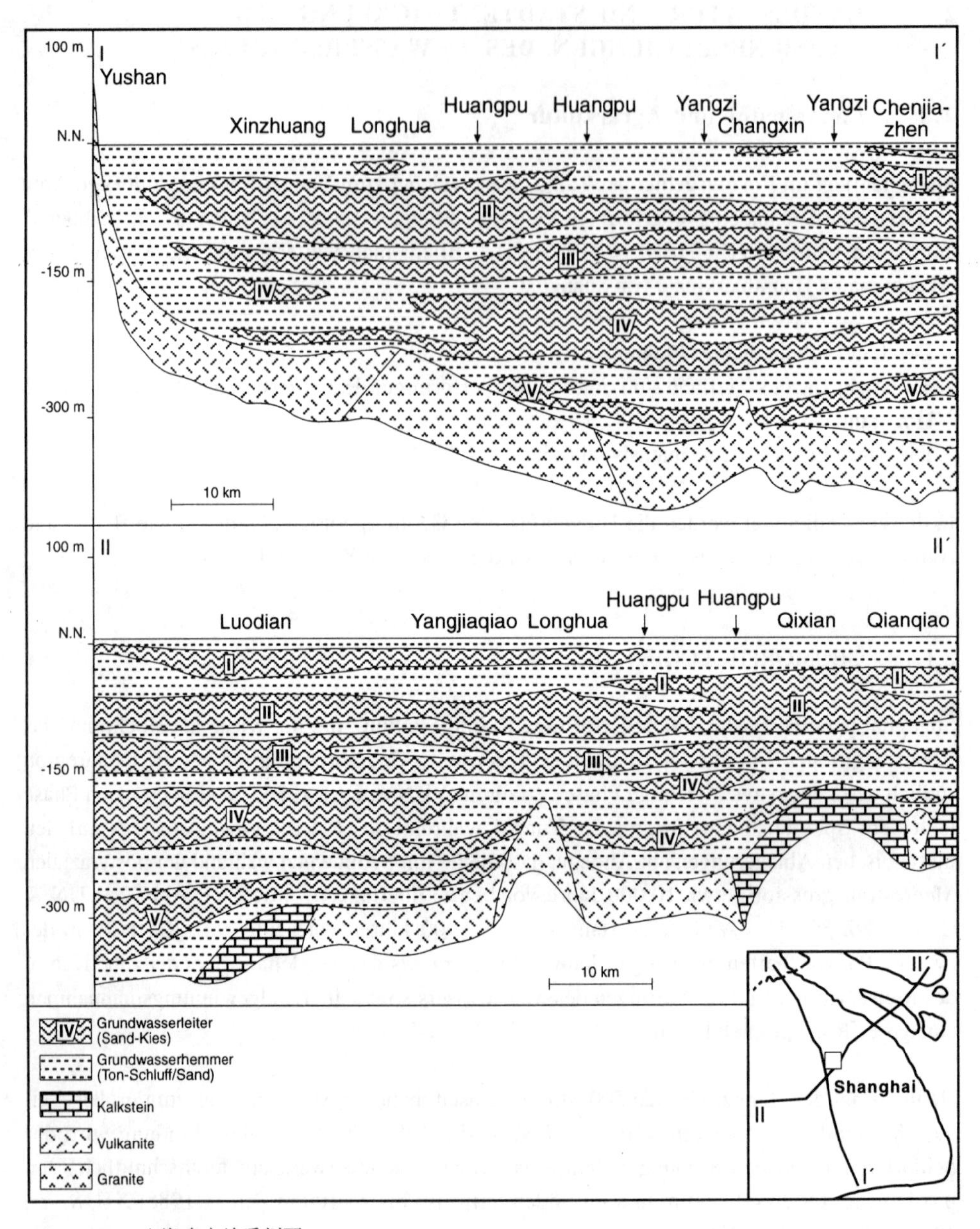

Abb. 2: 上海水文地质剖面
Hydrogeologische Profile von Shanghai (Quelle: Atlas der Stadt Shanghai (1984): 101).

2.1.2 KLIMA

Shanghai wird durch den Monsun und die Dynamik der Stadtklimaeffekte geprägt.

Der Monsun als jahreszeitlich wechselnder Wind bringt dem Land vom Meer her jährlich reichliche Niederschläge (vgl. Tab. 1). Der mittlere Jahresniederschlag in Shanghai beträgt ca. 1.027 mm, bei der Wetterstation Shanghai im Stadtgebiet 1.128 mm. Die Niederschlagsmenge im Sommer (April - September) macht etwa 70% der Jahresmenge aus. Von Jahr zu Jahr weisen die Niederschläge große Schwankungen auf: Der höchste Jahresniederschlag war 1.659,4 mm im Jahr 1941 und der geringste Stand 709,2 mm im Jahr 1892; in dem Zeitraum Mai - September betrug die maximale Regenmenge 1.034,5 mm im Jahr 1815 und die minimale 329,8 mm im Jahr 1967 (CHEN, L., 1987: 7f.). Nach der Sommerregenzeit folgt fast gleich der Winter und nach dem Winter die Regenzeit. Die Nordchinesen haben hier den Eindruck eines Zyklus von Regen und Winter. Nach der Klimastatistik von 1951 bis 1980 liegt die Jahresmitteltemperatur bei 15,7 °C. Das mittlere Maximum der Temperatur erreicht 19,9 °C und das mittlere Minimum beträgt ca. 12,3 °C (vgl. Tab. 1).
Das Phänomen Stadtklima wird verursacht durch dicht gebaute städtische Siedlungen, was bedeutende Abweichungen der klimatischen Bedingungen gegenüber der ländlichen Umgebung zur Folge hat. Dieser Stadteffekt zeigt sich in Shanghai in erster Linie an städtischen Klimainseln (vgl. Abb. 3; ZHOU, S.-Z. u.a., 1989: 59ff.). In Abb. 3 wird die Ausprägung der Wärmeinsel Shanghais, die überwiegend durch höhere Intensität des städtisch-industriellen Energieverbrauchs verursacht wird, durch die Verteilung der mittleren Lufttemperatur aus dem Jahr 1978 gezeigt. Das Wärmezentrum befand sich im Stadtgebiet, der Temperaturunterschied zwischen der Innenstadt und der ländlichen Umgebung betrug 1,2 °C, obwohl der Reliefunterschied sehr gering ist. Die fehlenden Grünflächen sowie die stark reduzierten Versickerungsflächen im Stadtgebiet bewirken eine geringere relative Luftfeuchtigkeit (Trockeninsel). Nach Berechnungen des Büros für interdisziplinäre Untersuchungen der Stadt Shanghai durch Luftbildfernerkundung (1991: 96) entfallen pro Einwohner im Stadtgebiet ca. 5,8 m^2. In dem Stadtgebiet lag der Durchschnittswert der relativen Luftfeuchtigkeit in dem Zeitraum 1961 - 1970 bei 79% und auf dem Land bei 82% (vgl. Abb. 3; Karte 4). Die massive Produktion von Staub und Rauch im Stadtgebiet führt zur Ausbildung einer Dunstglocke über der Stadt (Dunstinsel) (vgl. Tab. 2). Die Region des Sauren Regens war 1980 noch klein und lag, bedingt durch das Windsystem, südwestlich vom Stadtgebiet, 1982 wurde die meiste Landfläche mit dem Sauren Regen bedeckt (vgl. Abb. 3; Karte 4). Der durchschnittliche pH-Wert des Niederschlags in Shanghai lag 1994 bei 5,42 (Shanghai Environmental Bulletin 1994: 6). Das Stadtklima verursacht auch mehr Regen über dem Stadtgebiet (Regeninsel). Die Ursache der Regeninsel (vgl. Abb. 3; Karte 4) ist neben der städtischen Bebauung und Gestaltung im Ausstoß von Staub und Rauch zu suchen, das heißt von Kondensationskernen im Stadtgebiet und von der aufsteigenden Wärme, die den Luftaustausch beschleunigt. Die Regeninsel ist in niederschlagsreicher Zeit schwer nachweisbar, tritt jedoch in niederschlagsarmer Zeit auf, wie z.B. im Jahr 1978.

Tab. 1: 上海气象数据 1 9 5 1 － 1 9 8 0
Daten der Wetterstation Shanghai 1951 - 1980 (Quelle: DOMRÖS & PENG, 1988: 311; RICHTER, 1983: 148).

Shanghai		31°12' N und 121°26' E 4,5 m Zone IV_7 = Warmgemäßigte Subtropen/sommerheiß, ständig feucht												
Nr.	Parameter	Jan.	Feb.	März	April	Mai	Juni	Juli	Aug.	Sept.	Okt.	Nov.	Dez.	Jahr
1	Luftdruck (mbar)	1.026	1.024	1.021	1.016	1.011	1.006	1.004	1.006	1.012	1.019	1.023	1.027	1.016
2	Mittlere Temperatur (°C)	3,3	4,6	8,3	13,8	18,8	23,2	27,9	27,8	23,8	17,9	12,5	6,2	15,7
3	Höchste Temperatur (°C)	19,8	23,6	27,6	33,3	35,5	36,9	38,3	38,9	37,3	31,3	28,5	23,3	38,9
4	Tiefste Temperatur (°C)	-9,4	-7,9	-5,4	0,0	6,9	12,3	18,9	19,2	12,4	1,7	-3,8	-8,5	-9,4
5	Frosttage	15,7	11,2	5,7	0,7	0,0	0,0	0,0	0,0	0,0	0,0	4,9	14,1	52,5
6	Relative Luftfeuchte (%)	74	78	78	80	82	84	83	82	81	77	78	77	80
7	Bedeckungsgrad (x = x/10)	6,0	6,8	7,1	7,4	7,9	8,1	7,2	6,1	6,7	5,9	5,8	5,6	6,7
8	Niederschlag (mm)	44	63	81	111	129	157	142	116	146	47	53	39	1.128
9	Verdunstung (mm)													1.427
10	Schneehöhe (cm)	6	14	12	0	0	0	0	0	0	0	0	1	14
11	Sonnenscheindauer (h/d)	3,4	3,4	3,6	3,6	3,3	3,2	3,3	3,3	3,1	2,8	3,0	3,1	3,3
12	Windgeschwindigkeit (m/s)	3,4	3,4	3,6	3,6	3,3	3,2	3,3	3,3	3,1	2,8	3,0	3,1	3,3
13	Hauptwindrichtung	NW	NW	NE	SE	SE	SE	SSE	SE	E	E	NW	NW	ESE

Tab. 2: 上海大气中二氧化硫与悬浮质 1 9 9 4
SO_2- und Schwebstaubkonzentration der Luft in Shanghai 1994 (Quelle: Shanghai Environmental Bulletin 1994: 6; Shanghaier Emissionsgrenzwerte).

	SO_2 (mg/m^3)		Schwebstaub (d $\leq$ 10 µm) (mg/m^3)	
Jahreszeit	Stadtgebiet	Kreis	Stadtgebiet	Kreis
Januar - März	0,098	0,009	0,318	0,183
April - Juni	0,067	0,011	0,273	0,164
Juli - September	0,052	0,009	0,272	0,157
Oktober - Dezember	0,076	0,011	0,260	0,177
Jahresmittel	0,073	0,010	0,281	0,170
Grenzwert	0,06	–	0,15	–

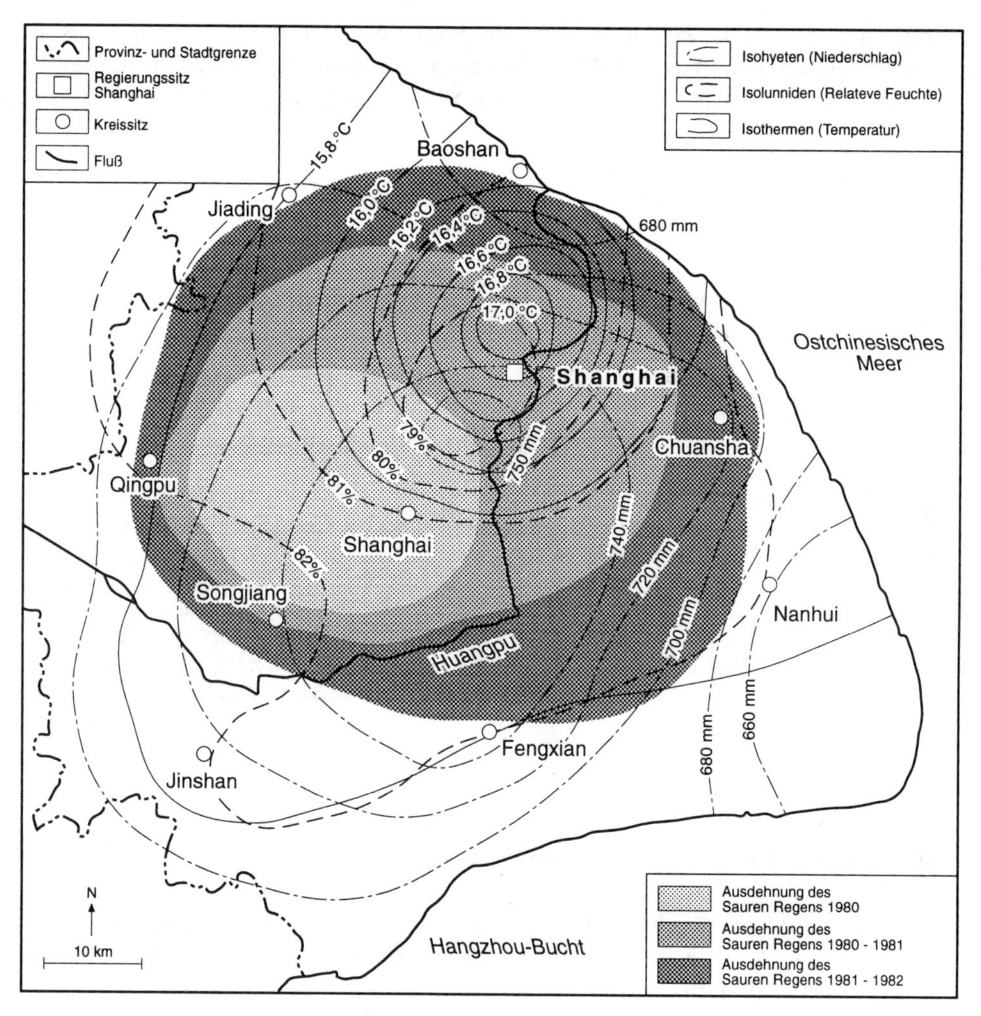

Abb. 3: 上海气候：气温１９７８、降雨１９７８、湿度１９６１－１９７０及酸雨１９８０－１９８２
Isothermen und -hyeten 1978, Isolunniden 1961 - 1970 sowie die Verteilung des Sauren Regens 1980 - 1982 in Shanghai (Quelle: ZHOU, S.-Z. u.a., 1989: 18, 24, 29, 161).

2.1.3 BODEN UND AGRARKULTUR

Die ursprünglichen Sandböden sind bereits flächendeckend und intensiv kultiviert. Auf dem Land dominieren die sogenannten Reisböden (vgl. Karte 3). Diese Böden sind anthropogen hydromorphe Böden der Reisanbaugebiete (Pseudogley, Gley, Aue) mit den typischen Bodenhorizonten Ap-B-Bg-G, Ap-Bg-G usw. (vgl. LI, T.-J. u.a., 1983: 226f.). Es gab 1992 im Großraum Shanghai ca. 317.800 ha Ackerland, davon ca. 280.000 ha Naßfeldreisanbau und

37.000 ha Trockenfeld. Die Anbaufläche, die wegen der Mehrfachernten größer als die vorhandene Ackerfläche ist, betrug 1992 insgesamt ca. 601.700 ha. Die Agrarkulturen mit einer Anbaufläche von über 10.000 ha waren (Statistical Yearbook of China 1993: 359):

1.	Reis:	234.800 ha
2.	Ölpflanzen:	94.400 ha
3.	Weizen:	77.300 ha
4.	Gemüse:	70.100 ha
5.	Baumwolle:	14.900 ha
6.	Obst:	10.200 ha

In Tab. 3 werden die Anbauflächengrößen der Hauptkulturen angegeben. Die regionalen Schwerpunkte der Agrarkulturen (ohne Obstgärten) werden in Karte 3 dargestellt.

Tab. 3: 上海农田耕种面积 1 9 9 2
Anbauflächengrößen der Agrarkulturen 1992 in Shanghai (Quelle: Statistical Yearbook of China 1993: 359).

Summe der Anbaufläche: 601.700 Hektar	
Getreide (392.400 ha)	Reis 234.800, Weizen 77.300, Mais 8.300, Sojabohne 1.200
Kulturpflanzen (114.700 ha)	Ölpflanzen 94.400, Baumwolle 14.900, Erdnuß 6.000, Zuckerrohr 1.000
Sonstige (80.900 ha)	Gemüse 70.100, Obstgarten 10.200, Gründüngungspflanzen 6.000

2.2 Stadtentwicklung

2.2.1 ENTWICKLUNGSGESCHICHTE VOR 1949

Der Ortsname Shanghai besteht aus dem Wort Shang, was sich als “Über” interpretieren läßt, und dem Hai, das “Meer” heißt. Die erste, im Jahr 1615 in Europa publizierte Nachricht von Shanghai, NICOLAS TRIGAULTS Beschreibung der Stadt, übersetzte ihren Namen als “Scianhai supra mare significat”, also “Stadt über dem Meer” (ENGLERT & REICHERT, 1985). In NICOLAS TRIGAULTS Geschichte der Jesuitenmission in China (De christiana expeditione apud Sinas suscepta ab societate Jesu. Augsburg 1615) liest man:

“Die Stadt Shanghai gehört zur Provinz Nanjing.... Von der Nähe des Meeres hat die Stadt ihren Namen erhalten: Shanghai bedeutet nämlich ‘Über dem Meer’ ” (REICHERT, 1985: 16).

Mit NICOLAS TRIGAULTS Deutung stimmt noch die heute geläufige Übertragung überein. Der Ortsname Shanghai müßte ursprünglich aber aus dem Flußnamen Shanghaipu stammen, ein Nebenfluß des Flusses Suzhou, da der Shanghaipu bereits um 8. Jh. vorhanden war und die erste Siedlung von Shanghai als Fischerdorf am Shanghaipu nach 960 entstanden sein soll (vgl. Abb. 4; JIAO, Q.-M., 1984: 37ff.; WANG, P.-C. u.a., 1984).

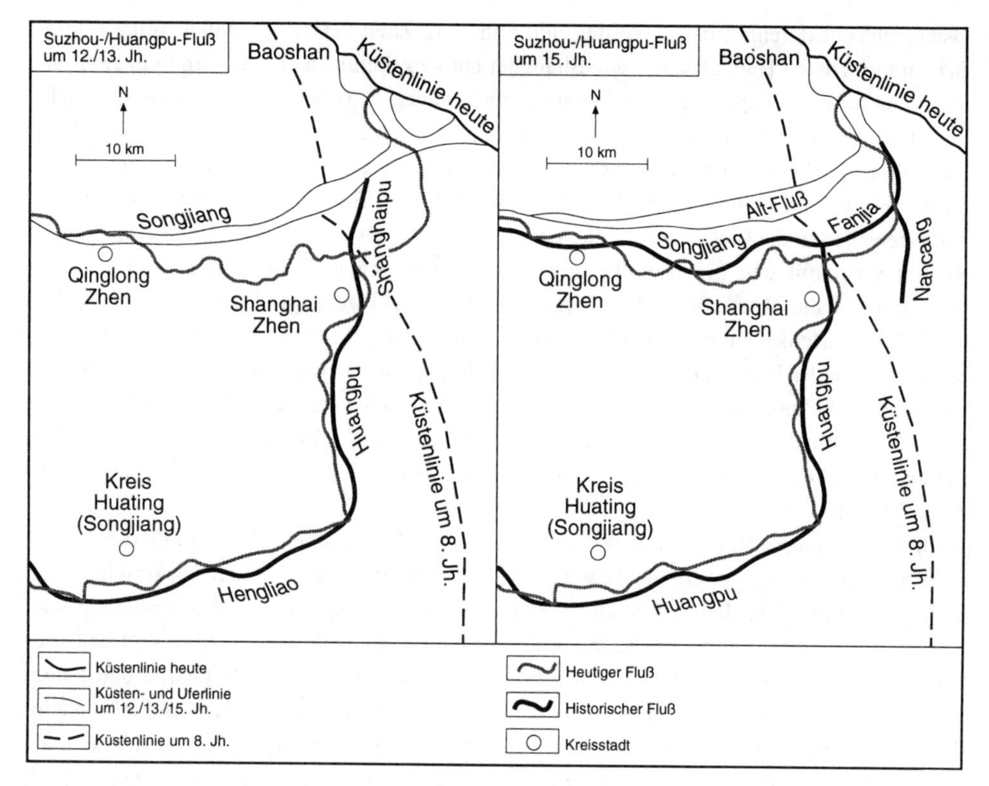

Abb. 4: 十五世纪初黄浦江、苏州河疏浚工程
Kanalisationen der Flüsse Huangpu und Suzhou (Songjiang) am Anfang des 15. Jhs. (Quelle: Atlas der Stadt Shanghai (1984): 84).

Das Wort Pu war und ist ein Ausdruck für Fluß. Shanghaipu bedeutet hier "Fluß zum Meer", wenn man nun das Wort Shang nicht als "Über", sondern als "Hinfließen" interpretiert.

Der Anfang der Kulturgeschichte der Stadt läßt sich auf die Tang-Dynastie (618 - 907 n. Chr.) zurückdatieren (CHEN, C.-S., 1970: 1ff.). Im Jahr 751 wurde hier der Kreis Huating eingerichtet, in dem sich der Ursprung von Shanghai befand (vgl. Abb. 4). Damals war der Fluß Suzhou (auch Songjiang und früher Wusongjiang genannt) die Hauptwasserstraße zwischen der Südostküste und dem Taihu-See-Gebiet im Westen (vgl. Abb. 1). Der Knotenpunkt der Wasserstraßen in der Region war Qinglong Zhen am Suzhou-Fluß (Zhen = eine Marktfläche bzw. eine Kreisstadt), das im Norden des heutigen Kreises Qingpu lag und seit langer Zeit nicht mehr existiert (JIAO, Q.-M., 1984). Nach 960 entstand die erste Siedlung am Shanghaipu (vgl. WU, Z.-Q., 1993: Kap. 2). Seit etwa 1074 wurde diese Siedlung Shanghai Zhen genannt. Sie blieb bis zum Beginn des 13. Jhs. ein unscheinbares Fischerdorf. Mit der Zeit aber war der Suzhou-Fluß aufgrund der Frachtakkumulation am Unterlauf sowie der Küstenentwicklung nach

Osten schlecht durchfahrbar geworden und Qinglong Zhen verlor allmählich seine zentrale Bedeutung. Kleine Handelshäfen wie Shanghai entwickelten sich. 1265 wurde ein Zoll- und Hafenamt für Export und Import in Shanghai eingerichtet, 1267 bekam die Ortschaft Shanghai den offiziellen Verwaltungsstatus Zhen (Kreisstadt). 1292 wurden 5 Gemeinden aus dem Kreis Huating ausgegliedert und zusammen mit Shanghai als Kreis Shanghai eingerichtet, der ca. 64.000 Einwohner hatte (vgl. WU, Z.-Q., 1993: Kap. 2). Ende der Yuan-Dynastie (1279 - 1368) rebellierten die Bauern gegen die Yuan-Hoheit. 1356 wurde Qinglong Zhen im Krieg zu Ruinen verbrannt und die Bevölkerung ging nach Shanghai Zhen, das der Krieg kaum heimgesucht hatte. Anfang der Ming-Dynastie (1368 - 1644) lebten in Shanghai etwa 300.000 bis 500.000 Menschen (vgl. JIAO, Q.-M., 1984: 37ff.; WANG, P.-C. u.a., 1984). Die Schwerpunkte der Wirtschaft waren Baumwollkulturen und Textilgewerbe. Dafür bot sich der für Baumwollkulturen geeignete Sandboden an, aber ein noch wichtigerer Grund hierfür war die Wirtschaftspolitik der Regierung, nämlich, daß man die Steuer statt mit Getreide mit Textilien zahlen durfte. Die Baumwollkulturen brachten mehr Profit als die Reiskulturen (vgl. SUN, J.-Z., 1959: 10ff.).

Auch der Shanghaier Hafen war wegen der fortschreitenden Sedimentation im Flußbett schwer erreichbar geworden. Aufgrund der wirtschaftlichen Bedeutung des reichsten provinzfreien Bezirks Songjiang, in dem der Shanghaier Hafen der Knotenpunkt der Wasserstraßen war, wurden seit 1404 zahlreiche großräumige Kanalbauten durchgeführt (vgl. Abb. 4). Der Groß-Huangpu wurde angelegt, der aus den Flüssen Hengliao, Huangpu, Shanghaipu und Fanjia bestand. Der Groß-Huangpu wurde im Westen von dem See Dianshan gespeist und mündete im Osten direkt ins Meer (Abb. 1), zugleich wurde der Suzhou-Fluß nach Süden verlegt und als Nebenfluß dem Groß-Huangpu angeschlossen. Der Huangpustrom mit seiner großen Abflußmenge und damit Transportkraft behob das Problem der Frachtablagerung (JIAO, Q.-M., 1984). Durch diese Kanalisationen wurde der Meilenstein für die Entwicklung von Shanghai bis heute gelegt.

Mitte der Ming-Dynastie entwickelte sich Shanghai zum Zentrum des Textilgewerbes in China: Die Baumwollprodukte wurden auch ins Ausland verkauft. Während der Qing-Dynastie (1644 - 1911) nahm die Bedeutung Shanghais als Handelshafen schnell zu. Um 1800 lebten hier über 200.000 und vor dem Opiumkrieg (1840 - 1942) bereits 500.000 Menschen (vgl. CHEN, C.-S., 1970; JIAO, Q.-M., 1984; Tab. 4; Abb. 6).

Tab. 4: 上海人口发展 １８００ － １９４９
Bevölkerungsentwicklung in Shanghai 1800 - 1949 (Quelle: ZHANG & WANG, 1986: 448).

Jahr	Bevölkerungszahl
1800	200.000
1840	500.000
1865	691.919
1910	1.289.353
1936	3.814.315
1942	3.919.779
1945	3.370.230
1949 (Dezember)	5.062.878

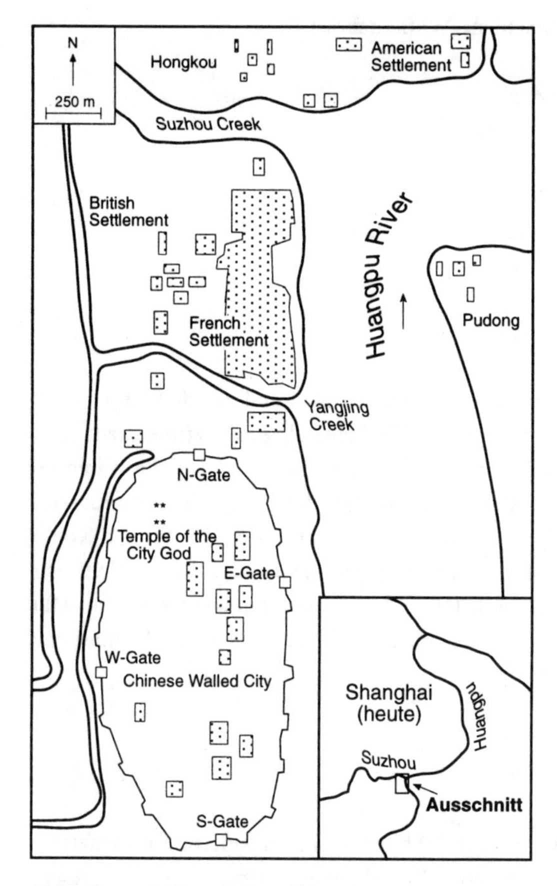

Abb. 5: 上海 1853 年
Shanghai im Jahr 1853 (Quelle: PAN, L., 1982: 15).

Shanghai erfuhr eine rasante koloniale Entwicklung nach dem Opiumkrieg. 1842 unterwarf sich die Qing-Regierung dem britischen Militär und unterzeichnete den Vertrag von Nanking (heute Nanjing). Nach dem Vertrag hatte sich die Qing-Regierung u.a. dazu verpflichten müssen, Shanghai für den Überseehandel zu öffnen (vgl. Abb. 5; Karte 4).
1846 hatte der Shanghaier Hafen erst einen Anteil von 16% am chinesischen Außenhandel, 1871 bereits 63%. Im Zeitraum 1920 - 1930 wurde 45% des nationalen Außenhandels in Shanghai umgesetzt und 1948 waren es sogar 80%. Es wurde mit Rohseide, Tee, Rohstoffe, Pflanzenöle, Textilien, Leder usw. gehandelt. Die industrielle Zeittafel sah kurz gefaßt wie folgt aus (CHEN, C.-S., 1970: 2ff.):

1848: Eröffnung der ersten Bank.
1850: Schiffsverkehr Shanghai - Hong Kong.
1863: Gründung der ersten Gas-Firma.

1865: Gründung der ersten Firma für Maschinenbau (Waffenfabrik).
1870: Einführung des Morseapparates.
1876: Inbetriebnahme der ersten Bahnlinie (Zug).
1880: Aufnahme des Schiffsverkehrs nach Los Angeles.
1882: Gründung des ersten Elektrizitätswerks.
1883: Gründung des ersten Leitungswasserwerks.
1890: Gründung von Metallfabriken und maschinellen Textilfabriken.
1895: Gründung der ersten Firma für Straßenbau.
1901: Erste Benzinautos in der Stadt.
1908: Aufnahme des Straßenbahnverkehrs (Tram).

Der rapiden Entwicklung entsprechend erhielt Shanghai 1924 Sonderstadt-Status, 1928 Großstadt-Status mit einer Fläche von 830 qkm und 1930 Status als provinzfreie Stadt (vgl. Karte 4). Die großen Branchen mit einem jährlichen Umsatz von über 1 Mio. Yuan waren im Jahr 1936 Maschinenbau, Textilindustrie, Mühlenwerke, Zigarettenindustrie, Streichholzherstellung, Chemie usw. 1931 - 1936 wurden jährlich 3,875 Mio. t Kohle verbraucht (CHEN, C.-S., 1970: 2ff.). Nach dem Krieg gegen die Japaner im 2. Weltkrieg (1937 - 1945) brach der Krieg zwischen Nationalisten und Kommunisten wieder aus. Im Mai 1949 besetzte die kommunistische Volksbefreiungsarmee Shanghai und vertrieb sämtliche Ausländer (vgl. dazu auch WU, Z.-Q., 1993).

2.2.2 STADTENTWICKLUNG 1949 - 1995

Nach der Gründung der VR China am 1. Oktober 1949 blieb Shanghai weiterhin provinzfreie Stadt, damals mit einer Landfläche von 618 qkm, einer Bevölkerung von etwa 5,02 Mio., einem Stadtgebiet von ca. 82 qkm und einer jährlichen Industrieproduktion von ca. 3,18 Mrd. Yuan. Ein Viertel des chinesischen Bruttosozialprodukts 1949 kam von Shanghai (SCHÄDLER, 1991: 277).

Nach 1949 wurden zahlreiche regional-administrative Reformen durchgeführt (vgl. Atlas der Stadt Shanghai (1984): 85ff.). Ende 1958 wurden 10 Kreise (Chongming, Baoshan, Jiading, Qingpu, Shanghai, Songjiang, Jinshan, Fengxian, Nanhui, Chuansha) mit etwa 3,1 Mio. Menschen von der Provinz Jiangsu der Stadt Shanghai zugeordnet. Damit stieg die Landfläche Shanghais von 654 qkm auf 6.185 qkm und die Bevölkerung von 6,9 Mio. auf etwa 10 Mio. (vgl. Abb. 6; Karte 4; SUN, J.-Z., 1959: 47ff.; ZHANG & WANG, 1986: 450). Die Grundzüge der regional-administrativen Grenzen von und in Shanghai entstanden im Jahr 1962 (vgl. Atlas der Stadt Shanghai (1984): 88f.). Die Ausdehnung der Landfläche von 6.185 qkm auf 6.340 qkm von heute ergibt sich überwiegend durch kontinuierliche Landgewinnung aus dem Wattenmeer (vgl. Büro für interdisziplinäre Untersuchungen der Stadt Shanghai durch Luftbildfernerkundung, 1991: 41). Die Bevölkerung stieg von 10 Mio. im Jahr 1958 auf 10,98 Mio. im Jahr 1978 (vgl. Abb. 6), die jährliche Wachstumsrate betrug ca. 0,47%. Die

Hauptgründe für diese langsame Bevölkerungsentwicklung waren (vgl. ZHANG & WANG, 1986):

1. Die jungen Leute aus der Mittel- und Oberschule wurden in der Kulturrevolution (1966 - 1976) in andere ländliche Provinzen zum Training weggeschickt.
2. Die Politik der Einkind-Familie wurde eingeführt.
3. Die Zuwanderung wurde streng kontrolliert.

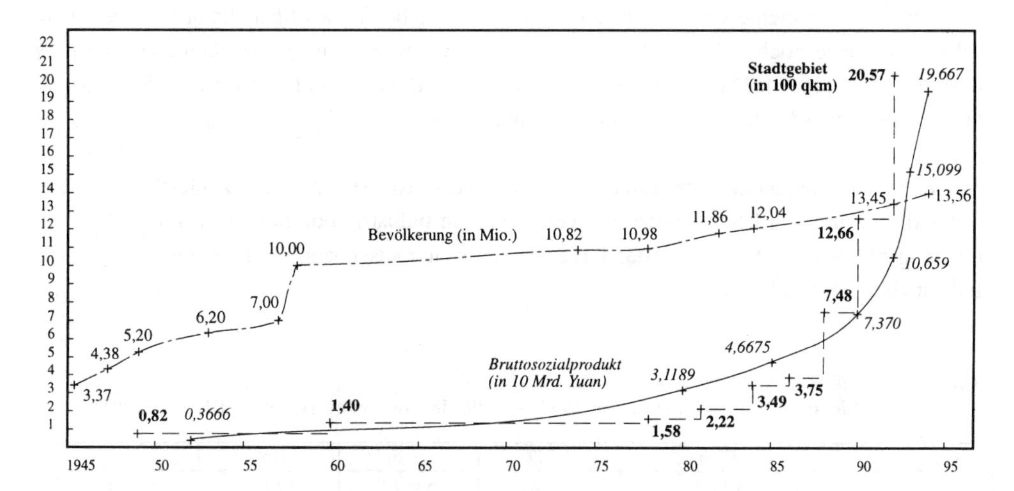

Abb. 6: 上海人口、经济及市区的发展 1949 - 1994
Bevölkerungs- und Wirtschaftsentwicklung (nicht inflationsbereinigt) sowie Stadtgebietserweiterung in Shanghai 1949 - 1994 (Quelle: Eigene Zusammenstellung).

Seit den 80er Jahren nahm die Bevölkerung schnell zu: Von 1978 bis 1994 stieg sie um 3 Mio. (vgl. Abb. 6). Die Hauptgründe waren (vgl. ZHANG & WANG, 1986):

1. Die Marktwirtschaft wurde eingeführt und löste eine Bevölkerungswanderung aus. Shanghai gehört zu den Zielstandorten an der Küste, wo die Menschen von der Wirtschaftsreform seit den 80er Jahren besonders profitiert haben.
2. Die in den 60er und 70er Jahren weggeschickten Schüler kamen mit Familien zurück.

Die Shanghaier Stadtbevölkerung hat seit 1993 eine schwach negative, natürliche Wachstumsrate von rund 0,10% (vgl. SCHÜLLER & HÖPPNER, 1996: 103). Die Auswirkung der negativen natürlichen Wachstumsrate wird durch kontrollierte Einbürgerung aus anderen Regionen gewissermaßen ausgeglichen. Daher ist die Zahl der Shanghaier Stadtbürger seit 1993 stabil. Es gab 1994 knapp 13 Mio. Shanghaier Stadtbürger und etwa 0,5 Mio. Gastbewohner (Statistisches Jahrbuch Shanghai 1994: 42). In Karte 5 wird die Bevölkerungsdichte in den 14

Stadtbezirken und 6 Landkreisen von Shanghai 1994 ohne Berücksichtigung der Gastarbeiterzahl dargestellt, da die Verteilung der Gastarbeiter nicht erfaßt werden konnte. Der am dichtesten bewohnte Stadtbezirk ist Huangpu mit einer Bevölkerungsdichte von 70.308 Personen/qkm und der am dünnsten bewohnte Landkreis ist Qingpu mit einer Bevölkerungsdichte von 676 Personen/qkm. Das alte Stadtgebiet mit einer Fläche von 280 qkm hat etwa 6,4 Mio. Einwohner und damit eine Bevölkerungsdichte von 22.880 Personen/qkm (vgl. dazu auch Beilage zu Karte 5). Das gesamte Stadtgebiet mit einer Fläche von 2.057 qkm hat eine Bevölkerungsdichte von 4.609 Personen/qkm und die sechs Landkreise im Durchschnitt eine Bevölkerungsdichte von 822 Personen/qkm. 1996 leben in den Shanghaier Stadtbezirken schätzungsweise noch 3 Mio. Menschen aus anderen Regionen, die in Shanghai arbeiten (ZHOU, Z.-Y., 1996). Damit hat das Stadtgebiet eine Bevölkerung von rund 12,5 Mio. und eine Bevölkerungsdichte von 6.077 Personen/qkm.

Vor 1949 war Shanghai in erster Linie ein internationaler Handelshafen und zugleich das größte Industriezentrum von China, wobei die verarbeitende Industrie dominierte. In folgender Zeit (1949 - 1990) wurde der Industriestandort Shanghai weiter ausgebaut. Starke Veränderungen im Industriebereich belegt Tab. 5.

Tab. 5: 上海重要工业产品 1 9 5 2 - 1 9 9 0
Wichtige Industrieprodukte 1952 - 1990 in Shanghai (Quelle: LI, Z., 1991).

Produkt	Einheit	1952	1980	1985	1990
Stahl	10.000 t	7,14	521,61	570,16	914,03
Stahlprodukte	10.000 t	14,11	412,63	451,18	609,81
Stromerzeugung	Mio. MW/St.	1,319	20,604	25,625	28,396
Glas	10.000 Kasten	2,59	132,79	160,08	503,05
Autos	Stück	–	14.675	12.166	27.800
Zivile Schiffe	10.000 BRT	0,42	17,26	40,13	37,41
Nähmaschinen	10.000 Stück	5,91	226,49	308,64	333,87
Fahrräder	10.000 Stück	4,01	376,06	619,54	951,17
Armbanduhren	10.000	–	816	1.155	1.545
Fernseher	10.000	–	75,24	334,42	462,18
Waschmaschinen	10.000	–	0,81	113,85	195,26
Kühlschränke	10.000	–	0,42	20,49	55,35
Chemische Fasern	10.000 t	–	15,14	22,49	25,15

Tab. 6: 上海农村人口、耕种面积与产值 1 9 4 9 - 1 9 9 2
Bevölkerung, Ackerfläche und Produktion im ländlichen Raum Shanghais 1949 - 1992 (unter Berücksichtigung der Gebietsreform von 1958) (Quelle: PANG, J.-H., 1991; Statistical Yearbook of China 1993: 334).

	1949	1978	1985	1989	1992
Bevölkerung (Mio.)	3,21	5,41	5,18	5,26	4,41
Ackerfläche (1000 ha)	375	360	340	324	318
Agrar- und Industriebruttoprodukt (Mrd. Yuan)	0,345	5,018	15,416	30,075	60,068

Auch im ländlichen Raum Shanghais fanden große Veränderungen statt. Die Getreideproduktion stieg von 3.000 kg/ha im Jahr 1949 auf 5.790 kg/ha im Jahr 1992. Das Agrar- und Industriebruttoprodukt stieg von 0,345 Mrd. Yuan im Jahr 1949 auf 60,068 Mrd. Yuan im Jahr 1992. Die Verstädterung beanspruchte viel Ackerland, von 1949 bis 1992 waren es ca. 57.000 ha (vgl. Karte 3; Karte 4; Tab. 6).
Die Struktur der Landnutzung wird durch die aktuelle Agrar- und Wirtschaftspolitik beeinflußt, so stieg z.B. (überwiegend durch Umwandlung der Anbaukulturen) der Anteil der Reis- und Weizenkulturen an der gesamten Ackerfläche von ca 50% im Jahr 1982 auf 80% im Jahr 1987, weil nach der damaligen Agrarpolitik die Stadt sich selbst mit Getreide versorgen sollte (CHEN, L., 1987: 13f.). Im Lauf der Privatisierung jedoch wurden die Kulturpflanzen ausgedehnter angebaut, daher betrug 1992 der Anteil der Reis- und Weizenkulturen an der gesamten Ackerfläche nur noch etwa 50% (vgl. Tab. 3).

Bis zum Anfang der 80er Jahre konnte Shanghai wirtschaftlich unter allen Provinzen und provinzfreien Städten den Platz Nr.1 behaupten. Mitte der 80er mußte sie die führende Rolle aufgeben (vgl. Tab. 7). In der früheren Planwirtschaft hatte die Zentrale die rohstoffarme Stadt mit allen wichtigen Produktionsmitteln versorgt. Durch Wirtschaftsreformen betrug dieser Anteil mitte der 80er Jahre etwa 20% des städtisch-industriellen Bedarfs (SCHÄDLER, 1991: 278f.).

Tab. 7: 上海经济地位 1 9 8 7
Wirtschaftsniveau Shanghais 1987 (Quelle: SCHÄDLER, 1991: 277).

Produktion (aktuelle Preise)	Mrd. Yuan	% Chinas	Rang
gesellschaftliches Bruttoprodukt	136,15	5,9	6
1. Landwirtschaft	3,88	0,8	25
Industrie u. Bau	117,53	7,2	3
Transport u. Handel	14,73	6,8	3
2. Stadt	114,50	8,4	1
Land	21,64	2,3	15
Nichtlandwirtschaft	17,76	3,7	10
gesellschaftliches Nettoprodukt	47,36	5,1	8
Bruttosozialprodukt	53,00	4,8	8

Die Kulturrevolution 1966 - 1976 war eine besondere Phase der Entwicklung der VR China und auch der Stadt Shanghai. In Abb. 6 ist zu erkennen, daß die Wirtschaftsentwicklung und Stadtgebietserweiterung seit den 80er Jahren ein schnelles Tempo haben.
Nach der Kulturrevolution setzte sich die Wirtschaftsreformpolitik durch. Der Prozeß der Verstädterung wurde beschleunigt (vgl. Abb. 6). 1990 war der neue Wendepunkt für Shanghai, als Ministerpräsident LI, Peng die prinzipielle Genehmigung des Zentralkomitees der KP Chinas und des Staatsrates zur Erschließung und Öffnung des Pudong-Gebiets (östlich des Huangpu, ca. 520 qkm) im April bekanntgab. Damit bekam Pudong (vgl. Karte 4 und Beilage) als ein neuer Stadtbezirk Vorzugsbedingungen für die Wirtschaftsentwicklung und zieht inzwischen ausländische Investoren an (vgl. LI, Z., 1991). Bis zum 20.8.1996 gab es in Pudong 4.000

ausländische Betriebe mit einer Gesamtinvestition von 16,9 Mrd. US$ (People´s Daily Overseas Edition vom 21.8.1996: 1). Die chinesische Regierung will Shanghai bis 2010 zu einem internationalen Zentrum für Wirtschaft, Finanzwesen und Handel ausbauen. 1992 wurden die Kreise Jiading und Shanghai sowie das Restgebiet vom Kreis Chuansha in das Stadtgebiet aufgenommen, Shanghai umfaßte damit ein Stadtgebiet von ca. 2.057 qkm (vgl. Karte 4).
Das Bruttosozialprodukt Shanghais stieg von 53,00 Mrd. Yuan im Jahr 1987 auf 106,59 Mrd. im Jahr 1992 und sein gesellschaftliches Bruttoprodukt von 136,15 Mrd. Yuan im Jahr 1987 auf 299,99 Mrd. Yuan im Jahr 1992 (vgl. Abb. 6), wobei das Bruttosozialprodukt der VR China 1992 bei 2.403,60 Mrd. Yuan lag und ihr gesellschaftliches Bruttoprodukt 1992 bei 5.584,20 Mrd. Yuan (Statistical Yearbook of China 1993: 329). Nach dem Entwicklungstrend 1991 - 1995 sollte das Bruttosozialprodukt Shanghais schätzungsweise im Jahr 2000 auf 560 Mrd. Yuan steigen und das von China auf 15.931 Mrd. Yuan (People´s Daily vom 5.10.1995; Umweltschutzplanung der Stadt Shanghai (1994): 12).

3 GEWÄSSER UND WASSERVERSORGUNG

3.1 Oberflächengewässer

Zum Oberflächengewässer in Shanghai gehören rd. 30 Seen und 200 Flüsse, 12% der Shanghaier Oberfläche ist mit Wasser bedeckt, die Gewässernetzdichte beträgt 6 - 7 km je qkm (vgl. CHEN, L., 1987: 8f.; Karte 1). Das Gewässernetz auf dem Land ist aufgrund der Kanalisation winkelig. Die bekannten Oberflächengewässer sind der Fluß Yangzi (1. Ordnung) sowie der Fluß Huangpu (3. Ordnung), der Fluß Suzhou (3. bzw. 4. Ordnung) und der See Dianshan (3. Ordnung) vom Regime Taihu-See (2. Ordnung) (vgl. Abb. 1; Karte 1).

Der Yangzi ist ca. 6.300 km lang, mit einem Einzugsgebiet von 1,8 Mio. qkm. Der Yangzi-Abschnitt in Shanghai stellt den Hauptteil der Yangzi-Mündung an der Ostküste dar (vgl. Abb. 1; Karte 1). Die Abflußmenge liegt im Mittel bei 29.400 m^3/s, jährlich mündet hier 924 Mrd. m^3 Wasser mit 500 Mio. t Feinsediment ins Meer (REN, M.-E., 1985: 66ff., 79ff.). Die in der Mündung befindliche Sandinsel Chongming trennt den Strom in zwei Teile. Das Flußbett des nördlichen Armes tendiert zur Verlandung und das des südlichen Armes ist durch zahlreiche Sandbänke gekennzeichnet. Durch künstliche Vertiefung in den 70er Jahren ist die Wassertiefe von 5,8 m auf 7 m gestiegen. Der Unteryangzi befindet sich im Einflußbereich der Gezeiten mit einem gemischten, halbtägigen Rhythmus (vgl. Abb. 7). Im Mittel dauert eine Tide 12 Stunden und 25 Minuten. Es gibt im Monat 2 höchste und 2 tiefste Tidewellen: Die höchsten Tidewellen erscheinen etwa am 1. und 15. Tag des Monats und die tiefsten am 8. und 23. Tag des Monats nach dem Kalender der Chinesen. Der Kalender der Chinesen ist ein Mond-Kalender. Jeder Monat entspricht etwa einer Mondphase und dauert 29 bzw. 30 Tage. Ein 12monatiges Mondjahr wird durch eine abwechselnde Folge von Monaten zu 29 und 30 Tagen dargestellt und umfaßt damit 354 bzw. 355 Tage. Zum Ausgleich der im Mondjahr gegenüber dem Sonnenjahr fehlenden Tage (10 Tage und 21 Stunden) wird im Kalender in regelmäßiger Folge ein

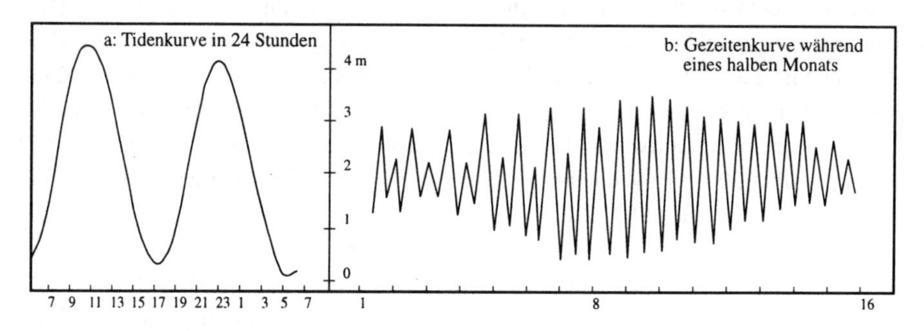

Abb. 7: 黄浦江口潮汐曲线
Tidenkurve (a) und Gezeitenkurve (b) bei Wusong an der Huangpu-Mündung (Quelle: a: DENG, S.-L., 1979: 114; b: GIERLOFF-EMDEN, 1979/80: Beikarte).

zusätzlicher 13. Monat, ein Schaltmonat zu 30 Tagen, eingefügt. Dem Kalender der Chinesen liegt ein 19jähriger Schaltzyklus zugrunde (Metonischer Zyklus), in dem alle 3 und 5 Jahre ein Schaltmonat zu zählen ist, das heißt, 12 Jahre werden mit 12 Monaten und 7 Jahre mit 13 Monaten gezählt und das Jahr mit 13 Monaten umfaßt 384 bzw. 385 Tage (Brockhaus-Enzyklopädie (1990): 343ff; Lexikon (1979): 943 und 3.425). Die höchste Flutgeschwindigkeit der Yangzi-Welle beträgt 0,26 m/s und die höchste Ebbegeschwindigkeit 0,80 m/s. Der niedrigste Tidenhub ist 0,17 m, der mittlere Tidenhub 2,66 m und der höchste Tidenhub 4,62. Das Mitteltidehochwasser liegt bei 4 m und das Mitteltideniedrigwasser bei 2 m. Bei Hochtidewasserstand erreicht der Flutstrom 616 km flußaufwärts die Stadt Datong in der Provinz Anhui. Die Meerwasserfront bewegt sich mit der Flut normalerweise in dem Bereich 20 - 40 km südöstlich von der Huangpu-Mündung Wusong und kann während des tiefen Flußwasserstands auch Xuliujing, ca. 65 km nordwestlich von Wusong (vgl. Karte 1), erreichen (DENG, S.-L., 1979: 25ff. und 111ff.; SHU, R.-S. u.a., 1986: 10ff.).

Der Huangpu entspringt aus dem See Dianshan und sein Einzugsgebiet umfaßt fast alle Oberflächengewässer in Shanghai (vgl. Abb. 1; Karte 1). Auf seinem zunächst südöstlich ausgerichteten Verlauf vom See Dianshan bis Maogang nimmt er verschiedene Flüsse auf und wechselt auch von Mündung zu Mündung seinen Namen. Erst ab Maogang nennt man den Fluß Huangpu. Die gesamte Flußlänge von dem See Dianshan bis zur Yangzi-Mündung bei Wusong beträgt 114 km und die Wassertiefe liegt bei 7 - 9 m. Der Huangpu wird in Ober- und Unterlauf eingeteilt. Gewöhnlich ist der Ort Longhua der Trennpunkt, also der Abschnitt Dianshan-See-Longhua ist der Oberlauf (Strom km 73,8, Breite 300 - 400 m) und der Abschnitt Longhua-Wusong der Unterlauf (Strom km 40,2, Breite 400 - 700 m). Die Abflußmenge liegt im Mittel bei 300 - 400 m^3/s, jährlich führt er 11,58 Mrd. m^3 Wasser in den Yangzi (SHU, R.-S., 1986: 10). Da Shanghai eine halbtellerförmige Reliefgestaltung mit der Küste als Hochrand hat, steht das Reliefpotential in der Regel gegen die Fließrichtung der Flüsse im Einzugsgebiet des Huangpu. Aus diesem Grund und wegen des geringen Reliefunterschiedes ist eine Unterteilung des Huangpueinzugsgebiets nach Wasserscheiden nicht gut möglich. So wie der Unteryangzi ist der Huangpu ein Tidefluß mit einem gemischten, halbtägigen Rhythmus (vgl. Abb. 7). Die höchste Flutgeschwindigkeit beträgt 1,8 m/s und die höchste Ebbegeschwindigkeit 1,5 m/s. Der mittlere Tidenhub ist 2,3 m und der höchste Tidenhub 5,74 m, das Mitteltidehochwasser 3,2 m und das Mitteltideniedrigwasser 1,03 m (SHU, R.-S., 1986: 10). Im Hochtidewasserstand erreicht der Flutstrom flußaufwärts den See Dianshan und verursacht dadurch einen Stofftransport von über 20 km bzw. einen Stofftransport über 6 km bei Niedrigtidewasserstand (Shanghaier Umweltschutzamt, 1988: 12ff.).

Der Fluß Suzhou entspringt aus dem Taihu-See in der Provinz Jiangsu (vgl. Abb. 1; Karte 1), von dort bis zur Mündung in den Huangpu ist er 125 km lang, die Wassertiefe liegt bei 2 m (Abschnitt in Shanghai Strom km 54 und 50 - 70 m Breite). Der normale Hochwasserstand beträgt 3,13 m und der Niedrigwasserstand 1,34 m. Die Abflußmenge liegt im Mittel bei 10 - 20 m^3/s und in trockenen Jahren bei Null (Shanghaier Akademie für Stadtplanung, 1981: 23; Statistisches Jahrbuch des neuen Stadtbezirks Pudong von Shanghai 1993: 6).

Der See Dianshan an der Grenze zwischen Shanghai und Jiangsu hat eine Fläche von ca. 60 qkm und einen Umfang von ca. 47 km (vgl. Abb. 1; Karte 1). Die Wassertiefe liegt bei 2 m. Die Ost-West-Entfernung beträgt rd. 8,5 km und die Nord-Süd-Entfernung rd. 11 km (CHEN, L., 1987: 8ff.).

3.2 Haushalt der Oberflächengewässer

Der mittlere Jahresniederschlag in Shanghai beträgt ca. 1.027 mm (vgl. Abb. 1; Kap. 2.1.2), das entspricht einem Wasservolumen von ca. 6,512 Mrd. m^3. Die mittlere Jahresverdunstung in Shanghai beträgt ca. 733 mm, umgerechnet ca. 4,648 Mrd. m^3 (YU, Y.-C., 1990: 105ff.). Nach der allgemeinen Wasserhaushaltsgleichung (Niederschlag = Abfluß + Versickerung + Verdunstung) ergibt sich in Shanghai ein Jahresabfluß von 0,499 Mrd. m^3, da jährlich etwa 1,365 Mrd. m^3 Niederschlagswasser abfließt und versickert. In Tab. 8 wird die Wasserbilanz Shanghais ohne Berücksichtigung des Zuflusses dargestellt.

Tab. 8: 上海水量平衡
Wasserbilanz Shanghais (Quelle: YU, Y.-C., 1990: 105ff.).

Fläche (qkm)	Niederschlag (mm/a)	Verdunstung (mm/a)	Versickerung (mm/a)	Abfluß (mm/a)
6340	1027 (6,512 Mrd. m^3)	733 (4,648 Mrd. m^3)	215 (1,365 Mrd. m^3)	79 (0,499 Mrd. m^3)

Tab. 9: 上海进水分布
Verteilung der Wasserzuflußmengen in Shanghai (Quelle: YU, Y.-C., 1990: 105ff.).

	Zufluß (Mrd. m^3/a)	
Aufnahme	Taihu-See	Yangzi-Fluß
Fluß Huangpu	9,08	40,90
Flüsse Suzhou & Dianpu	0,94	–
Kreise Baoshan & Jiading	–	3,35
Inseln	–	3,22
Summe	10,02	47,47

Die Zuflüsse für Shanghai sind der Taihu-See und der Fluß Yangzi (vgl. Abb. 8). Von dem Regime des Taihu-Sees erhält Shanghai einen jährlichen Zufluß von 10,02 Mrd. m^3 und von dem Yangzi wegen der Gezeiten einen jährlichen Zufluß von 47,47 Mrd. m^3, zusammen 57,49 Mrd. m^3 (vgl. Tab. 9).

Der Gesamthaushalt des Oberflächenwassers in Shanghai wird von der Shanghaier Wasserbehörde wie in Tab. 10 beschrieben. In Tab. 10 wird die Wirkung des Sickerwassers

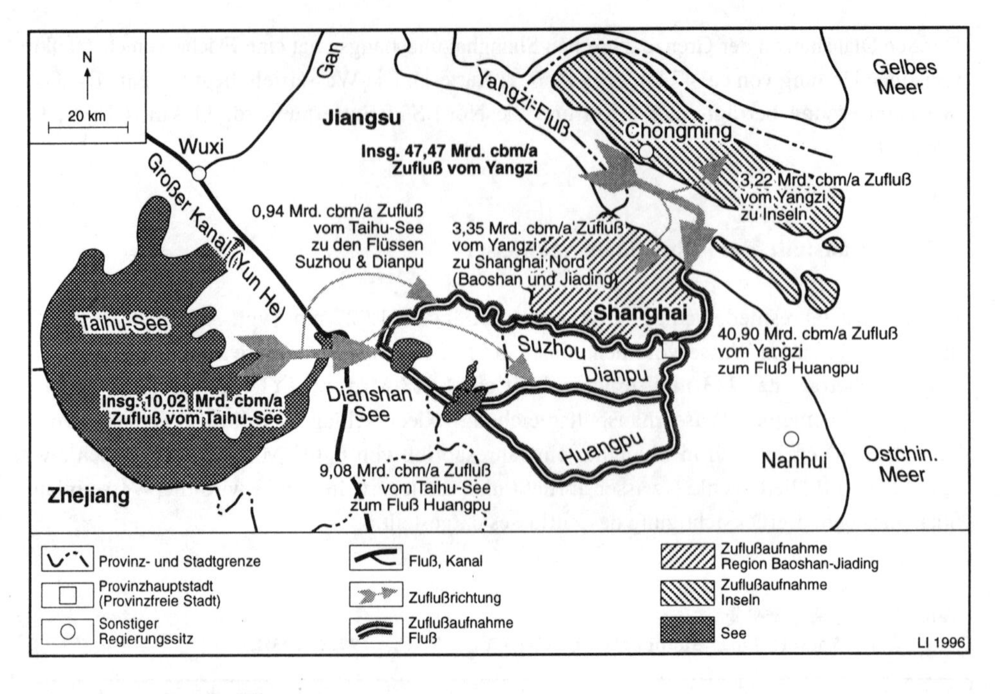

Abb. 8: 上海主要河流
Hauptflußnetz in Shanghai (Quelle: CHEN, L., 1988: 23).

Tab. 10: 上海地表水与２０００年需水量
Oberflächenwasserhaushalt und Wasserbedarf 2000 in Shanghai (Quelle: Umweltschutzplanung der Stadt Shanghai (1994): 16).

Haushalt des Oberflächenwassers (Mrd. m³/a) (ohne Berücksichtigung des Sickerwassers)					Bedarf 2000
Niederschlagszustand Festland	Abfluß (N - V)	Taihu-Zufluß	Yangzi-Zufluß	Summe	
Mittelwert	1,56	10,02	44,25	55,83	–
Überschußjahr (P = 20%)	1,99	12,83	44,25	59,07	–
Normaljahr (P = 50%)	1,50	11,09	44,25	56,84	11,40
Defizitjahr (P = 75%)	1,00	8,61	44,25	53,91	11,80
Trockenjahr (P = 95%)	0,68	5,80	44,25	50,73	12,17
Inseln	0,3	–	3,22	3,52	–

(Rücklage und Aufbruch) nicht berücksichtigt. Nach der Shanghaier Umweltgeologischen Station (1986: 6f.) wird die oberflächennahe Bodenschicht jährlich durch Sickerwasser gespeist, das besteht aus:

- Niederschlagswasser mit einem Volumen von 1.365 Mio. m³
- Bewässerungswasser mit einem Volumen von 190,2 Mio. m³
- Oberflächengewässer mit einem Volumen von 8,2 Mio. m³

Die Jahressumme des Sickerwassers beträgt ca. 1.563 Mio. m^3.

Das jährliche Dargebot des Oberflächenwassers in Shanghai beläuft sich nach der Berechnung (Abfluß + Zufluß - Versickerung) auf ca. 57,79 Mrd. m^3.

Zufluß	+ 57,49 Mrd. m^3
Abfluß	+ 1,864 Mrd. m^3
Versickerung	- 1,563 Mrd. m^3
Summe	+ 57,791 Mrd. m^3

Der natürliche Wasserhaushalt wird durch anthropogene Aktivitäten beeinflußt. Die reale Jahresverdunstung beträgt ca. 826,5 mm (5.240 Mio. m^3), 93,5 mm mehr als die potentielle Verdunstung. Diese Differenz entsteht durch wasseraufwendige Agrarkulturen auf dem Land, denn die Verdunstung der Wasserfläche ist höher als die der Bodenfläche, sowie durch starke Versiegelung im Stadtgebiet, die die Versickerung hemmt. Der Abfluß in % des Niederschlags im Stadtzentrum liegt bei 51% und auf dem Land bei 29% (YU, Y.-C., 1990: 108). Das dicht gebaute Stadtgebiet hat eine Fläche von 375 qkm (vgl. Abb. 6), das ist etwa 6% der Gesamtlandfläche von Shanghai. Das Regenwasser gelangt zum großen Teil in die Flüsse, weil die Abwasserleitungen im Stadtgebiet das Siedlungsabwasser nicht vollständig aufnehmen können (vgl. Kap. 4.1.1; Zustand der Abwasserkanäle im Shanghaier Stadtgebiet (1978)).

3.3 Grundwasserdargebot

Es existieren ein Wasserleiter mit freier Oberfläche und fünf mit gespannter Oberfläche. Die Mächtigkeiten der Sedimente sind unterschiedlich: Im Südwesten liegen sie bei 100 - 250 m, am Unterhuangpu bei 270 - 290 m und im Nordosten bei 300 - 400 m (vgl. Abb. 2; Tab. 11). Der Grundwasserleiter mit freier Oberfläche in Shanghai ist praktisch flächendeckend vorhanden. Die Grundwasserneubildung erfolgt überwiegend durch die Versickerung des Niederschlag- und Bewässerungswassers, auch Flüsse und Seen leisten einen Beitrag dazu.
Der erste gespannte Grundwasserleiter befindet sich am Küstenrand und wird überwiegend durch Meerwasser gespeist. Der zweite gespannte Grundwasserleiter hat außerhalb des Westens eine flächendeckende Ausdehnung. Er wird durch den (Alt-) Yangzi gespeist. Der dritte gespannte Grundwasserleiter hat mit Ausnahme im Westen auch eine flächendeckende Ausdehnung. Er wird durch den Alt-Yangzi sowie den Qiantang-Fluß gespeist. Der vierte gespannte Grundwasserleiter befindet sich im Osten. Er wird durch den (Alt-) Yangzi und (Alt-) Qiantang-Fluß gespeist. Der fünfte gespannte Grundwasserleiter erstreckt sich im Nordosten sowie auf den Inseln, wobei die Grundwasserneubildung wegen der tieferen Lage langsam ist. Insgesamt haben die Grundwasserleiter eine jährliche Zuspeisung von ca. 2,763 Mrd. m^3 (Shanghaier Umweltgeologische Station, 1986: 1ff.; Shanghaier Geologisches Amt, 1979: 13ff.). Die oberflächennahe Grundwasserschicht, in welcher der Wasservorrat ca. 1,342 Mrd.

m³/a beträgt, wird jährlich durch 1,563 Mrd. m³ Sickerwasser gespeist. Die fünf gespannten Grundwasserschichten werden überwiegend durch andere Zuflüsse (z.B. Altflüsse im Untergrund) bereichert, deren Wasservorrat sich auf ca. 1,2 Mrd. m³/a beläuft (FANG, Z.-Y., 1988: 31; Shanghaier Institut für Umweltschutz, 1990: 1-11; Shanghaier Umweltgeologische Station, 1986: 6ff.).

Tab. 11: 上海地下水
Grundwasserleiter in Shanghai (Quelle: Shanghaier Umweltgeologische Station, 1986: 1ff.; Shanghaier Geologisches Amt, 1979: 13ff.).

	Gesteinsart	Flurabstand und Mächtigkeit (m)	Durchlässigkeit (m³/d) und Ergiebigkeit (m³/h/m)
Freies Grundwasser	Ton, Schluff und Feinsand	0,5 - 2 2 - 15	0,05 - 1,5 0,02 - 1,8
Gespanntes Grundwasser			
1. Wasserleiter	Feinsand	20 - 40 6 - 15 bis 30	2,7 1,5 - 2,0
2. Wasserleiter	Feinsand bis kiesiger Sand	60 - 70 20 - 40	20 - 40 10 - 30
3. Wasserleiter	Feinsand bis kiesiger Sand	110 - 120 20 - 30 bis 40	20 - 40 10 - 20
4. Wasserleiter	Mittelsand bis kiesiger Sand	160 - 200 20 - 40	10 - 20 20 - 30
5. Wasserleiter	Kiesiger Sand	250 - 280 45	– 0,5 - 5

3.4 Grundwassererschließung und Belastung

Der erste Tiefbrunnen in Shanghai wurde 1860 angelegt (SUN, Y.-F. u.a.: 63ff.). Nach der Unterlage der britischen Firma für die Wasserversorgung in Shanghai gab es 1921 acht Grundwasserbrunnen. 1939 waren es 475 mit einer gesamten Entnahmemenge von ca. 20 Mio. m³/a. Bis 1961 wurden 1.040 Tiefbrunnen in Betrieb genommen und jährlich ca. 200 Mio. m³ Grundwasser mit einem Flurabstand bis zu 200 m entnommen (vgl. Tab. 11), davon ca. 90% aus dem Stadtgebiet bzw. aus dem Stadtrandgebiet (SUN, Y.-F. u.a.: 63ff.).Der unerwartet schnell ansteigende Wasserbedarf seit 1949 führte zu einer massiven und großräumigen Absenkung der Landfläche (vgl. Abb. 9; Tab. 12).

Tab. 12: 上海地下水开采量与地表下沉
Grundwasserentnahme und Absenkung der Landfläche in Shanghai (Quelle: Eigene Zusammenstellung von diversen Quellen).

Zeitraum	Absenkung der Landfläche (mm)	Entnahme ausgew. Jahre (Mio. m³/a)
1921 - 1948	1.136 (42/a)	87,50/1949
1949 - 1956	786 (98/a)	123,90/1956
1957 - 1961	1.321 (330/a)	200,40/1961
1962 - 1965	400 (133/a)	129,61/1965
1966 - 1971	130 (26/a)	58,40/1968
1972 - 1986	225 (16/a)	108,60/1984

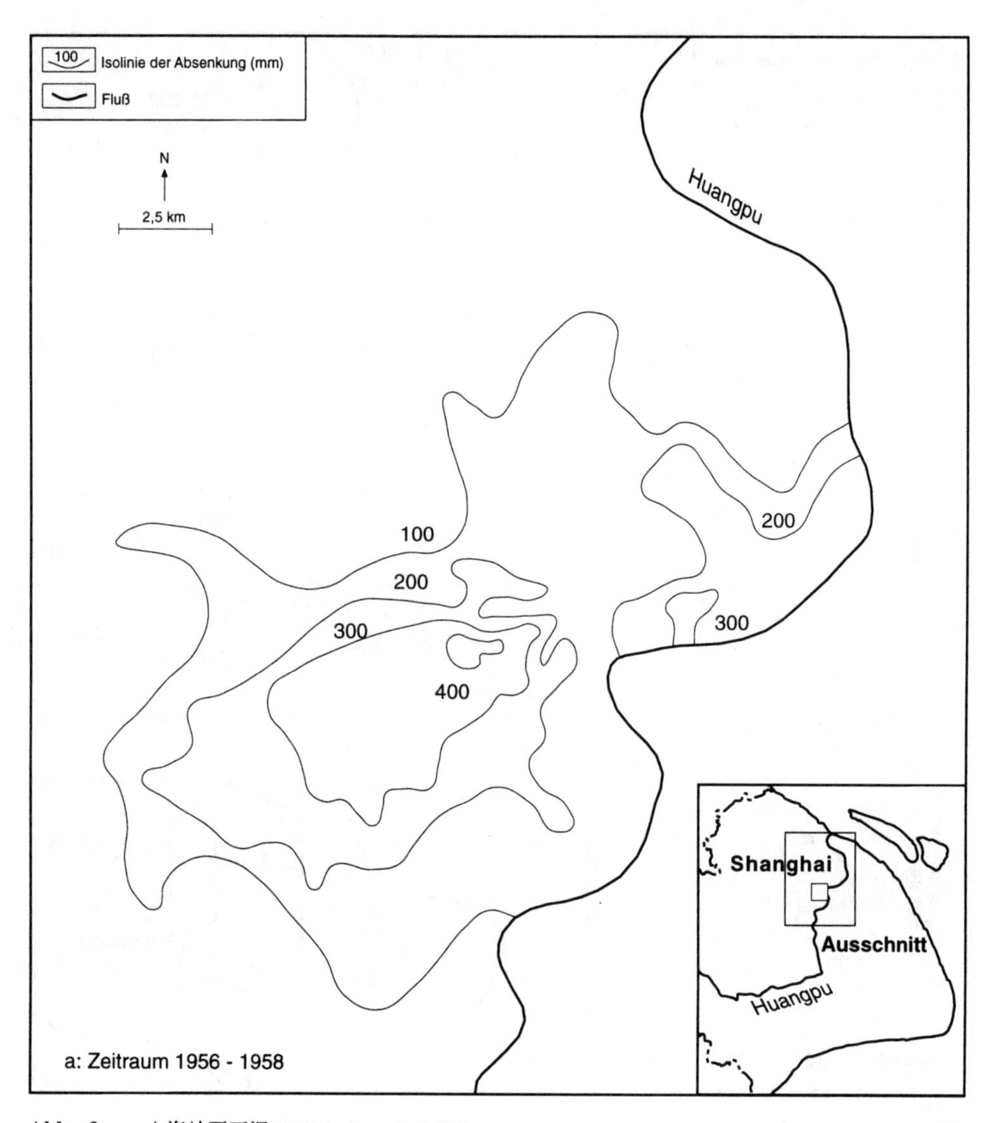

Abb. 9: 上海地面下沉 １９５６ － １９６２
Absenkung der Landfläche durch Grundwasserentnahme in Shanghai 1956 - 1962 (Quelle: YAN, L.-C,: 5).

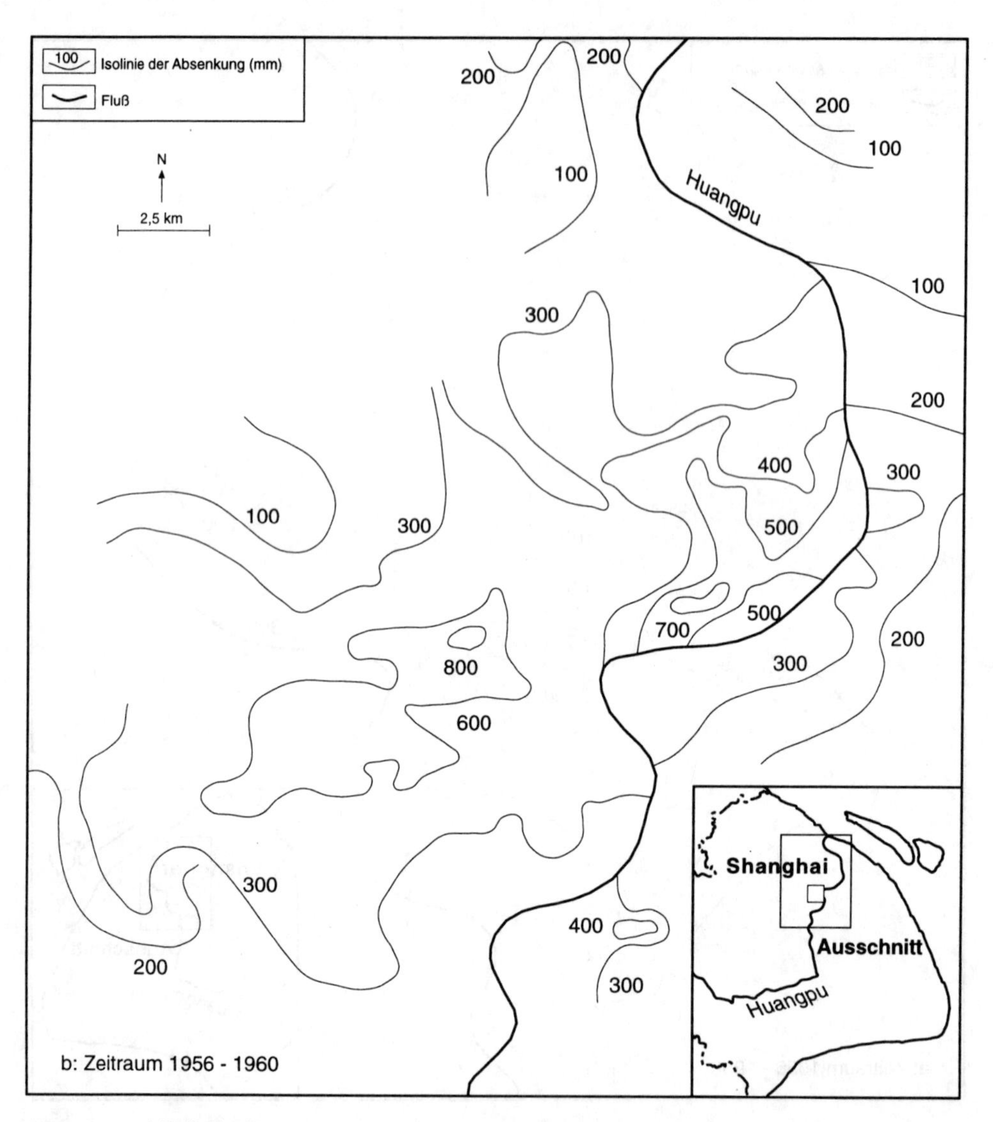

Abb. 9: 上海地面下沉 1 9 5 6 － 1 9 6 2
Absenkung der Landfläche durch Grundwasserentnahme in Shanghai 1956 - 1962 (Quelle: YAN, L.-C,: 5).

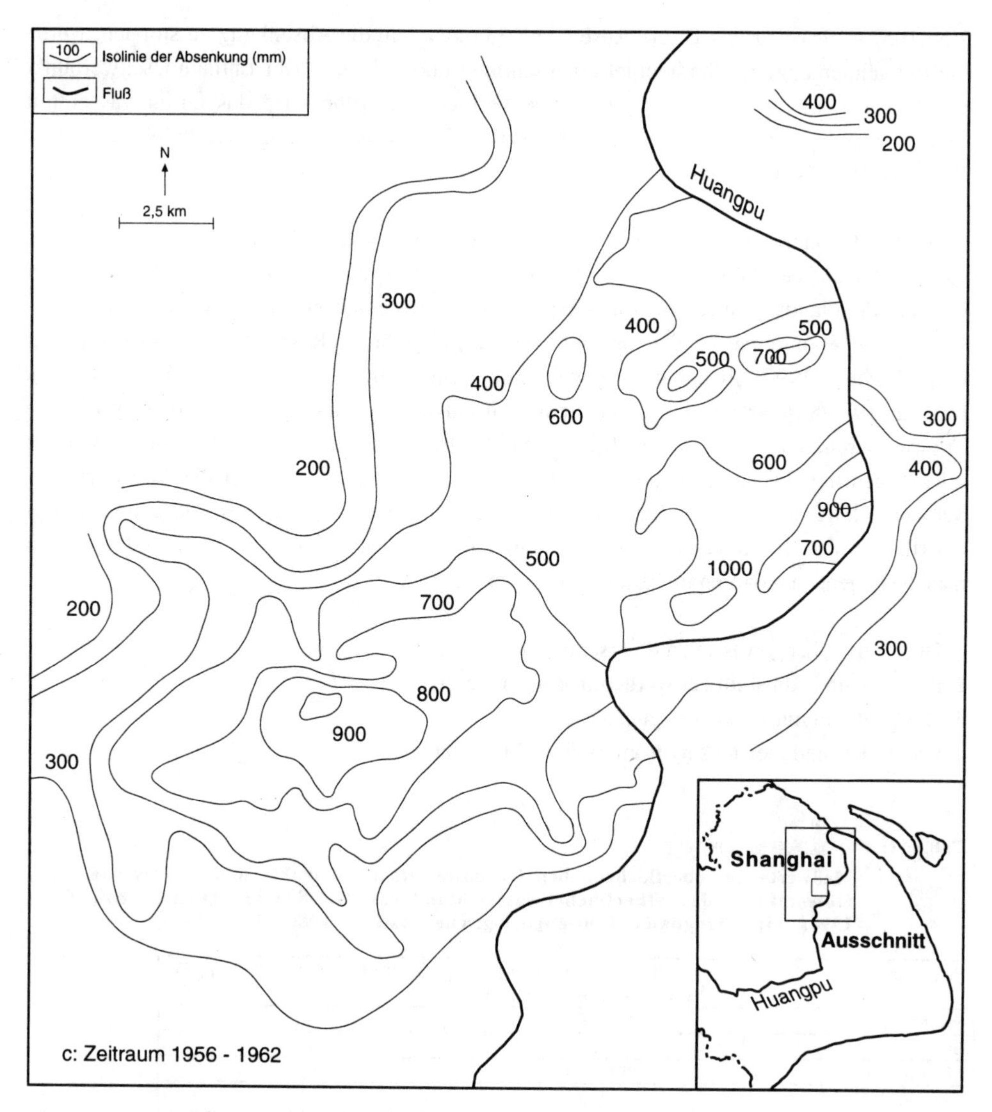

Abb. 9: 上海地面下沉 1 9 5 6 － 1 9 6 2
Absenkung der Landfläche durch Grundwasserentnahme in Shanghai 1956 - 1962 (Quelle: YAN, L.-C,: 5).

Von 1957 - 1961 betrug z.B. die Absenkung 33 cm/a. Um die Absenkung zu stoppen, wurde die Entnahmemenge im Stadtgebiet eingeschränkt und reduziert. Der Entnahmeschwerpunkt wurde von dem Stadtgebiet auf das Land verlegt. Seit 1966 wird das Grundwasser mit Leitungswasser angereichert, zur Zeit liegt die jährliche Absenkung innerhalb des 10 mm Bereichs (WU, N.-Q., 1993: 27).

Heute werden jährlich ca. 120 Mio. m^3 aus den gespannten Grundwasserleitern entnommen, davon 5,1% aus dem Stadtgebiet, 55,6% aus den Industriezonen im ländlichen Raum und der Rest aus dem ländlichen Raum. Aus dem oberflächennahen Grundwasser werden jährlich ca. 180 Mio. m^3 entnommen, und zwar überwiegend im ländlichen Raum (Shanghaier Institut für Umweltschutz, 1990; Shanghaier Umweltgeologische Station, 1986: 2; SUN, Y.-F. u.a.: 64). Im Jahr 1984/85 war das oberflächennahe Grundwasser in manchen Regionen noch von Trinkwasserqualität (vgl. Karte 7). Mit der rapiden Industrialisierung wird dieses Grundwasser schwer belastet. Diese Lage belegen die Meßdaten in Tab. 13, wobei die Meßwerte der Schwermetalle in Pudong durchschnittlich 3fach höher als die der Gütestufe 2 des Oberflächenwasser-Standards GB3838-83 waren. Diese Situation wird leicht verständlich, wenn man die folgenden Faktoren im Zusammenhang betrachtet:

1. Die Oberflächengewässer sind verschmutzt.
2. Pestizide und Künstdünger werden massiv eingesetzt.
3. Der größte Flurabstand beträgt ca. 2 m.
4. Die Böden sind meistens hydromorphe Kulturböden.

Tab. 13: 上海潜层地下水测值
Meßwerte des oberflächennahen Grundwassers in Shanghai und Grenzwerte der Gütestufe 2 des Oberflächenwasser-Standards GB3838-83 (Quelle: HE, C., 1994: 14; Shanghaier Umweltgeologische Station, 1986: 16 - 17).

Parameter	Stadtgebiet-Nord (mg/l) (Pudong-Werte in Klammern)	GB3838-83 Gütestufe 2 (mg/l)
Eisen Fe	0,2 - 0,8	0,3
Fluorid F	2,1	1,0
Mangan Mn	0,1 - 2,0	0,1
Ammoniak NH_3-N	-- (0,6)	0,02
Nitrat NO_3	45 - 281 (71,8)	10
Phenol	0,0024 - 0,3059	0,002
Sulfat SO_4	181 - 429	250

Die gespannten Grundwasserleiter werden durch die Grundwasserhemmer geschützt. Trotzdem wird das gespannte Grundwasser bereits verunreinigt wegen der Durchsickerung des salzigen Küstenwassers infolge der übermäßigen Grundwasserentnahme, aber vor allem durch die künstliche Grundwasseranreicherung mit Leitungswasser, welche sich bis 1985 auf 72 Mio. m^3 summierte. Die Belastung des Grundwassers um die Anlagen der künstlichen

Grundwasseranreicherung belegen die Meßdaten in Tab. 14. An verschiedenen Brunnen wird das Phänomen *Heichou* (= Schwarzes und stinkendes Wasser) beobachtet (JIA, X., 1986: 11). Im Industrieraum Baoshan-Wusong liegen die Meßwerte noch höher.

Tab. 14: 上海深层地下水测值
Meßwerte des gespannten Grundwassers in Shanghai und Grenzwerte der Gütestufe 2 des Oberflächenwasser-Standards GB3838-83 (Quelle: JIA, X., 1986: 11).

Parameter	Baoshan-Wusong (mg/l)	GB3838-83 Gütestufe 2 (mg/l)
Mangan Mn	0,30 - 0,69	0,1
Eisen Fe	0,73 - 3,00	0,3
Fluorid F	2,1	1,0
Cyanid CN^-	0,002 - 0,0095	0,005
Ammonium NH_4-N	0,57 - 4,1	–
Nitrat NO_3	1,59 - 8,89	10
Nitrit NO_2	0,31 - 4,1	0,1
Phenol	0,0023 - 0,0131	0,002

3.5 Wasserversorgung und Wasserverbrauch

3.5.1 ÖFFENTLICHE WASSERVERSORGUNG

Die Leitungswasser-Versorgung in Shanghai begann am 29. Juni 1883 mit einem britischen Wasserwerk in der britischen Kolonie am Huangpu (vgl. Karte 4). Es war auch das erste moderne Wasserwerk für Leitungswasser in China. Damals lieferte das Wasserwerk (heute Wasserwerk Yangshupu) 2.270 m³ Wasser am Tag (vgl. Karte 6). 1911 folgte ein zweites Wasserwerk in Shanghai, das von Chinesen am Huangpu eingerichtet wurde. Das zweite Wasserwerk (heute Wasserwerk Zhabei) gab 10.000 m³ Wasser am Tag ab. Bis 1949 gab es in Shanghai 5 Wasserwerke (GU & GU, 1978: 1ff.). Im ländlichen Raum Shanghais fing die Leitungswasser Versorgung erst in den 60er Jahren an (ZHANG, X.-Y., 1992: 14ff.).
1992 gab es 13 Stadtwasserwerke der Shanghaier Regierung, davon 12 im Stadtgebiet, 1 in der Industriezone Taopu (vgl. Karte 6). Alle 13 Flußwasserwerke hatten insgesamt eine höchste Tagesabgabe von 4,82 Mio. m³ und eine maximale Jahresabgabe von 1.759,3 Mio. m³ (RUI & XIA, 1992: 2ff.; YAO, Z.-W., 1992). Die Eigenwasserwerke der städtischen Industrie, die zum Teil auch der öffentlichen Wasserversorgung dienen, hatten eine jährliche Abgabekapazität von ca. 1.825 Mio. m³, mit einem Grundwasseranteil von weniger als 10% (YAN, L.-C.: 18).
In den 38 Kreisstädten wurden 44 Stadtwasserwerke betrieben, davon 32 Flußwasserwerke und 12 Grundwasserwerke, die zusammen 146,43 Mio. m³ Wasser im Jahr abgeben (ZHANG, X.-Y., 1992: 14ff.).
Über die Gemeinde- und Dorfwasserwerke im ländlichen Raum berichtete WANG, T.-X. (1993) am Beispiel des Kreises Fengxian in Shanghai Süd (vgl. Karte 1). Der Kreis Fengxian mit einer Fläche von 687 qkm hatte 1992 eine Bevölkerung von 0,54 Mio., 2 Kreisstädte, 21

Gemeinden, 298 Dörfer sowie 3 Staatsfarmen. Vor 1949 benutzte man im Kreis ausschließlich Oberflächenwasser. 1952 wurden wegen der Verbreitung der Bilharziose Grundwasserbrunnen gebaut. 1962 wurde die erste Wasserversorgungsstelle in Nanqiao (Kreissitz) eingerichtet, 1963 gab es schon 44 Wasserversorgungsstellen. 1969 nahm man das erste Wasserwerk in der Kreisstadt Fengcheng in Betrieb, das 5.000 m³ Wasser am Tag abgab. Seit 1972 gab es Wasserwerke auf der Gemeindeebene. 1975 brach eine Darminfektionskrankheit aus, weitere Grundwasserbrunnen wurden erschlossen, im gleichen Jahr wurde das Wasserwerk Nanqiao mit einer Tagesabgabemenge von 10.000 m³ eingerichtet. Seit 1980 wurden Wasserwerke auch in Dörfern gebaut, da sich viele Bauern durch die Wirtschaftsreform in der Lage sahen, eigene Wasserwerke zu finanzieren. 1990 wurde ein zweites Wasserwerk in Nanqiao mit einer Tagesabgabemenge von 20.000 m³ in Betrieb genommen. Bis 1989 wurden 21 Gemeinden mit Leitungswasser versorgt und bis 1992 alle 298 Dörfer. Im Jahr 1992 gab es 3 Stadtwasserwerke, 20 Gemeindewasserwerke und 41 Dorfwasserwerke, 99,7% der Bevölkerung bekam Leitungswasser (WANG, T.-X., 1993).
Die öffentliche Wasserversorgung auf der Gemeindeebene war eine Planungssache der Regierung und der Wasserwerkbau in den Dörfern durch die Bauern kam mit der Wirtschaftsreform seit den 80er Jahren in Gang (YIN, R.-Q., 1988: 2). Daher dürfte man annehmen, daß die öffentliche Wasserversorgung in anderen Landkreisen Shanghais eine ähnliche Entwicklung hatte. 1994 wurde die gesamte Bevölkerung im ländlichen Raum Shanghais mit Leitungswasser versorgt.

3.5.2 WASSERVERBRAUCH HEUTE

Eine Mengenangabe über den Wasserverbrauch in ganz Shanghai liegt nicht vor, da der Wasserverbrauch in der Landwirtschaft und Industrie mit eigener Versorgungsanlage unbekannt ist. In Tab. 15 sind einige Schätzungswerte enthalten. Nach dem Statistischen Jahrbuch Shanghai 1991 (410) wurden 1990 ca. 1,225 Mrd. m³ Leitungswasser im Stadtgebiet abgegeben (635 Mio. m³ Trinkwasser und 590 Mio. m³ Industriewasser) und der durchschnittliche

Tab. 15: 上海给水量
Wasserversorgung in Shanghai (Quelle: RUI & XIA, 1992: 2ff.; Shanghaier Institut für Umweltschutz, 1990: 2-66; Statistisches Jahrbuch Shanghai 1991: 410; SUN, Y.-F. u.a.: 64ff.; Umweltplanung der Stadt Shanghai (1994): 16; ZHANG, X.-Y., 1992: 14).

	(Mio. m³/a)	
Gesamtsumme der Wasserversorgung	11.000	300 Grundwasser 10.878 Oberflächenwasser
Trinkwasser	1.145	210 Grundwasser 935 Oberflächenwasser
Landwirtschaft	4.365	
Industrie usw.	5.490	
Abgabemenge der Stadtwasserwerke	1.906	

Trinkwasserverbrauch pro Person und Tag betrug 224 Liter. Für 14 Mio. Einwohner ergibt sich ein jährlicher Trinkwasserbedarf von 1.145 Mio. m^3. Der jährliche Wasserbedarf in der Landwirtschaft betrug ca. 4.365 Mio. m^3 (Shanghaier Institut für Umweltschutz, 1990: 2-66). Nimmt man die Einschätzung 11 Mrd. m^3 als den jährlichen Wasserverbrauch in Shanghai an (vgl. Tab. 10), wurden die restlichen 5.490 Mio. m^3 von 11 Mrd. m^3 Wasser überwiegend in der Industrie verbraucht. Die Grundwasserentnahme betrug im Jahr 1988 ca. 300 Mio. m^3, davon 180 Mio. m^3 aus dem oberflächennahen Grundwasser im ländlichen Raum und 120 Mio. m^3 aus dem gespannten Grundwasser. Der Trinkwasseranteil lag bei 210 Mio. m^3 (SUN, Y.-F. u.a.: 64ff.).

3.6 Wassergüteproblem

Aus der Gegenüberstellung von Wasserbedarf und Wasserdargebot in Tab. 10 ergibt sich, daß das Wasser in Shanghai ausreichend vorhanden ist. Die Wasserversorgung in Shanghai, vor allem die Trinkwasserversorgung, wird durch die schlechte Wassergüte schwer belastet. Bislang wurde der Wasserbedarf in Shanghai überwiegend mit dem Niederschlagsabfluß, dem Taihu-Zufluß und dem Grundwasser gedeckt, wobei der Taihu-Zufluß einen Anteil von 84% hat (vgl. Tab. 10). Die Gewässergüte verschlechtert sich mit der laufenden Wirtschaftsentwicklung. Der Fluß Huangpu, der ca. 90% des Taihu-Zuflusses aufnimmt (vgl. Tab. 9), wurde im Jahr 1994 zu 31,5% mit der Gütestufe 3, zu 36,0% mit 4 und zu 32,5% mit 5 - 6 des Shanghaier Oberflächenwasser-Standards (vgl. Anhang 3) bewertet und der Fluß Dianpu mit der Gütestufe 3, der Fluß Suzhou war noch stärker belastet (vgl. Karte 12; Shanghai Environmental Bulletin 1994: 4f.). 1990 besaßen die 38 Kreisstädte (Eigenbetriebe) 32 Flußwasserwerke und 12 Grundwasserwerke. Die meisten Flußwasserwerke mußten sich mit der Gütestufen 4 - 6 begnügen (ZHANG, X.-Y., 1992: 14ff.). Dadurch wird die Wasserversorgung gefährdet, in erster Linie die Trinkwasserversorgung. Nach dem Shanghaier Oberflächenwasser-Standard sind nur die Gewässer mit Gütestufen 1 bis 3 für Trinkwassererschließung geeignet.

Verschiedene Projekte für Gewässerschutz und -sanierung werden durchgeführt und geplant. Aber die Gewässersanierung braucht ihre Zeit (siehe Kap. 5). Man geht dazu über, Wasser vom Dianshan-See und vom Yangzi zu beziehen, wo das Wasser noch von guter Qualität ist.

Der erste Schritt der Planung, das Wasser vom Oberhuangpu dem Stadtgebiet am Unterhuangpu zuzuleiten, wurde 1987 gemacht: Man hat eine neue Entnahmestelle Linjiang eingerichtet und leitet von dort 2,3 Mio. m^3 Wasser am Tag den Wasserwerken Nanshi, Yangshupu, Yangsi, Pudong, Jujiaqiao zu (vgl. Karte 6; RUI, Y.-R. u.a., 1991: 21f.). Das Flußwasser bei der Entnahmestelle Linjiang hatte 1984 eine Gütestufe 3 und 1994 eine Gütestufe 4 (vgl. Karte 9; Karte 12), eine geplante Verlegung der Entnahmestelle Linjiang zum Oberlauf hin scheitert an der fehlenden Finanzierung.
In der trichterförmigen Yangzi-Mündung ist das Wasser in Jahren mit normalen Niederschlägen für die Trinkwasserversorgung qualitativ geeignet. In den niederschlagsarmen Jahren und in den

Monaten (November - April) aber dringt salziges Meerwasser durch die Gezeiten in die Mündung ein und macht dort eine kontinuierliche Entnahme des Süßwassers unmöglich. Man muß also in günstiger Zeit das Süßwasser in Wasserbecken speichern, um Qualitätswasser kontinuierlich liefern zu können. Nach der Untersuchung wurde festgestellt, daß während der Ebbe das Flußwasser auch Süßwasserqualität hat bzw. schwachsalzig sein kann (ZHANG & YANG, 1993). Die Möglichkeit wird für den Betrieb des Stadtwasserwerks Yuepu in Baoshan Nord ausgenutzt. Es lieferte seit Juni 1991 täglich 100.000 m^3 Wasser und wird nach einem Ausbau 200.000 m^3 am Tag abgeben (YAO, Z.-W., 1992). Auch der Metall-Konzern Baoshan holt sich während der Ebbe schwachsalziges Yangzi-Wasser für Industriegebrauch (Cl^--Gehalt unter 200 mg/l) sowie Süßwasser für die Trinkwasserversorgung in der Umgebung. Sein Wasserwerk verfügt über ein Wasserbecken mit einer effektiven Speicherkapazität von 12 Mio. m^3 und liefert ca. 300.000 m^3 am Tag (ZHANG & YANG, 1993). Die beiden Wasserwerke am Yangzi-Ufer stellen ca. 146 Mio. m^3 Wasser im Jahr zur Verfügung, das macht etwa 19% des Trinkwasserbedarfs und 1.33% des gesamten Wasserbedarfs in Shanghai. Die Planung der Zuleitung des Yangzi-Wassers in großen Mengen in das Stadtzentrum ist aus Kostengründen in kurzer Zeit nicht realisierbar.

In dieser Notlage wird große Hoffnung auf das Aufbereitungsvermögen der Wasserwerke gesetzt. Bei den Wasserwerken in Shanghai werden im allgemeinen die folgenden Aufbereitungsschritte zur Gewinnung von Trinkwasser aus Oberflächengewässern angewandt (vgl. GAO, T.-Y., 1994b: 462):

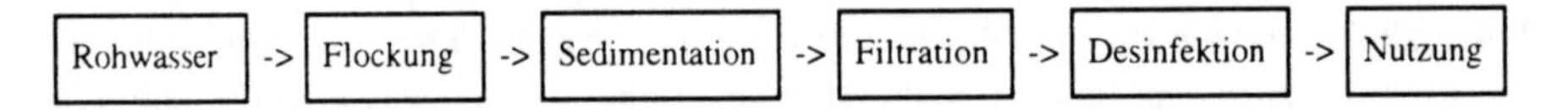

Die Daten über die Qualität des Leitungswassers aus den Shanghaier Wasserwerken werden nicht veröffentlicht. Nach dem Stand der Technik läßt es sich offensichtlich nicht absichern, daß man mit diesem Verfahren ein Rohwasser mit Gütestufe 4 zum Trinkwasser nach dem chinesischen Trinkwasser-Standard GB5749-85 von 1985 (vgl. Anhang 5) aufbereiten kann. Viele Unternehmen und Institutionen in Shanghai haben sich eigene Anlagen zur Aufbereitung des Leitungswassers zum Trinkwasser angeschafft. Dabei bleibt die Frage offen, welche Qualität das selbst aufbereitete Trinkwasser hat. Da nicht jeder sich eine Anlage zur Trinkwasseraufbereitung leisten kann, nutzen auch unzählbar viele Familien das Leitungswasser als Trinkwasser. Die Bewohner haben ein "bewährtes" Hausmittel: Man kocht Leitungswasser ab.

4 BELASTUNG UND GÜTEZUSTAND DER OBERFLÄCHENGEWÄSSER

4.1 Gewässerbelastung

4.1.1 ABWASSERBELASTUNG

Im Jahr 1990 gab es in Shanghai ca. 1.460 Mio. m^3 Industrieabwasser und 511 Mio. m^3 Siedlungsabwasser, insgesamt 1.971 Mio. m^3 (vgl. Tab. 16).

Die Industrie, die seit den 80er Jahren eigene Klärwerke einrichtet (WO, Y.-G. u.a., 1990: 1ff.), behandelte jährlich ca. 402 Mio. m^3 Abwasser. Die Kläranlagen der Industrie verfügten meistens über mechanische Vorklärung (1. Reinigungsstufe) und biologische Klärung (2. Reinigungs-stufe), die chemische Klärung (3. Reinigungsstufe) wurde wenig angewendet; etwa 40% des behandelten Abwassers entsprach den Anforderungen an die Stoffkonzentration des abzuleitenden Industrieabwassers (GU, Y.-B., 1990: 304; Tab. 17). Die Emissionsgrenzwerte GBJ4-73 galten bis 1988. Seit dem 1.1.1989 gilt der Abwasser-Standard GB8978-88, der den Abwasserteil der Emissionsgrenzwerte GBJ4-73 ersetzt. In Tab. 17 werden nur die allgemeinen Abwassergrenzwerte aufgenommen und nicht die Sonderfälle und branchenspezifischen Grenzwerte. Im Stadtgebiet gab es 15 Stadtabwasserwerke mit einer gesamten Aufnahmekapazität von 0,49 Mio. m^3 am Tag (vgl. Karte 6). 1992 wurden 9 Abwasserwerke in Betrieb genommen, die etwa 66 Mio. m^3 Abwasser im Jahr aufnahmen. Die Klärverfahren bestehen aus der mechanischen Vorklärung und der biologischen Klärung (vgl. ZHANG, X.-Y., 1992: 15; Info- und Forschungsgruppe der städtischen Abwasserwerke, 1992: 7f.). Etwa 44% des behandelten Siedlungsabwassers entsprach den Anforderungen an das Einleiten von Abwasser in Gewässer (GU, Y.-B., 1990: 302). In den Kreisstädten wurden 8 Abwasserwerke betrieben, die ca. 11 Mio. m^3 Siedlungs- und Industrieabwässer im Jahr behandelten (vgl. ZHANG, X.-Y., 1992: 15f.). 2 Abwasserleitungen leiteten ca. 292 Mio. m^3 unbehandeltes Abwasser aus dem Stadtgebiet direkt in den Yangzi (vgl. Karte 6).

Tab. 16: 上海污水量、处理量与未处理量 1 9 9 0
Abwassermenge, -entsorgung und -last in Shanghai 1990 (Quelle: Info- und Forschungsgruppe der städtischen Abwasserwerke, 1992: 7ff.).

		(Mio. m^3)
Industrieabwasser		1.460
Siedlungsabwasser		511
Summe		1.971
Aufnahmekapazität	1) Stadtabwasserwerke	77
	2) Industrie-Abwasserwerke	402
	3) Yangzi-Abwasserleitungen	292
	Summe	771
Abwasserlast der Binnengewässer		1.200

Tab. 17: 污水排放标准

Anforderungen an das Einleiten von Abwasser in Gewässer (Quelle: Emissionsgrenzwerte GBJ4-73; Abwasser-Standard GB8978-88; Shanghaier Emissionsgrenzwerte).

	Nr.	Parameter	Emissionsgrenzwerte GBJ4-73 (mg/l) Shanghaier Modifikation in Klammern	Abwasser-Standard GB8978-88 (mg/l)				
				Stufe 1		Stufe 2		Stufe 3
				n.A.	a.A.	n.A.	a.A.	
I	1	Quecksilber Hg	0,05 (0,02)	0,05				
	2	Alkyrquecksilberverbindung	–	nicht nachweisbar				
	3	Cadmium Cd	0,1	0,1				
	4	Chrom-Gesamt	–	1,5				
	5	Chrom Cr^6	0,5	0,5				
	6	Arsen As	0,5	0,5				
	7	Blei Pb	1,0	1,0				
	8	Nickel Ni	–	1,0				
	9	Benzo-(a)-Pyren	–	0,00.003				
II	1	pH-Wert	6 - 9	6 - 9	6 - 9	6 - 9	6 - 9	6 - 9
	2	Färbung (Vedünungsfach)	–	50	80	80	100	–
	3	Suspendierte Stoffe	500	70	100	200	250	400
	4	BSB_5 bei 20°C	60 (30)	30	60	60	80	300
	5	CSB_{Cr} O_2	100 (50)	100	150	150	200	500
	6	Erdöl	–	10	15	10	20	30
	7	Fett/Öl	10	20	30	20	40	100
	8	Phenol C_6H_5HO	0,5 (1)	0,5	1,0	0,5	1,0	2,0
	9	Cyanid CN^-	0,5 (1)	0,5	0,5	0,5	0,5	1,0
	10	Sulfat SO_4	1,0	1,0	1,0	1,0	2,0	2,0
	11	Ammoniak NH_3-N	–	15	25	25	40	–
	12	Fluorid F	10	10	15	10	15	20
	13	Phosphat P_2O_5	0,5	0,5	1,0	1,0	2,0	–
	14	Formalbehyd	–	1,0	2,0	2,0	3,0	–
	15	Anilin	3	1,0	2,0	2,0	3,0	5,0
	16	Nitrobenzol	5,0	2,0	3,0	3,0	5,0	5,0
	17	Anionsynthet. Waschmittel	–	5,0	10	10	15	20
	18	Kupfer Cu	1	0,5	0,5	1,0	1,0	2,0
	19	Zink Zn	5	2,0	2,0	4,0	5,0	5,0
	20	Mangan Mn	–	2,0	5,0	2,0	5,0	5,0

I: Erlaubte Stoffkonzentration zu Ableiten innerhalb der Fabrik.
II: Erlaubte Stoffkonzentration zu Ableiten außerhalb der Fabrik.

Stufe 1 gilt für die Einleitung in Gewässer mit dem Güteziel Gütestufe 3 des Oberflächenwasser-Standards GB3838-88
Stufe 2 gilt für die Einleitung in Gewässer mit dem Güteziel Gütestufe 4 und 5 des Oberflächenwasser-Standards GB3838-88.

a.A.= alte Anlage; n.A. = neue Anlage und auszubauende Anlage.

So blieben für das Jahr 1990 ca. 1.200 Mio. m^3 Industrie- und Siedlungsabwasser ungereinigt, welche in Binnengewässer eingeleitet wurden (Info- und Forschungsgruppe der städtischen Abwasserwerke, 1992: 7ff.).

Ende 1993 wurde eine neue Abwasseranlage mit einer Abwasserleitung zu Zhuyuan an der Ostküste in Betrieb genommen, welche jährlich ca. 340 Mio. m^3 Abwasser aus dem Stadtgebiet

sammelt, vorbehandelt und schließlich in den Yangzi einleitet (vgl. Karte 6; LIU, J.-H. u.a., 1993: 39ff.; Shanghai Environmental Bulletin 1994: 2).
Die gesamte Abwassermenge stieg von 1.971 Mio. m^3 1990 auf 2.290 Mio. m^3 1994 um 319 Mio. m^3, wobei die Menge des Industrieabwassers um 25 Mio. m^3 zurückgegangen und die des Siedlungsabwassers um 344 Mio. m^3 gestiegen war (vgl. Tab. 18).

Tab. 18: 上海工业污水量、居民区污水量与处理量 1 9 9 2 - 1 9 9 4
Industrie- und Siedlungsabwasser und Behandlungsgrad in Shanghai 1992 - 1994 (Quelle: Shanghai Environmental Bulletin 1993, 1994).

	(Mio. m^3, Behandlungsgrad in %)					
	1992		1993		1994	
Industrieabwasser	1.493	77,0%	1.324	82,3%	1.435	82,2%
Siedlungsabwasser	740	–	750	12,9%	855	–
Summe	2.233	–	2.074	–	2.290	–
COD	–		167.500		163.700	
Fett/Öl	–		5.571		6.140	
Phenol	–		106,50		80,62	
Cyanid CN^-	–		62,36		51,16	
Chrom Cr^{+6}	–		10,04		9,66	
Arsen As	–		8,76		–	
Cadmium Cd	–		0,08		–	

Die Entwicklung spiegelt einerseits die fortschreitende Kreislaufführung/Abwasserreduzierung in der Industrie und andererseits die rapide Verstädterung wieder. Der Behandlungsgrad des Industrieabwassers lag 1990 bei ca. 27,7% und 1994 bei ca. 82,2%, wobei der Behandlungsgrad des Siedlungsabwassers 1990 bei ca. 15,1% und 1993 bei ca. 12,9% lag (vgl. Tab. 16; Tab. 18). Nach dem Shanghai Environmental Bulletin 1994 sind die Oberflächengewässer überwiegend organisch belastet. Da die Kläranlagen der Industrie noch nicht erfaßt werden können, läßt sich der Behandlungsgrad in Tab. 18 nicht weiter verwenden.

Auf jeden Fall kann man die Abwasserlast 1994 wie folgt beschreiben: Insgesamt gab es 2.290 Mio. m^3 Abwasser, 632 Mio. m^3 (teilweise behandeltes) Abwasser floß in die Küstengewässer, das Binnengewässer wurde mit 1.658 Mio. m^3 (teilweise behandeltem) Abwasser belastet, welches den Anforderungen an das Einleiten von Abwasser in Gewässer nur zum kleinen Teil entspricht. In Karte 6 wird die Situation der Nutzungskonflikte zwischen direkten Abwassereinleitern und Flußwasserwerken im Stadtgebiet dargestellt.

Die Abwasserbelastung im ländlichen Raum läßt sich nicht genau beschreiben. Die Industrie in den Kreisstädten, die insgesamt 8 Kläranlagen mit einer jährlichen Aufnahmekapazität von ca. 11 Mio. m^3 betrieben, verbrauchte ca. 150 Mio. m^3 im Jahr (ZHANG, X.-Y., 1992). Das heißt, die Industrie in den Kreisstädten leitet jährlich ca. 139 Mio. m^3 Abwasser in Gewässer ein. Der Wasserbedarf und die Kläranlagen der ländlichen Industrie außerhalb der Kreisstädte sind unbekannt.

4.1.2 GEWÄSSERVERSCHMUTZUNG UND ABFALLBESEITIGUNG

Über die Abfälle in Shanghai hat man sich noch kein detailliertes Bild hinsichtlich der Abfallmenge und -verbreitung verschafft (vgl. CHEN, Y.-Q., 1992: 82ff.).
Die erste, großräumige Inventur der festen Abfälle in Shanghai wurde 1988 - 1991 mit Hilfe der Luftbildauswertung durchgeführt (Büro für interdisziplinäre Untersuchungen der Stadt Shanghai durch Luftbildfernerkundung, 1991: 106ff.). Durch visuelle Auswertung der Infrarotluftbilder im Maßstab von 1/10.000 (1988) bzw. 1/60.000 (1989), die das Stadtgebiet und seine unmittelbare Umgebung von ca. 1.260 qkm bedeckten, hatte man die Abfallplätze mit einer Fläche von über 50 m² (maßstabsbedingte Grenzgröße der Luftbildinterpretation) kartiert. Die vorläufigen Ergebnisse der Luftbildauswertung sind in Tab. 19 enthalten. Das gesamte Untersuchungsgebiet von 1.260 qkm wurde kartographisch nicht angegeben. Das alte Stadtgebiet (1984) ist in Karte 4 dargestellt. Im alten Stadtgebiet beliefen sich die Abfallplätze auf 874 mit einer Fläche von ca. 2,25 qkm. Die meisten Abfallplätze befanden sich am Stadtrand und waren "wild", das bedeutet, sie standen nicht unter einer bestimmten Aufsicht bzw. Verwaltung. Die Umweltbelastungen dieser Müllberge sind noch nicht untersucht worden.

Tab. 19: 上海市区、市郊固体垃圾（面积 > 5 0 平方米）
Feste Abfälle mit einer Fläche von über 50 m² in Stadtgebiet und Umgebung von Shanghai (Quell: Büro für interdisziplinäre Untersuchungen der Stadt Shanghai durch Luftbildfernerkundung, 1991: 106ff.).

	Stadtgebiet und Umgebung (1.260 qkm)		Stadtgebiet mit 12 Bezirken (349 qkm)	
	Anzahl	Fläche (m²)	Anzahl	Fläche (m²)
Hausmüll	433	216.515	185	50.000
Industrieabfälle	133	647.520	44	79.060
Bauschotter	633	2.773.240	385	1.497.410
Mischabfälle	718	1.622.250	287	624.500
Summe	1.927	5.259.525	874	2.250.970

Nach dem Shanghai Environmental Bulletin 1994 (6) werden die festen Industrieabfälle zu 83,2% wieder verwertet (vgl. Tab. 20). Dabei bleiben die Fragen Was und Wie offen. Der Klärschlamm wurde zu 20% als Düngemittel in der Landwirtschaft untergebracht, über den Rest kann man keine Auskunft geben (vgl. CHEN, Y.-Q., 1992: 49). Der Hausmüll galt auch als

Tab. 20: 上海市的垃圾 1 9 9 4
Abfälle in Shanghai 1994 (Quelle: CHEN, Y.-Q., 1992: 82ff., 123ff.; Shanghai Environmental Bulletin 1994: 3f.; XIA, W.-M., 1991).

	(Mio. t)	Verwertung
Feste Industrieabfälle	12,45	83,2%
Klärschlamm	2,50	–
Haus-, Stadtmüll usw.	3,25	–
Menschliche Fäkalien	4,31	–

Düngemittel, so auch der Stadtmüll. Seit Kunstdünger ausreichend geliefert wird, nehmen die Bauern in den Landkreisen die Abfälle aus dem Stadtgebiet nicht mehr auf. 1985 wurde die erste Anlage zur Müllkompostierung bei Anting im Kreis Jiading in Nordwest Shanghai eingerichtet, die täglich ca. 300 t Haus- und Stadtmüll verarbeitete. Wegen schlechter Entgiftung usw. fand der Kompost kaum Abnehmer und blieb daher als Deponie (vgl. CHEN, Y.-Q., 1992: 88f.). Das Stadtgebiet produziert etwa 7.000 t Hausmüll am Tag, die Müllberge wachsen am Stadtrand und in den Landkreisen (Büro für interdisziplinäre Untersuchungen der Stadt Shanghai durch Luftbildfernerkundung, 1991: 106ff.). Die Fäkalien im Stadtgebiet wurden zum großen Teil in die Binnengewässer eingeleitet (vgl. Zustand der Abwasserkanäle im Shanghaier Stadtgebiet (1978)). Im Stadtgebiet hat man jährlich ca. 3,25 Mio. t Fäkalien zu entsorgen (Shanghai Environmental Bulletin 1994: 4), davon werden etwa 1,46 Mio. t in den Yangzi und in die Hongzhou-Bucht eingeleitet (vgl. CHEN, Y.-Q., 1992: 123f.) und 1,79 Mio. t als Düngemittel in die Landkreise transportiert (vgl. XIA, W.-M., 1991). 1991 wurden noch im Stadtgebiet die Fäkalien zum Teil direkt in die Binnengewässer eingeleitet (vgl. SHI, J.-D., 1991), heute müßte dies auch so sein, denn die Kläranlagen fehlen immer noch. 1988 entstanden 1,63 Mio. t Fäkalien durch Viehzucht auf dem Land, etwa 50% davon gingen direkt in die Gewässer (vgl. HE, C., 1994: 17ff.; ZHAO, B.-K., 1991).
Das Abgas, das überwiegend durch Kohleverbrennung und Verkehr entsteht, verunreinigt die Luft mit Schadstoffen (vgl. Tab. 2). Die Tatsache, daß Sauerer Regen Gewässer stark schädigen und zu Fischsterben führen kann, hat in Shanghai kaum Aufmerksamkeiten gewonnen, da das Gewässer bereits durch Abwasser und feste Abfälle schwer belastet ist. Der Saure Regen in Shanghai, dessen pH-Wert 1994 bei 5,42 lag, ist nur schwach sauer, weil der pH-Wert von reinem Wasser bei 5,6 liegt (FÖRSTNER, 1991: 382).

4.1.3 GEWÄSSERVERSCHMUTZUNG UND LANDWIRTSCHAFT

Der Verbrauch an Kunstdünger und Pestiziden in der Landwirtschaft wird in Tab. 21 dargestellt. 1990 wurde nach der Angabe des Statistischen Jahrbuches Shanghai 1991 (221) pro Hektar Ackerland 3.165 kg Kunstdünger und 59,12 kg Pestizide verbraucht. Diese Daten beziehen sich

Tab. 21: 上海农业化肥与农药投入量
Verbrauch an Kunstdünger und Pestiziden in der Landwirtschaft in Shanghai (PANG, J.-H., 1991; Statistical Yearbook of China 1993: 348f; Statistisches Jahrbuch Shanghai 1991: 221.).

<table>
<tr><th></th><th>1950</th><th>1978</th><th>1985</th><th>1987</th><th>1990</th><th>1992</th></tr>
<tr><td>Kunstdünger (1.000 t)
Mittel (kg/ha)</td><td>3,4
9</td><td>874,3
2.429</td><td>724,2
2.130</td><td>917
2.830</td><td>1.006,5
3.165</td><td>851
2.676</td></tr>
<tr><td>Reinnährstoff in %</td><td>--</td><td colspan="5">20%</td></tr>
<tr><td>Pestizide (1.000 kg)
Mittel (kg/ha)</td><td>81
0,22</td><td>27.497
76,38</td><td>10.065
29,60</td><td>23.012
71,02</td><td>18.800
59,12</td><td>–
–</td></tr>
<tr><td>Wirtkstoff in %</td><td>--</td><td colspan="5">8%</td></tr>
<tr><td>Ackerfläche (1.000 ha)</td><td>375</td><td>360</td><td>340</td><td>324</td><td>323</td><td>318</td></tr>
</table>

auf die gemischte Stoffmenge mit anderer Flüssigkeit (z.B. Wasser), wobei die Menge des Reinnährstoffes (N, P, K) bei Kunstdünger etwa 20% ausmacht (Chinesisches Jahrbuch für Landwirtschaft 1981: 64ff.). Multipliziert man diese Daten mit 20%, erhält man dann die Menge der verbrauchten Kunstdünger in Reinnährstoffen. Der Verbrauch an Kunstdünger in Reinnährstoffen 1990 betrug also ca. 633 kg/ha. Bei den Pestiziden ist der Wirkstoffanteil von Produkt zu Produkt sehr verschieden (vgl. Wörterbuch für Landwirtschaft (1985): II-202ff.), man dürfte schätzungsweise von etwa 7,5 kg Wirkstoff pro Hektar und Jahr ausgehen (CHEN, Y.-X., 1996). In Shanghai hat man etwa 2,5 Ernten im Jahr.
Der Einsatz von Kunstdünger und Pestiziden in Shanghai ist im Vergleich zu der Verbrauchsmenge an Kunstdünger von 362,2 kg/ha und an Pestiziden von 1,59 kg/ha in Deutschland 1989/90 sehr hoch (Statistisches Jahrbuch für die Bundesrepublik Deutschland 1995: 180; 722). Der eine Grund dafür wäre, daß die Kunstdünger und Pestizide in China weniger spezifisch wirken und somit eine höhere Dosierung erfordern. Nach Erfahrung gehen etwa 30% der aufgebrachten Kunstdünger unverbraucht durch Bodenerosion in die Gewässer, das bedeutet 301.950 t für das Jahr 1990.

Die Ausbringung der Klärschlamme in der Landwirtschaft belastet den Boden (vgl. Tab. 22). Die Schadstoffe im Boden werden durch Versickerung, Abfluß und Bodenerosion in die Gewässer gelangen. Je nach Bodenbedeckung und Jahreszeiten wird im Durchschnitt 2,30 - 9,79 t Boden pro Hektar und Jahr durch Niederschläge abgetragen (vgl. GU, Y.-Z. u.a., 1986: 17ff.).

Tab. 22: 上海农业土壤中的重金属
Bodenbelastung mit Schwermetallen in der Landwirtschaft in Shanghai (Quelle: PANG, J.-H., 1991).

	(mg/kg)							
	Cd	Zn	Cu	Pb	Cr	Hg	As	F
1978	0,134	76,80	23,50	21,30	64,60	0,216	8,95	537
1983	0,150	81,20	24,60	19,30	69,11	0,150	8,88	–
1987	0,125	83,81	27,79	25,49	74,88	0,093	8,71	494

4.1.4 DIE LAGE IN DEN FÜNF HUANGPU-ANLIEGERKREISEN 1984

In fünf Huangpu-Anliegerkreisen Qingpu, Songjiang, Shanghai, Jinshan und Fengxian am Oberhuangpu wurde 1984 eine regionale Bestandsaufnahme der Emissionen und Gewässerbelastung durchgeführt (vgl. GU, Y.-Z. u.a., 1986). Insgesamt lebten in den fünf Huangpu-Anliegerkreisen mit einer Landfläche von 2.927 qkm etwa 2,34 Mio. Menschen, davon rd. 0,21 Mio. in Kreisstädten. In der gleichen Zeit belief sich die ländliche Bevölkerung in Shanghai auf etwa 5,17 Mio. (vgl. Karte 4). Im folgenden werden die Ergebnisse der Bestandsaufnahme vorgestellt. Karte 8 stellt die Untersuchung der Gewässerqualität am Oberhuangpu im Jahr 1984 dar, wobei der Oberflächenwasser-Standard GB3838-83 (Anhang 1) benutzt wurde (vgl. GU, G.-W. u.a., 1985).

Tab. 23: 黄浦江上游五县水污染 1 9 8 4
Gewässerbelastung durch Siedlungsabwasser, Industrieabwasser und Bodenerosion in fünf Huangpu-Anliegerkreisen Shanghais 1984 (Quelle: GU, Y.-Z. u.a., 1986: 17, 25, 31).

Parameter	Herkunft Siedlung (kg)	Herkunft Industrie (kg)	Herkunft Bodenerosion (kg)
BOD_5	70.000	11.900	6.120.000
COD	47.000	62.700	34.000.000
Schwebstoffe	94.000	70.800	130.000.000
Phenol	–	774	–
Fett/Öl	–	2.270	–
Cyanid CN^-	–	139	–
Sulfat SO_4	–	1.200	–
Fluorid F	–	295	–
Arsen As	–	40,7	–
Quecksilber Hg	–	0,78	–
Chrom Cr	–	47,3	–
Cadmium Cd	–	1,74	–
Blei Pb	–	52	–
Zink Zn	–	123	–
Kupfer Cu	–	18,4	–
N-gesamt	23.000	–	6.000.000
P-gesamt	3.500	–	170.000

4.1.4.1 Siedlungsabwasser

In den fünf Kreisen wurden die Siedlungen am Ufer angelegt. Das Trink- und Brauchwasser für Bauern wird direkt dem Untergrund, Flüssen und Teichen entnommen, in den Kreisstädten wird Leitungswasser geliefert. Geht man davon aus, daß der durchschnittliche pro Kopf Verbrauch pro Tag bei 130 Liter liegt, so wird pro Tag ca. 0,3 Mio. m^3 häusliches Abwasser in die Gewässer abgegeben (vgl. Tab. 23).

4.1.4.2 Ländlich-industrielles Abwasser

Die ländliche Industrie beschäftigt 1984 etwa 0,45 Mio. Mitarbeiter, nahezu alle Branchen der städtischen Industrie werden von den Kommunen in kleiner Organisationsform auch auf dem Land betrieben, wie z.B. Papierindustrie, chemische Industrie, Arzneimittel- und Farbstoffherstellung sowie Lebensmittelindustrie. Täglich gibt es ca. 115.400 m^3 Industrieabwasser (vgl. Tab. 23).

4.1.4.3 Einträge aus der Landwirtschaft

In der Landwirtschaft wird jährlich 2 - 3 mal geerntet, überwiegend werden Getreide, Baumwolle und Ölpflanzen produziert. 60 - 70% der gesamten Fläche ist Ackerfläche, davon 80

- 90% Naßfelder, z.B. Reisanbau. Je nach Bodenbedeckung und Jahreszeiten wird im Durchschnitt 2,30 - 9,79 t Boden pro Hektar und Jahr durch Niederschläge abgetragen (vgl. Tab. 23). Der jährliche Einsatz der künstlichen Düngemittel pro Hektar beträgt 2,94 t, insgesamt 500.000 t in fünf Huangpu-Anliegerkreisen, davon gehen 150.000 t unverbraucht durch Abfluß, Versickerung und Bodenerosion ins Gewässer (30%). Der Verbrauch an Pestiziden (BHC, DDT usw.) beträgt 70 kg pro Hektar, insgesamt 12.164 t. Dabei handelt es sich um gemischte Menge von Kunstdüngern und Pestiziden (vgl. Kap. 4.1.3).

4.1.5 BEISPIELE DER VERSCHMUTZUNG UND SCHÄDEN

1. *Heichou* Phänomen

Der Fluß Huangpu wird gewöhnlich als Hauptindikator der Gewässerqualität auf dem Land angesehen. Vor 1958 gab es noch verschiedene Wassertiere im Fluß. Seit 1963 tritt das Phänomen *Heichou* (= Schwarzes und stinkendes Wasser) jährlich auf. 1986 wurden 192 *Heichou*-Tage, nämlich die Tage mit dem *Heichou*-Index ≥ 5, registriert (Shanghaier Institut für Umweltschutz, 1990: 1/12ff.). Der *Heichou*-Index lautet: $NH_3 - N/(O_2 + 0,4)$.

2. "Duftender Fisch"

Zwischen 1984 - 1985 war der "Duftende Fisch" im Kreis Qingpu das besondere Ereignis. Der gekochte Fisch roch nach einer Gesichtscreme. Das Produkt einer Chemiefabrik A ist im Wasser löslich, und unter normaler Temperatur geruchlos und farblos. Es riecht aber nach der Gesichtscreme, wenn es erhitzt wird. Die Chemiefabrik lieferte über 500 t Abwasser pro Tag ins Fischereigewässer der Umgebung (ohne Genehmigung). Nach einer Untersuchung wurde das Produkt im Fischkörper gefunden (CHEN & GU, 1994: 56ff.).

3. Fischsterben

Mitte Mai des Jahres 1992 gab es starke Regenfälle, die Karpfen im Fischteich vom Fischer B im Kreis Fengxian starben daraufhin (420,5 kg). Der Grund: Der Schweinemist eines benachbarten Feldes wurde durch das Regenwasser in den Fischteich getragen, was ein großes Sauerstoffdefizit im Teichwasser verursachte (CHEN & GU, 1994: 73ff.).

4. Akute Infektionskrankheiten

In der Gemeinde Malu des Kreises Jiading wurde am Bach Yanjin intensiv Viehzucht (Schweine usw.) getrieben. Durch Abwassereinleitung vom Viehgelände war der Bach so verschmutzt, daß das Vieh im Februar an Durchfall erkrankte, und kurz darauf auch die Bevölkerung mit dieser Krankheit des Verdauungstraktes infiziert wurden, obwohl das Trinkwasser für den Menschen und auch für das Vieh vor Ort gereinigt wurde (PU, Y.-P. u.a., 1988).

5. Bodenbelastung mit DDT am Stadtrand 1981/82

Die Nutzung von DDT, das bereits seit 1979 verboten wurde, hatte ihre Spur im Boden hinterlassen. Nach einer Untersuchung im Jahr 1981/82 wurde festgestellt, daß 1.766 Hektar Gemüseanbaufläche am Stadtrand mit DDT belastet war (vgl. Abb. 10). Auch in dem Gemüse wurde DDT nachgewiesen (CHEN, L., 1988: 113).

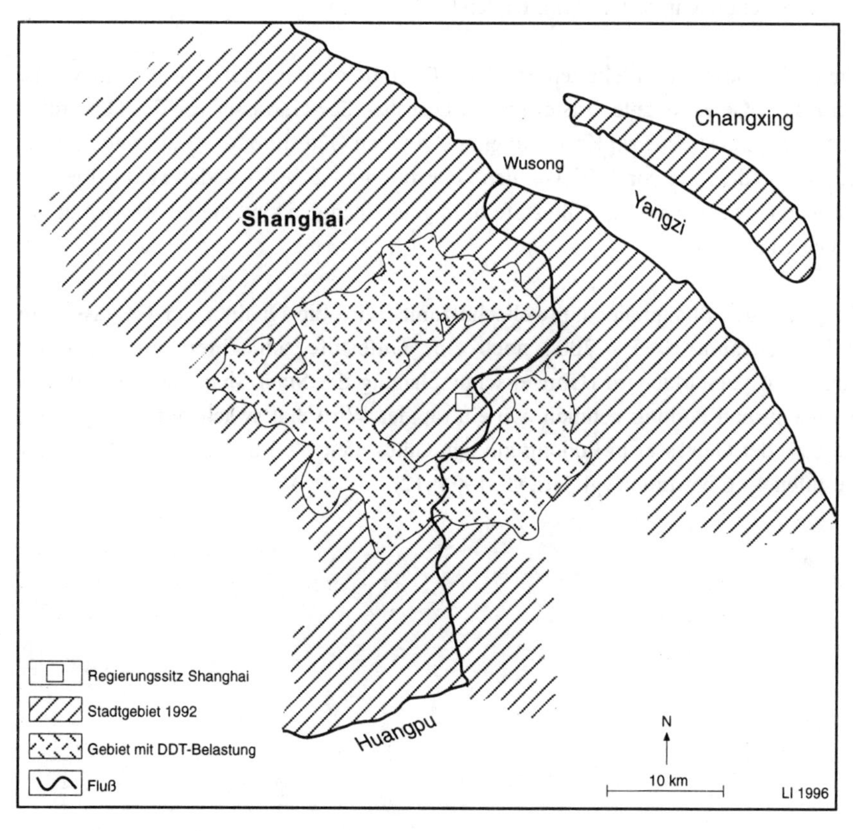

Abb. 10: 上海市郊蔬菜区 T T D 污染 1 9 8 1 - 1 9 8 2
DDT-Verschmutzung im Gemüseanbaugebiet um das Stadtgebiet Shanghais 1981/82 (Quelle: CHEN, L., 1988: 113).

4.2 Gewässergütekarte

Zur Herstellung der regionalen Gewässergütekarte galt früher der Oberflächenwasser-Standard GB3838-83. Dieser wurde 1988 novelliert und durch den Oberflächenwasser-Standard GB3838-88 ersetzt, der 30 Parameter zur Messung und Bewertung der Oberflächengewässer vorgab (vgl. XIA & ZHANG, 1990: 228ff.).

Das Shanghaier Umweltschutzamt benutzt einen eigenen Parameter- und Kriterienkatalog für die Gewässerbewertung (Shanghaier Oberflächenwasser-Standard). Nach dem Shanghaier Umweltschutzamt wird ein Gewässer mit einer Gütestufe 1 bis 3 als sauberes Gewässer und mit einer Gütestufe 4 bis 6 als verschmutztes Gewässer bewertet. Dabei wird die Gütestufe eines Gewässers/Teilgewässers durch den Parameter mit dem im Durchschnitt schlechtesten Meßergebnis bestimmt. Die Gewässergütekarten von Shanghai 1984, 1987, 1993 und 1994 wurden durch Auswertung verschiedener Unterlagen, vor allem der amtlichen Unterlagen vom Shanghaier Umweltschutzamt, erstellt (vgl. Karten 9 - 12).

Vergleicht man die Gewässergütekarten 1984 - 1994 miteinander, läßt sich eine deutliche Verschlechterung der Gewässergüte feststellen: Die Dianshan-See-Gewässer von den Gütestufen 1 - 2 zu 3, die Huangpu-Strecke im Kreis Songjiang von den Gütestufen 2 - 3 zu 3 - 4 und der Unterhuangpu im Stadtgebiet vor 1992 von den Gütestufen 4 - 5 zu 5 - 6, das Stadtgebiet vor 1992 hat nur noch Gewässer mit der Gütestufe 6. In ganz Shanghai sind die Gewässer mit der Gütestufe ≤ 3 bereits selten.

Nach der Prognose des Shanghaier Umweltschutzamts wird die Qualität der Gewässer im Stadtgebiet im Zeitraum 1995 - 2000 noch eine Gütestufe schlechter sein, falls der Umweltschutz nicht verstärkt wird (Umweltschutzplanung der Stadt Shanghai (1994)). Als Beispiel dazu kann man Pudong nehmen, wo ein rapides Wirtschaftswachstum erzielt wird. 1983 wurden 60% der Gewässer in Pudong mit den Gütestufen 1 - 3 und 1990 alle Gewässer mit den Gütestufen 4 - 6 bewertet (vgl. HE, C., 1994: 12).

5 SCHUTZ DER OBERFLÄCHENGEWÄSSER

Der Gewässerschutz in Shanghai gewinnt erst seit den 80er Jahren große Aufmerksamkeit, als die Wasserversorgung im Stadtgebiet nicht mehr gesichert werden konnte. Das Flußwasser am Unterhuangpu, der etwa 98% des städtischen Wasserbedarfs gedeckt hatte (RUI, Y.-R. u.a., 1991) war wegen starker Verschmutzung (Gütestufen 4 - 5; vgl. Karte 9) zur Aufbereitung von Trinkwasser bzw. Industriewasser nicht mehr geeignet. Das erste große Wasserschutzprojekt in Shanghai war die Festsetzung des Wasserschutzgebiets am Oberlauf des Flusses Huangpu vom 19.4.1985 (siehe Kap. 5.2). Aufgrund der höchsten Priorität der Trinkwasserversorgung stellt das Wasserschutzgebiet am Oberlauf des Tideflusses Huangpu, dessen Einzugsgebiet fast alle Binnengewässer in der Stadt umfaßt, den Ausgangspunkt für den Schutz des Einzugsgebiets des Huangpu dar. Es folgen verschiedene Gewässerschutzprojekte und -vorhaben, wobei technisch-regionalplanerische Maßnahmen dominieren. Im Verlauf des Kampfs gegen die Wasserverschmutzung stellte man fest, daß das ganze Einzugsgebiet des Huangpu saniert werden muß. Der Gedanke führte zur Einrichtung eines Aktionsprogramms "Huangpu-Sanierung". Die Gegenstände dieses Kapitels sind:

1. Wasserschutzgebiete.
2. Aktionsprogramm "Huangpu-Sanierung".

5.1 Wasserschutzgebiete im Überblick

Wasserschutzgebiete sind Flächen, auf denen Handlungen zu unterlassen sind, die sich auf die Menge und Beschaffenheit des Wassers nachteilig auswirken können. Die Festsetzung eines Wasserschutzgebiets besteht aus seiner räumlichen Abgrenzung und der Festlegung der darin geltenden Schutzanordnungen.

Der Vorläufer des Wasserschutzgebiets in China ist der Schutzbezirk um die Wasserfassung. Das ist eine Vorgabe der Vorschriften für die Trinkwasserqualität. Im Mai 1955 wurde vorläufig eine Leitungswasser-Verordnung für 12 Städte zur Anwendung empfohlen, in der die hygienischen Schutzbezirke um die Wasserfassung vorgeschrieben waren. Ihre novellierte Fassung von 1959 galt dann landesweit. Sie wurde 1976 sowie 1985 modifiziert. Die heute geltende Fassung ist der chinesische Trinkwasser-Standard GB5749-85 von 1985. Er schreibt vor: Im Fall einer Flußfassung hat der zu markierende Schutzbezirk einen Radius von 100 m einschließlich der Flußwasserfläche stromaufwärts bis 1.000 m. Der Schutzbezirk um die Wasserfassung müßte bereits vor 1955 existiert haben. Diesbezüglich fehlt jedoch Literatur.
Nach §12 des chinesischen Abwassergesetzes vom 11.5.1984 können für die Trinkwasserressourcen und bekannte aquatische Landschaften usw. Wasserschutzgebiete durch Kreisregierungen und höhere Regierungen festgesetzt werden. Zuständig zur Ausweisung von

Trinkwasserschutzgebieten und für die Erarbeitung von Schutzanordnungen sind die Umweltbehörden. Seit 1989 sind die WSG-Verwaltungsbestimmungen in Kraft. In China präzisiert das Rechtsinstitut "Wasserschutzgebiet" die Inhaltsintensität des Gewässerschutzes.

Unter deutschen und chinesischen Bedingungen sind bei der Ausweisung eines Wasserschutzgebiets folgende Prinzipien zu beachten (Bundesminister des Innern, 1982: 136; Erläuterungen zu WSG-Verwaltungsbestimmungen vom 10.7.1989; GIESEKE u.a., 1985: 462ff.):

1. Nach Vorsorgeprinzipien können keine großflächigen Gebiete ausgewiesen werden. Das ist geboten, weil Schutzbestimmungen (insbesondere Verbote und Nutzungsbeschränkungen), die sich an Eigentümer und Nutzungsberechtigte von Grundstücken richten, enteignenden Charakter haben können, und eine Enteignung nur zum Wohl der Allgemeinheit erfolgen darf. Der Leitsatz für die Ausweisung lautet "so groß wie nötig, so klein wie möglich".

2. Nach dem allgemeinen Grundsatz des Übermaßverbots ist es erforderlich, daß die Wasserschutzgebiete in Zonen mit unterschiedlichen Schutzbestimmungen eingeteilt werden.

In der Regel umfaßt ein Wasserschutzgebiet sein Einzugsgebiet und wird von der Fassung bis zur Grenze des Einzugsgebiets in Zonen eingeteilt und stufenweise geschützt: Nutzungseinschränkungen nehmen von Zone zu Zone in Richtung Wasserfassung zu. Es gilt, daß Handlungen, die bereits in der Schutzzone geringeren Restriktionsgrades eingeschränkt sind, auch in der stärker geschützten Zone zu unterlassen sind. Das Prinzip für eine solche Gestaltung des Schutzgebiets ist, daß die innere Schutzzone gegen die Nutzung der äußeren Schutzzone einen hinreichenden hygienischen Schutz bietet (KUKAT, 1964: 72ff.; ROTH, 1988: 147ff.; SCHNEIDER, 1988: 833ff.; SOKOLL, 1965: 41ff.; WSG-Verwaltungsbestimmungen vom 10.7.1989).

Nach den chinesischen WSG-Verwaltungsbestimmungen kann ein Schutzgebiet für Oberflächen-gewässer in drei Schutzzonen eingeteilt werden:

Schutzzone 1. Ordnung	(Entnahmebereich)
Schutzzone 2. Ordnung	(um Schutzzone 1. Ordnung)
Quasi-Schutzzone	(um Schutzzone 2. Ordnung)

Die Schutzzone 1. Ordnung umfaßt den Entnahmebereich. Die Qualitätszielsetzung für diese Schutzzone darf nicht unter der Gütestufe 2 des staatlichen Oberflächenwasser-Standards GB3838-88 liegen und muß dem staatlichen Trinkwasser-Standard GB5749-85 (Anhang 5) entsprechen.
Die Schutzzone 2. Ordnung ist im Anschluß an die Zone 1. Ordnung auszuweisen. Die Qualitätszielsetzung für die Schutzzone 2. Ordnung darf nicht unter der Gütestufe 3 des

staatlichen Oberflächenwasser-Standards GB3838-88 liegen und muß gewährleisten, daß die Qualitätsanforderungen für die Schutzzone 1. Ordnung erfüllt werden können.
Die Quasi-Schutzzone ist nach Bedarf im Anschluß an die Schutzzone 2. Ordnung auszuweisen. Die Qualitätszielsetzung für die Quasi-Schutzzone muß gewährleisten, daß die Qualitätsanforderungen für die Schutzzone 2. Ordnung erfüllt werden können.

Die WSG-Verwaltungsbestimmungen vom 10.7.1989 haben zwar die Zonierung des Wasserschutzgebiets vorgeschlagen, aber keine Maßangabe über die räumliche Abgrenzung der einzelnen Zonen gemacht, da noch Praxiserfahrungen gesammelt werden müßten (ZHANG, Y.-L. u.a., 1991: 8ff.).

In Shanghai wird seit dem Erlaß des Abwassergesetzes von 1984, welches das Rechtsinstitut "Wasserschutzgebiet" zum ersten Mal zur Verfügung gestellt hat, ein einziges Wasserschutzgebiet festgesetzt, nämlich das Wasserschutzgebiet am Oberhuangpu. In der Kreisstadt Songjiang ist die Ausweisung eines Wasserschutzgebiets am Fluß Tongbotang in Planung (vgl. ZHAO & HE, 1994; Kap. 5.3). Nach meiner Information dürfte dieses geplante Wasserschutzgebiet zukünftig das zweite Wasserschutzgebiet in Shanghai sein.

In diesem Kapitel werden das Wasserschutzgebiet am Oberhuangpu und das geplante in Songjiang untersucht und Vorschläge für ihre künftige Festsetzungen erarbeitet. Bei der Erarbeitung der Vorschläge für künftige Festsetzungen der Wasserschutzgebiete werden die einschlägigen Erfahrungen in der Bundesrepublik Deutschland ausgewertet und einbezogen, weil sie eine internationale Vorreiterrolle in der Verwirklichung des Wasserschutzgebietgedankens spielt (NÖRING, 1984: 170). Nimmt man z.B. das Verhältnis Wasserschutzgebiet/Bevölkerung der Bundesrepublik als vorbildliches Kriterium für Gewässerschutz durch das Rechtsinstitut Wasserschutzgebiet, kommt man dann zu einer groben Rechnung, daß noch etwa 350.000 Wasserschutzgebiete in China ausgewiesen werden müßten (vgl. Tab. 24).

Tab. 24: 中国与德国的水源保护区
Wasserschutzgebiete in China und Deutschland (Quelle: FANG, Z.Y., 1988: 1033ff.; SCHERER, P., 1993: 44; ZHANG, Y.-L. u.a., 1991: 56ff.).

	VR China	BR Deutschland
Landesgröße	9,6 Mio. qkm	0,365 Mio. qkm
Bevölkerung	1.200 Mio.	80 Mio.
Schutzgebiete Ist-Zahl	100 (1984 - 1989)	19.815 (1953 - 1992)
Schutzgebiete Soll-Zahl	350.000	23.051

Die allgemeinen Schutzbestimmungen in Schutzgebieten für Oberflächengewässer in China sowie in Deutschland sind zum Zweck eines Vergleichs in Tab. 25 enthalten.

Tab. 25: 中国、德国地表水水源保护区保护要求
Nutzungseinschränkungen in Schutzgebieten für Oberflächengewässer in China und Deutschland (Quelle: DVGW-Arbeitsblatt W 102, W 103 von 1975; TGL 43850/06 von 1989; WSG-Verwaltungsbestimmungen vom 10.7.1989).

Nr.	Art der Nutzung	Schutzzonen		
		I	II	III
Teil A: Regelungen in China				
	Regeln für Schutzgebiet			
1	Aktivitäten, die das ökologische Gleichgewicht der aquatischen Umwelt verletzen und Rand- und Schutzwälder am Wasser sowie die wasserschutzenden Pflanzen beschädigen.	v	v	v
2	Einbringen von industriellen und städtischen Abfällen, Fäkalien und sonstigen Abfällen in Gewässer	v	v	v
3	Einfahrt von Wagen und Schiffe für Transport von giftigen und schädlichen Stoffen, Öl und Fäkalien	b	b	b
4	Anwenden von hochgiftigen Pflanzenschutzmitteln, Pflanzenschutzmitteln mit hohem Verbrauchsrest, willkürliches Anwenden der Kunstdünger sowie Fischfange mit Sprengstoff und Giften	v	v	v
	Regeln für Quasi-Schutzzone			
5	Abwassereinleiten in Gewässer nicht nach den staatlichen Vorschriften (Mindestanforderungen, Erlaubnis)	v	v	v
	Regeln für Schutzzone II			
6	Neu- und Ausbauprojekte, die Abfälle in Gewässer einbringen; Umbauprojekte, die Abfallmenge vermehren.	v	v	-
7	Kai zum Umladen von Müll, Fäkalien, Öl und sonstigen giftigen Stoffen	v	v	-
	Regeln für Schutzzone I			
8	Neu- und Ausbauprojekte, außer für Wasserversorgung und Gewässerschutz	v	-	-
9	Abwassereinleiten in Gewässer; Abwassereinleitungen	v	-	-
10	Kai, außer für Wasserversorgung; Ankern von Schiffen	v	-	-
11	Ablagern und Ausladen von industriellen und städtischen Abfällen, Fäkalien und sonstigen Abfällen	v	-	-
12	Öltank	v	-	-
13	Pflanzenanbau, freie Viehhaltung	v	-	-
14	Kontrollierte Viehhaltung	b	-	-
15	Tourismus und sonstige Aktivitäten, die Gewässer verschmutzen können.	v	-	-
Teil B: Regelungen in Deutschland				
Nr.	Art der Nutzung	Schutzzonen		
		I	II	III
1	**Bergbau, Wassererschließung, unterirdische Lager**			
1.1	Bohrungen, außer für Wassergewinnung	v	b	b
1.2	Erdaufschlüsse, bleibende, wie Ton-, Sand- und Kiesgruben, Steintagebaue, außer für die Trinkwassergewinnung	v	v	b
1.3	Haldenmaterial, Halden	v	v	b
1.4	Untergrundspeicher, außer für Trinkwassergewinnung	v	v	v
1.5	Tagebaubetrieb	v	v	b
1.6	Untertagebergbau	v	v	b
1.7	Tiefbau-Schachtröhren	v	v	b
1.8	Gasspeicher-Sondenköpfe	v	v	b
1.9	Salz- und Buntmetallerzbergbau, Bohrungen zum Aufsuchen oder Gewinnen von Erdöl, Erdgas, Kohlensäure, Mineralwasser, Salz, radioaktiven Stoffen sowie zur Herstellung von Kavernen	g	g	g
1.10	Gewinnung von Steinen und Erden	g	g	-
2	**Kommunalwirtschaft und Industrie**			
2.1	Sprengungen	g	g	-

(b = beschränkt, g = gefährlich, v = verboten, z = zugelassen)

Teil B: Regelungen in Deutschland		
Nr.	Art der Nutzung	Schutzzonen
		I II III
2.2	Baustellen, Baustofflager	g g -
2.3	Hoch- und Tiefbauten, außer für die Trinkwassergewinnung	v b b
2.4	Baumaßnahmen, Bebauung, Gewerbebetriebe; Ausdehnung bereits vorhandener Bebauung oder ausgewiesener Baugebiete; Krankenhäuser, Heilstätten	g g g
2.5	Bebauung, sofern eine Abwasserbelastung des Gewässers nicht durch Maßnahmen (z.B. Sammelkanalisation, Ringleitungen, Überpumpen) mit Sicherheit ausgeschlossen wird	g g g
2.6	Gasleitungen, unterirdische	v b z
2.7	Mineralöle, Mineralölprodukte und andere Wasserschadstoffe, Umgang	v v b
2.8	Verwendung von wassergefährdenden auswasch- oder auslaugbaren Materialien zum Straßen-, Wege-, und Wasserbau (z.B. Teer, manche Bitumina und Schlacken) Fernleitungen für wassergefährdende Stoffe	g g g
2.9	Fernleitungen für wassergefährdende Stoffe	g g g
2.10	Durchleiten von Abwasser und wassergefährdenden Stoffen in Rohrleitungen	g g -
2.11	Transport radioaktiver oder wassergefährdender Stoffe	g g -
2.12	Transport wassergefährdender Stoffe auf den Zuläufen	g g g
2.13	Tankstellen, insbesondere Tankstellen auf Gewässer	g g -
2.14	Neuanlage von Tanklagern für Wasserschadstoffe	v v b
2.15	Betriebe und Einrichtungen, in denen Gifte lt. Giftgesetz in für Gewässer gefährlichen Mengen hergestellt oder verwendet werden	v v b
2.16	Betriebe, die radioaktive oder wassergefährdende Abfälle oder Abwässer abstoßen, z.B. Ölraffinerien, Metallhütten, chemische Fabriken, wenn diese Stoffe nicht vollständig und sicher aus dem Schutzgebiet hinausgebracht oder ausreichend behandelt werden; Kernreaktoren	g g g
2.17	Betriebe mit Verwendung oder Abstoß radioaktiver oder wassergefährdender Stoffe	g g g
2.18	Betriebe und Einrichtungen mit Emission von Wasserschadstoffen	v v b
2.19	Ablagern von Rückstandsstoffen, Abprodukten, Müll, Schutt; Neuanlage und Erweiterung von Deponien; Ablagern von Abwasserrückständen und Fäkalien	v v b
2.20	Einbringen, Ablagern und Aufhalden von radioaktiven oder wassergefährdenden Stoffen, z.B. Giften, auswaschbaren beständigen Chemikalien, Öl, Teer, Phenolen, Schädlingsbekämpfungsmitteln, Müll, Rückständen von Erdölbohrungen sowie deren Beseitigung durch Einbringen in den Untergrund, Lagerplätze für Autowracks und Kraftfahrzeugschrott, Entleerung von Wagen der Fäkalienabfuhr	g g g
2.21	Einbringen, Einleiten, Aufbringen und Versenken von wassergefährdenden oder sonstigen beeinträchtigenden Stoffen, auch in festen Behältnissen	g g -
2.22	Einbringen, Ablagern und Aufhalden von Abfallstoffen, Ablagern von Schlamm	g g -
2.23	Umschlags- und Vertriebstellen für Heizöl, Dieselöl, für radioaktive oder wassergefährdende Stoffe	g g g
2.24	Lagerung radioaktiver oder wassergefährdender Stoffe	g g g
2.25	Lagerung von Heizöl und Dieselöl	g g -
2.26	Verkehrsanlagen und Güterumschlagsanlagen	g g -
2.27	Flüssigchemikalien, Umgang	v v b
2.28	Holzschutzmittel, Lagerung und Verarbeitung	v v b
2.29	Bekämpfung von Gesundheitsschädlingen	b b b
2.30	Kohlelagerplatz	v v b
2.31	Wagenwaschen, Ölwechsel (an oberirdischen Gewässern)	g g g
2.32	Kernenergie, Erzeugung	v v v
2.33	Radioaktive Materialien - Gewinnung, Aufbereitung, Versenkung, Lagerung - Einsatz	 v v v v v v
2.34	Versenkung und Versickerung radioaktiver Stoffe	g g g
(b = beschränkt, g = gefährlich, v = verboten, z = zugelassen)		

Teil B: Regelungen in Deutschland		
Nr.	Art der Nutzung	Schutzzonen
		I II III
2.35	Bestattung - Erdbestattung - Urnenbeisetzung	 v v z v b z
2.36	Friedhöfe	g g -
2.37	Abwasser, Ab- und Durchleitung	v b z
2.38	Abwasser, Einleitung in Oberflächengewässer ohne ausreichende Reinigung und Nährstoffelimination	v v v
2.39	Einleiten nicht ausreichend behandelten Abwassers, insbesondere mit nicht abbaubaren chemischen und radioaktiven Inhaltsstoffen, in die Zuläufe	g g g
2.40	Zuläufe von Gewässern mit schlechterer Wasserbeschaffenheit als betamesosaprob	g g -
2.41	Abwasser, Versickerung, Untergrundverrieselung - bei Anlagen über 50 EGW - bei Anlagen unter 50 EGW	 v v v v v b
2.42	Abwasser, Wasserschadstoffe, Versenkung	v v v
2.43	Abwässer, infektiöse; Betriebe und Einrichtungen mit Anfall dieser Abwässer	v v b
2.44	Abwasserbehandlungsanlagen	v b z
2.45	Abwasserreinigungsanlagen (Kläranlagen)	g g -
2.46	Abwasserbodenbehandlung industrieller und kommunaler Abwässer	v v b
2.47	Abwasserbodenbehandlung, Entlassungsflächen	v v v
2.48	Abwasserlandbehandlung, -verregnung, Versenkung, Versickerung von Abwasser einschließlich des von Straßen und sonstigen Verkehrsflächen abfließenden Wassers, Untergrundverrieselung, Sandfiltergräben, Abwassergruben; Versenkung oder Versickerung von radioaktiven oder wassergefährdenden Stoffen	g g g
2.49	Einleiten von Abwasser einschließlich des von Straßen und sonstigen Verkehrsflächen abfließenden Wassers - auch von behandeltem - in die Zuläufe	g g g
3	**Land- und Forstwirtschaft**	
3.1.1	Tierproduktionsanlagen	v v b
3.1.2	Tierhaltung, individuell	v b b
3.1.3	Massentierhaltung, Viehansammlungen, Pferche	g g g
3.1.4	Viehtränken an oberirdischen Gewässern, Viehtrieb durch Gewässer	g g g
3.1.5	Melkstände, Viehtränken	v v z
3.1.6	Weidenutzung	v b z
3.1.7	Waldweide	v b z
3.1.8	Waldmastanalgen	v v v
3.1.9	Massivsilos, Anlage und Nutzung	v v b
3.1.10	Erdsilos zur Futterproduktion, Anlage und Nutzung	v v v
3.1.11	Stallungen, Gärfuttersilos, Gärfuttermieten	g g -
3.1.12	Dämpfanlagen, Anlage und Nutzung; Mieten und Sortierplätze (außer für Stroh)	v v b
3.1.13	Waschplätze für Maschinen und Geräte, Misch- und Geladeplätze von Kunstdüngern	v v b
3.1.14	Bodenbehandlung von Abwässern und Abprodukten wie Silosickersaft, Restbrühen, Produktionsabwässer	v v b
3.1.15	Fischzucht, Fischfütterung	g g g
3.1.16	Fischteiche	g g -
3.1.17	Intensivfischzucht	v v v
3.1.18	Extensive Fischerei und jagdliche Nutzung	b z z
3.1.19	Intensive Wassergeflügehaltung	v v v
3.2	Bodennutzung	
3.2.1	Umbruch von Grünland	v v b
3.2.2	Rodungen und sonstige Handlungen, die die Erosion begünstigen	g g g
3.2.3	Hackfruchtanbau	v v b
(b = beschränkt, g = gefährlich, v = verboten, z = zugelassen)		

Teil B: **Regelungen in Deutschland**		
Nr.	Art der Nutzung	Schutzzonen
		I II III
3.2.4	Gemüseanbau und Intensivobstbau - Gemüseanbau - Intensivobstbau	 v b b v v b
3.2.5	Gärtnerische Nutzung und Kleingartenanlagen	v v b
3.2.6	Kleingärten und Gartenbaubetriebe	g g -
3.2.7	Forstwirtschaftliche Nutzung - Forstkahlschläge - Forstwirtschaftliche Abwasserverwertung (Verrieselung)	 v b b v v v
3.2.8	Sonstige Ackernutzung	v b z
3.2.9	Landwirtschaftliche Nutzung außer als Grünland	g g -
3.3	Organische Dünger	
	Feste organische Dünger	
3.3.1	Transport, Umschlag	v b b
3.3.2	Herstellung, Lagerung	v v b
3.3.3	Einsatz	v b b
	Fließfähige organische Dünger	
3.3.4	Transport, Umschlag	v b b
3.3.5	Lagerung, Aufbereitung	v v b
3.3.6	Einsatz	v v b
3.3.7	Hochlastflächen	v v v
3.3.8	Trassenführung für Gülle- und Abwasserrohrleitungen	v v b
3.3.9	Organische Düngung, sofern die Dungstoffe nach der Anfuhr nichtsofort verteilt werden oder die Gefahr ihrer oberirdischen Abschwemmung in Gewässer und seine Zuläufe besteht; Überdüngung	g g -
3.4	Mineralische Dünger	
	Feste mineralische Dünger	
3.4.1	Transport, Umschlag	v b b
3.4.2	Lagerung, Aufbereitung	v v b
3.4.3	Einsatz	v b b
3.4.4	Ausbringung durch Agrarluftfahrzeuge	v v b
	Fließfähige mineralische Dünger	
3.4.5	Transport, Umschlag	v b b
3.4.6	Lagerung, Aufbereitung	v v b
3.4.7	Einsatz	v b b
3.4.8	Ausbringung durch Agrarluftfahrzeuge	v v b
3.4.9	Offene Lagerung und unsachgemäße Anwendung von Mineraldünger	g g -
3.5	Hydromelioration	
3.5.1	Bewässerung mit Klarwasser	v b b
3.5.2	Entwässerung	v b b
3.5.3	Beregnung mit Abwasser	v v b
3.6	Pflanzenschutzmittel	
3.6.1	Lager, Aufbereitungsstationen	v v b
3.6.2	Einsatz	v b b
3.6.3	Ausbringung durch Agrarluftzeuge	v v b
3.6.4	Deponie für agrochemische Rückstände und Emballagen	v v v
3.6.5	Offene Lagerung und Anwendung boden- oder wasserschädigender Mittel für Pflanzenschutz, für Aufwuchs- und Schädlingsbekämpfung sowie zur Wachstumsregelung Schädlingsmittelzerstäubung aus der Luft	g g g
3.6.6	Anwendung chemischer Mittel für Pflanzenschutz, für Aufwuchs und Schädlingsbekämpfung sowie zur Wachstumsregelung	g g -
4	**Verkehrswesen**	
4.1	Verkehrswege, Fernverkehrsstraßen, Autobahnen	v b b
(b = beschränkt, g = gefährlich, v = verboten, z = zugelassen)		

Teil B: Regelungen in Deutschland		
Nr.	Art der Nutzung	Schutzzonen
		I II III
4.2	Straßen, Güterumschlagsanlagen, Parkplätze	g g -
4.3	Eisenbahnhöfe, Gleisanlagen	v b b
4.4	Fahrzeugwaschanlagen	v v b
4.5	Parkplätze	v v b
4.6	Verkehr von Wasserfahrzeugen mit motorischer Triebkraft	g g -
4.7	Wasserflugzeugbetrieb	g g -
4.8	Arbeitsflugplätze/Einsatzflugplätze	v v b
4.9	Start-, Lande- und Sicherheitsflächen sowie Anflugsektoren und Notabwurfplätze des Luftverkehrs	g g g
4.10	Lagerung und Einsatz von festen und in wäßriger Lösung befindlichen Auftausalzen	v v v
4.11	Gewerbliche Schiffahrt	v b b
5	**Erholungswesen und Sonstiges**	
5.1	Zelt- und Campingplätze, Badeanstalten	v v z
5.2	Zelten, Lagern, Baden in oberirdischen Gewässern	g g -
5.3	Campingplätze, Sportanlagen, Motorsport, Wochenendhäuser, Parkplätze	g g -
5.4	Anlegen von Wanderwegen und Aussichtspunkten	b z z
5.5	Baden	v b z
5.6	Bootsverkehr mit Ausnahme von Kontroll- und Dienstbooten	v b z
5.7	Hausboote	g g -
5.8	Manöver und Übungen von Streitkräften und anderen Organisationen; militärische Anlagen	g g g
6	**Alle Handlungen, Einrichtungen und Vorgänge, die von Nr.1 bis Nr.5 nicht erfaßt werden, aber eine nachteilige Veränderung des Wassers besorgen lassen.**	g - -
(b = beschränkt, g = gefährlich, v = verboten, z = zugelassen)		

5.2 Das Wasserschutzgebiet am Oberlauf des Flusses Huangpu

Das Wasserschutzgebiet am Oberhuangpu ist seit 1980 ein Bestandteil des Wasserzuleitungsprojekts am Huangpu. Vor 1987 wurde etwa 98% des Trinkwassers für 7 Mio. Einwohner und des von der Industrie benötigten Wassers im Stadtgebiet aus dem Unterhuangpu entnommen. Da das Flußwasser im Stadtgebiet aufgrund seiner schweren Verunreinigung zur Aufbereitung zu Trinkwasser nicht mehr geeignet war, wurde im Jahre 1980 beschlossen, Wasser vom Oberlauf des Huangpu dem Stadtgebiet zuzuleiten, wobei für das ganze Projekt, das etwa 2 Milliarden Yuan kosten und Shanghai täglich mit 4,3 Mio. m^3 Wasser versorgen soll, zwei Bauphasen vorgesehen wurden. Die erste Bauphase begann 1985 und endete am 1.7.1987 (vgl. Karte 6). Seither werden dem Stadtgebiet täglich 2,3 Mio. m^3 Wasser aus 18,2 km Entfernung (bei Linjiang) zugeleitet, was 4 Mio. Einwohnern und einem Teil der Industriebetriebe zugute kommt. Für die zweite Phase ist vorgesehen, die Entnahmestelle bei Linjiang an der Songpu Brücke zu verlegen, die sich 44 km von dem Stadtgebiet entfernt im Kreis Songjiang befindet (RUI, Y.-R. u.a., 1991: 21ff.).

Um weitere Verschmutzungen des Oberhuangpu zu verhindern, wurde in dieser Region ein Wasserschutzgebiet von dem Ständigen Ausschuß des Shanghaier Volkskongresses am 19.4.1985 durch die WSG-Verordnung Oberhuangpu festgesetzt (vgl. Abb. 11).

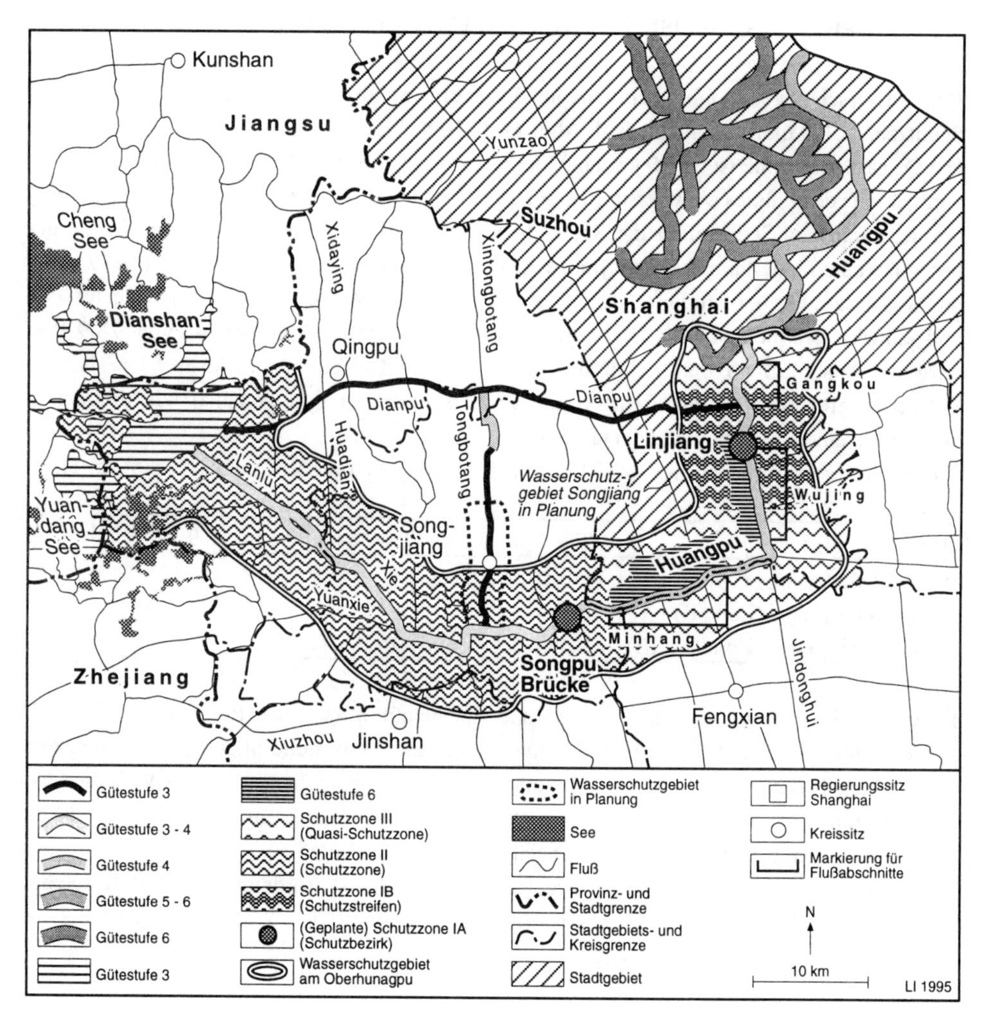

Abb. 11: 上海水源保护区及水质 1994
Wasserschutzgebiete und Gewässergüte in Shanghai 1994 (Quelle: Shanghai Environmental Bulletin 1994: 4f.; WSG-Verordnung Oberhuangpu vom 28.9.1990; ZHAO & HE, 1994: 1f.).

Die WSG-Durchführungsbestimmungen Oberhuangpu folgten am 29.8.1987 und die modifizierte Fassung der WSG-Verordnung Oberhuangpu am 28.9.1990. Das Wasserschutzgebiet ist 830 qkm groß, in dem etwa 1 Mio. Menschen leben (Shanghaier Umweltschutzamt, 1988: 1ff.).

5.2.1 GEBIETSAUSWEISUNG UND NUTZUNGSEINSCHRÄNKUNGEN

Das Wasserschutzgebiet am Oberhuangpu wird in eine Schutzzone (511 qkm) und eine Quasi-Schutzzone (319 qkm) eingeteilt (vgl. Abb. 11; CHEN, J.-T., 1985).
Die Quasi-Schutzzone ist ca. 30 km lang, der Flußbereich der Schutzzone ca. 45 km. Für beide wird jenseits des Flusses ein Uferstreifen mit einer Breite von 5 km zugewiesen. Die Schutzzone um den Dianshan-See umfaßt die Seeflächen mit einem Uferstreifen von 5 km Breite und beschränkt sich innerhalb der Stadtgrenze. In der Quasi-Schutzzone wird ein Schutzbezirk um die Wasserfassung bei Linjiang ausgewiesen, der sich bei Wasserläufen 1 km stromaufwärts und -abwärts erstreckt. In der Fassung der WSG-Verordnung Oberhuangpu vom 28.9.1990 wird im Anschluß an den Schutzbezirk ein Schutzstreifen ausgewiesen, der sich bei Wasserläufen 5 km stromaufwärts und -abwärts erstreckt und genauso wie die Quasi-Schutzzone einen 5 km breiten Uferstreifen hat.
Diese Schutzgebietsgliederung läßt sich auf Fachdeutsch wie folgt beschreiben (vgl. Abb. 11):

DVGW (1994)	WSG-Verordnung Oberhuangpu vom 28.9.1990
Weitere Schutzzone (Zone III)	= Quasi-Schutzzone
Engere Schutzzone (Zone II)	= Schutzzone
Entnahmebereich (Zone IA, IB)	= Schutzbezirk und -streifen

In Abb. 11 ist ersichtlich, daß sich die Zone I ausnahmsweise nicht innerhalb der Zone II, sondern innerhalb der Zone III befindet. Die jetzige Entnahmestelle in der Quasi-Schutzzone wurde in der 1. Bauphase des Wasserzuleitungsprojekts vorübergehend angelegt. Weil die Stadt für eine gute Milliarde Yuan für die 2. Bauphase nicht aufzukommen vermag, kann die Entnahmestelle bislang noch nicht in die Schutzzone verlegt werden.
In Schutzzonen werden Schutzanordnungen durch die Gebietsverordnung gestaffelt festgelegt. Die Verbote und Gebote in den einzelnen Schutzzonen des Wasserschutzgebiets am Oberhuangpu werden in Tab. 26 aufgeführt.

5.2.2 ZIELSETZUNG, DURCHFÜHRUNG UND FOLGEN

Das quantitative Gewässergüteziel der Festsetzung des Schutzgebiets lautet nach §3 der WSG-Verordnung Oberhuangpu: Falls das Zuflußwasser vom Oberlauf die Gütestufe 2 besitzt, muß gewährleistet werden, daß das Wasser in der Schutzzone die Gütestufe 2 und in der Quasi-Schutzzone die Gütestufe 3 hat.

Tab. 26: 黄浦江上游水源保护区保护要求
Nutzungseinschränkungen im Wasserschutzgebiet am Oberlauf des Flusses Huangpu in Shanghai (Quelle: WSG-Verordnung Oberhuangpu vom 28.9.1990; WSG-Durchführungsbestimmungen Oberhuangpu vom 29.8.1987).

Nr.	Art der Nutzung	Schutzzonen			
	Regeln für Schutzgebiet	IA	IB	II	III
1	Falls das Zufließwasser vom Oberlauf die Gütestufe 2 besitzt, muß gewährleistet werden, daß das Wasser in der Schutzzone die Gütestufe 2 und in der Quasi-Schutzzone die Gütestufe 3 hat				
2	Der Gewässerschutz ist ein Kriterium für Förderung und Auszeichnung für einen Betrieb				
3	Die Emissionsmenge und -konzentration wird beschränkt				
4	Jeder Abwassereinleiter braucht eine Erlaubnis				
5	Die Abwasserabgabe wird erhoben				
6	Jeder neue Abwassereinleiter darf nur über eine Abwassereinleitung verfügen				
7	Bei Aus- und Umbauprojekt darf kein Abwasserkanal eingerichtet werden				
8	Jede Abwassereinleitung muß eine Überwachungsmöglichkeit anbieten				
9	Vorläufige Ablagerung von Abfällen (ungiftig) braucht die Genehmigung der Umweltbehörde und muß innerhalb einer Frist (Maximal 6 Monate) saniert werden				
	Regeln für Quasi-Schutzzone (III)				
10	Auflagern und Ablagern industrieller Abfälle, gefährlicher, giftiger, fester Abfallstoffe sowie radioaktiver Stoffe	v	v	v	v
11	Anwenden und Verkaufen von Pflanzenschutzmitteln mit organisch-chlorierten Stoffen und hohem Verbrauchsrest	v	v	v	v
12	Einbringen der uneffektiven Pflanzenschutzmittel in Gewässer	v	v	v	v
13	Abwaschen der Packungsanlagen im Gewässer	v	v	v	v
14	Einleiten von Öl, saueren und basischen Flüssigkeiten und anderen giftigen und gefährlichen flüssigen Abfälle in Gewässer sowie Abwaschen ihrer Packungsanlagen im Gewässer	v	v	v	v
15	Direkte Einleitung von Abwässer mit Krankheitserreger	v	v	v	v
16	Einbringen der Schiffsabfälle in Gewässer	v	v	v	v
17	Verkehr von Motorschiffen mit einer Ladungskapazität von 15 t und der Schiffe mit (über) 40 t Ladung ohne Lageranlagen für Müll und Fäkalien	v	v	v	v
18	Verlandung der Seeflächen zum Zweck der Landwirtschaft und sonstiger Aktivität, die das Gleichgewicht der Gewässerökologie verletzen	v	v	v	v
19	Unordnungsmäßiger Betrieb von Anlagen für Abwasserbehandlung	v	v	v	v
20	Einrichtung einer wassergefährdenden Produktionsanlage	v	v	v	v
	Regeln für Schutzzone (II)				
21	Neubau von wassergefährdenden Anlagen im Seebereich	v	v	v	-
22	Wassergefährdende Aktivität im Seebereich	v	v	v	-
	Regeln für Schutzstreifen (IB)				
23	Neubau, Ausbau und Umbau von wassergefährdenden Anlagen	v	v	-	-
24	Umladen von giftigen Stoffen und ihr Transport über Fluß	v	v	-	-
25	Neue Umladungsstelle für Schiffe	v	v	-	-
26	Neue Ausweisung bzw. Ausdehnung der Wasserfläche für Holzaufbewahrung	v	v	-	-
27	Auflagern vom Flußschlamm	v	v	-	-
	Regeln für Schutzbezirk (IA)				
28	Abwassereinleitung	v	v	-	-
29	Ab- und Umladen der Schiffsgüter, außer für Forschungen	v	v	-	-
30	Neubau und Ausbau von wassergefährdenden Anlagen	v	v	-	-
v = verboten, b = beschränkt und z = zugelassen					

1984 besaß das Gewässer in der Schutzzone an manchen Stellen die Gütestufe 2 und in der Quasi-Schutzzone überwiegend die Gütestufe 3 des Oberflächenwasser-Standards GB383-83 (vgl. Karte 9). Angesichts der Wirtschaftsplanung der neuen Industriezentren am Ufer war eine Verbesserung der Wasserqualität in der Quasi-Schutzzone nicht durchsetzbar. Ihre Erhaltung war eine praktikable Zielsetzung (CHEN, J.-T., 1985). Für die Umsetzung der WSG-Verordnung Oberhuangpu war und ist das Shanghaier Umweltschutzamt zuständig, das ein Büro für Oberhuangpu eingerichtet hat.

Tab. 27: 黄浦江上游水污染及其承受力
Belastung (links) und Belastbarkeit (rechts) der Huangpu-Flußstrecken mit Abwasser 1985 (Quelle: Shanghaier Umweltschutzamt, 1990: 50).

Strecke	COD_{Cr} (t/d)		BOD_5 (t/d)		NH_4-N (kg/d)		Phenole (kg/d)		Kupfer (kg/d)	
Qingpu	3,46	1,43	0,97	0,40	7	50	–	–	9	4
Songjiang	26,64	7,82	7,46	2,19	226	240	27	8	43	13
Minhang	6,61	6,75	1,85	1,95	176	176	87	78	11	4
Wujing	45,39	24,75	12,71	6,93	14402	6188	380	89	–	–
Gangkou	31,61	15,25	8,85	4,27	150	127	29	11	4	4
Summe	113,71	56,00	31,84	15,68	14961	6781	532	186	67	25

Auf Grund der Qualitätszielsetzung wird die Belastbarkeit des Oberhuangpu im Zusammenhang mit seinem Selbstreinigungsvermögen berechnet (vgl. Tab. 27), die das höchstzulässige Niveau für Abwassereinleiter in den Oberhuangpu im Schutzgebiet vorgibt. Aus Tab. 27 folgt, daß der Oberhuangpu bereits um ein Vielfaches mit Abwasser überlastet war. Die Flußstrecke Qingpu wird durch die Kreisgrenze Qingpu abgegrenzt und die Strecken Minhang, Wujing und Gangkou in Abb. 11 extra markiert. Um die Überbelastung für den Fluß zu verringern wird geplant, Abwasser am Oberhuangpu zu sammeln, gewissermaßen zu reinigen und durch eine Abwasserleitung zu Zhonggang in die Hangzhou-Bucht einzuleiten (vgl. Karte 6). Die vorgeschlagene Abwasserleitung wird wegen des Protests von der Provinz Zhejiang noch nicht eingerichtet. Der Weg zum Qualitätsziel für das Schutzgebiet am Oberhuangpu konzentriert sich daher auf die Abwasserverminderung der Emittenten. Zur Abwasserreduzierung stehen nach der WSG-Verordung Oberhuangpu folgende umweltpolitische Instrumente dem Shanghaier Umweltschutzamt zur Verfügung:

- Auflagen
- Zertifikate
- Subventionen
- Abwasserabgaben
- Belohnungen und Bestrafungen

Die umweltpolitischen Instrumente sollen mitwirken, daß die Summe der absoluten Immissionsmengen aller Verursacher auf das belastbare Niveau des geschützten Gewässers absinkt.

In der Praxis werden die Instrumente miteinander verknüpft: Zertifikate mit Auflage- und Abgabevorgaben und Auflagen mit ausgehandelten Subventionen für die Einrichtung von abwasserreduzierenden Technologien. Hinzu kommen noch monetäre Belohnungen für anerkannte, umweltschonende Leistungen und Bestrafungen für Aktivitäten gegen Ge- und Verbote im Schutzgebiet. Das Zertifikat ist dabei das Kernstück. Das 830 qkm große Schutzgebiet, in dem 390 Fabriken Abwasser in den Huangpu einleiten, betrifft 6 Kreise und 3 Stadtbezirke (nach der Verwaltungsgliederung vor 1993). Um das Problem der Wasserverschmutzung in Griff zu bekommen werden 6 Kreisumweltämter und 3 Bezirksumweltämter eingerichtet sowie Gemeinde- und Straßenordner für den Umweltschutz bestellt. Am Anfang wurde der Sanierungsschwerpunkt wegen der Finanzmöglichkeiten auf die 12 größten Emittenten gelegt, die über 80% der gesamten Abwassermenge im Schutzgebiet verursachten. Bis 1990 wurden von der Shanghaier Regierung rd. 100 Mio. Yuan zur Abwasserbeseitigung investiert und die Abwassermenge im Vergleich zu 1985 um 45% reduziert (QIU & HUANG, 1989: 1f.). Ende 1993 wurden 331 Fabriken Zertifikate vergeben, die über 95% der gesamten Abwassermenge im Schutzgebiet einliefern. Nach dieser massiven Anstrengung wurde die Qualität einiger Flußabschnitte (z.B. Dianshan-See, Wujing) im Schutzgebiet von 1985 bis 1989 hinsichtlich der Parameter NH_3-N und COD um 0,5 - 1 Gütestufen verbessert (QIU & HUANG, 1989: 1; Shanghai Environmental Bulletin 1993: 6ff.). Die Gütestufe verschlchtert sich ab 1989 wieder, da sich die Nutzungsansprüche verstärkt durchsetzten. Aus den Karten 9 - 12 ergibt sich, daß von 1984 bis 1994 die Gewässergüte in der Schutzzone von den Gütestufen 2 und 3 auf Gütestufen 3 - 4 und 4 und in der Quasi-Schutzzone von der Gütestufe 3 auf Gütestufe 4 gestiegen war.

5.2.3 DEFIZITE BEI DER AKZEPTANZ UND DURCHSETZBARKEIT DES WASSERSCHUTZGEBIETS

Wie schon aus den vorausgegangenen Kapiteln deutlich wurde liegen die Schwierigkeiten mit dem Wasserschutzgebiet am Oberhuangpu darin begründet, daß Defizite hinsichtlich der Akzeptanz, der Konzeption, der Schutzmaßnahmen sowie der Rahmenbedingungen für die Durchsetzung vorhanden sind. Im folgenden werden die Defizite unter Berücksichtigung der deutschen Erfahrungen mit Wasserschutzgebieten dargestellt.

A. Defizite bei der Öffentlichkeitsarbeit

Die Festsetzung von Trinkwasserschutzgebieten in China liegt in der Hand der Behörde. Die Antragsvorbereitung wird durch Fachbehörden durchgeführt. Dabei fehlen öffentliche Einwendungen sowie mündliche Verhandlungen und Erörterungen, das heißt ein “Anhörungsverfahren”, an dem die betroffene Öffentlichkeit beteiligt ist. Diese Vorgehensweise ohne ausreichende Teilnahme der Öffentlichkeit ist zwar für das Staatseigenbetriebssystem im Grunde genommen rechtlich einwandfrei, stellt jedoch eine der wichtigen Ursachen für die mangelnde Akzeptanz und Durchsetzbarkeit des Schutzgebiets bei der Bevölkerung dar.

B. Defizite bei der Ausgleichszahlung

Nach §19 des deutschen Wasserhaushaltgesetzes ist eine Entschädigung für die Enteignung durch Nutzungsanordnungen im Wasserschutzgebiet zu leisten (Ausgleich). Die Ausgleichszahlung aufgrund von Nutzungseinschränkungen in Wasserschutzgebieten wird in China nicht praktiziert. Bei der Ausführung der Verordnung fällt das Wasserschutzgebiet meistens dem Abwägungsgebot zum Opfer, und die konkurrierenden Nutzungsansprüche setzen sich durch. Die Ausgleichszahlung wäre im Hinblick auf eine ökologische Landwirtschaft für das Schutzgebiet am Oberhuangpu von großer Bedeutung, weil hier 860.000 Menschen Landwirtschaft mit einem überdurchschnittlichen Einsatz von Kunstdünger und Pflanzenschutzmitteln betreiben (vgl. Kap. 7.6).

C. Defizite bei der Gebietsausweisung

Zur räumlichen Abgrenzung des Schutzgebiets Oberhuangpu wurden 3 Kriterien herangezogen (CHEN, J.-T., 1985):

1. Die gewöhnliche Einteilung des Huangpu in Ober- und Unterlauf durch die Ortschaft Longhua (vgl. Kap. 3.1; Karte 1).
2. Die Reichweite (2 - 3 km) der Ausbreitung von organischen Schadstoffen sowie Schwermetallen in den Nebenflüssen vom Oberhuangpu.
3. Der Leitsatz "so groß wie nötig, so klein wie möglich" hinsichtlich der wirtschaftlichen Verträglichkeit bei der Gebietsausweisung.

Das erste durch die Praxis bewährte Kriterium zur Ausweisung eines Wasserschutzgebiets ist, daß es sein Einzugsgebiet umfaßt. Aus diesem Grund sollen noch 2 Faktoren zur räumlichen Abgrenzung des Schutzgebiets am Oberhuangpu berücksichtigt werden:

1. Die Tidefluten vom Unterhuangpu, welche den Dingshan-See erreichen können.
2. Die Zuflüsse zum Dianshan-See aus 2 Nachbarprovinzen.

Dadurch würde das Schutzgebiet sehr groß sein. Aus Erfahrung ist die Umsetzung eines Flußwasserschutzgebiets in derartigen Dimension nicht oder sehr schwer möglich (vgl. FLINSPACH, 1995). Ein räumlich beschränktes Schutzgebiet am Huangpu wäre praktikabel, wenn sein Gesamteinzugsgebiet saniert würde.

D. Defizite bei der Einschätzung der diffusen Emissionen

Bei der Einschätzung der Belastbarkeit der Gewässer hinsichtlich des Abwasserreduzierungsplans werden die diffusen Emissionen, wie z.B. die aus der Landwirtschaft, nicht ausreichend berücksichtigt. Das war ein Argument dafür, warum Gesetzesvorschriften wie z.B. die WSG-Verordnung Oberhuangpu nicht eingehalten werden konnten.

E. Defizite bei den Schutzmaßnahmen

Aus Tab. 26 ist ersichtlich, daß keine detaillierten Maßnahmen gegen Wasserverschmutzung durch die Landwirtschaft vorgeschrieben werden. Außerdem ist das Einleiten von Abwässern in die Gewässer außerhalb der Zone I erlaubt, solange das Abwasser dem Abwasser-Standard GB8978-88 von 1988 entspricht.

F. Defizite bei der Überwachung

Nach der WSG-Verordnung Oberhuangpu obliegt der Umweltbehörde bzw. der Hafenbehörde die Aufsicht über das Wasserschutzgebiet. Zudem muß jede Abwassereinleitung eine Überwachungsmöglichkeit anbieten. In Deutschland wird die alltägliche Überwachung von den Emittenten übernommen (Eigenkontrolle). Die zuständige Behörde kontrolliert bzw. prüft regelmäßig die Selbstüberwachung nach. Damit ist der Aufwand der Überwachung erheblich reduziert. Die Selbstüberwachung ist in China zur Zeit nicht zuverlässig. Dazu reicht weder die eigene Umweltschutzauffassung noch die technische Ausrüstung aus. Die Umweltbehörde kann aufgrund ihrer Personal- und Finanzkapazität nur Stichproben durchführen.

G. Defizite bei der Zusammenarbeit mit Nachbarprovinzen

Die WSG-Verordnung Oberhuangpu schreibt vor: Falls das Zuflußwasser vom Oberlauf die Gütestufe 2 besitzt, muß gewährleistet werden, daß das Wasser in der Schutzzone die Gütestufe 2 und in der Quasi-Schutzzone die Gütestufe 3 hat. Die Zuläufe für den Dianshan-See befinden sich überwiegend in den Nachbarprovinzen, für die kein entsprechendes Wasserschutzgebiet ausgewesen ist. Daher kann nicht sichergestellt werden, daß das Zuflußwasser die Gütestufe 2 dauerhaft besitzen wird.

5.2.4 ÜBERLEGUNGEN ZUM TRINKWASSERSCHUTZ

Trotz des schlechten Gütezustands des Huangpu (vgl. Kap. 4; Karten 8 - 12) ist man hinsichtlich der Trinkwasserversorgung auf das Huangpuwasser angewiesen. Die Gründe dafür sind:

1. Das Grundwasser reicht für den Wasserbedarf in Shanghai nicht aus, wobei das oberflächennahe Grundwasser selbst belastet ist, und die Grundwasserentnahme in großer Menge würde zur Absenkung der Landfläche führen (vgl. Abb. 9). Die Uferfiltration kann aufgrund der schluffig-tonigen Bodenart des Untergrunds mit seiner schlechten Durchlässigkeit nur eine kleine Wassermenge abgeben (vgl. Abb. 2; CHEN, L., 1988: 33).
2. Eine Zuleitung von Yangziwasser in großen Mengen ist in kurzer Zeit nicht realisierbar. Außerdem wird der Yangzi immer stärker belastet.

Beim Trinkwasserschutz am Huangpu sind zwei Merkmale zu berücksichtigen: Zum einen ist der Huangpu ein Tidefluß, seine Flutströmung erreicht den See Dianshan und verursacht regelmäßig einen Stofftransport flußaufwärts von über 20 km (vgl. Kap. 3.1); zum anderen ist das Einzugsgebiet ein offenes Gewässersystem und umfaßt außer einigen Flüssen im Norden am Yangzi-Ufer fast alle Binnengewässer in Shanghai. Um das Huangpuwasser für die Trinkwassergewinnung vorschriftsmäßig nutzbar machen zu können, muß in Zukunft die Gewässergütestufe 2 als Güteziel für alle Gewässer im Einzugsgebiet festgelegt werden. Dieses Ziel soll durch ein langfristiges Sanierungsprogramm, ähnlich der Rheinsanierung, erreicht werden.

5.2.5 VORSCHLÄGE FÜR DIE KÜNFTIGE NEUFESTSETZUNG DES SCHUTZGEBIETS AN DER SONGPU BRÜCKE

Wie bereits aufgezeigt, ist das Einzugsgebiet des Huangpu mit dem Qualitätsziel Gütestufe 2 zu sanieren, wenn man das Huangpuwasser für die Trinkwassergewinnung nach den Vorschriften nutzen möchte. Setzt man das Gesamteinzugsgebiet des Huangpu als Wasserschutzgebiet fest, ist es aufgrund der großräumigen Dimension sehr schwer umsetzbar. Im folgenden werden einige Vorschläge für die künftige Neufestsetzung des Schutzgebiets an der geplanten Entnahmestelle Songpu Brücke am Oberhuangpu (vgl. Abb. 11; Karte 6) erarbeitet, mit der Annahme, daß das Oberflächengewässer durch die Huangpu-Sanierung bereits die Gütestufe 2 besitzen würde. Die künftige Huangpu-Sanierung wird in Kap. 5.4 beschrieben.

5.2.5.1 Grundlagen der Abgrenzung von Schutzzonen

Wie schon erwähnt, haben die chinesischen WSG-Verwaltungsbestimmungen vom 10.7.1989 zwar die Zonierung des Wasserschutzgebiets vorgeschlagen, aber keine Maßangabe über die räumliche Abgrenzung der einzelnen Zonen gemacht, weil noch Praxiserfahrungen gesammelt werden müssten (ZHANG, Y.-L. u.a., 1991: 8ff.). Dafür bieten sich die deutschen Erfahrungen mit Wasserschutzgebieten gut an, da Deutschland eine international führende Rolle in der Verwirklichung des Wasserschutzgebietgedankens spielt (NÖRING, 1984: 170). In diesem Kapitel werden die deutschen Erfahrungen mit Wasserschutzgebieten als Grundlagen für die Vorschläge für die künftige Neufestsetzung des Schutzgebiets an der Songpu Brücke ausgewertet. In Deutschland gelten die Richtlinien für Wasserschutzgebiete des Deutschen Vereins des Gas- und Wasserfaches (DVGW), die in den DVGW-Arbeitsblättern W 101, W 102 und W 103 beschrieben sind. Die räumliche Dimensionierung der Schutzzonen von Schutzgebieten für Flüsse, Talsperren, Seen sowie Grundwasser sind unterschiedlich (vgl. Abb. 12; Tab. 28).

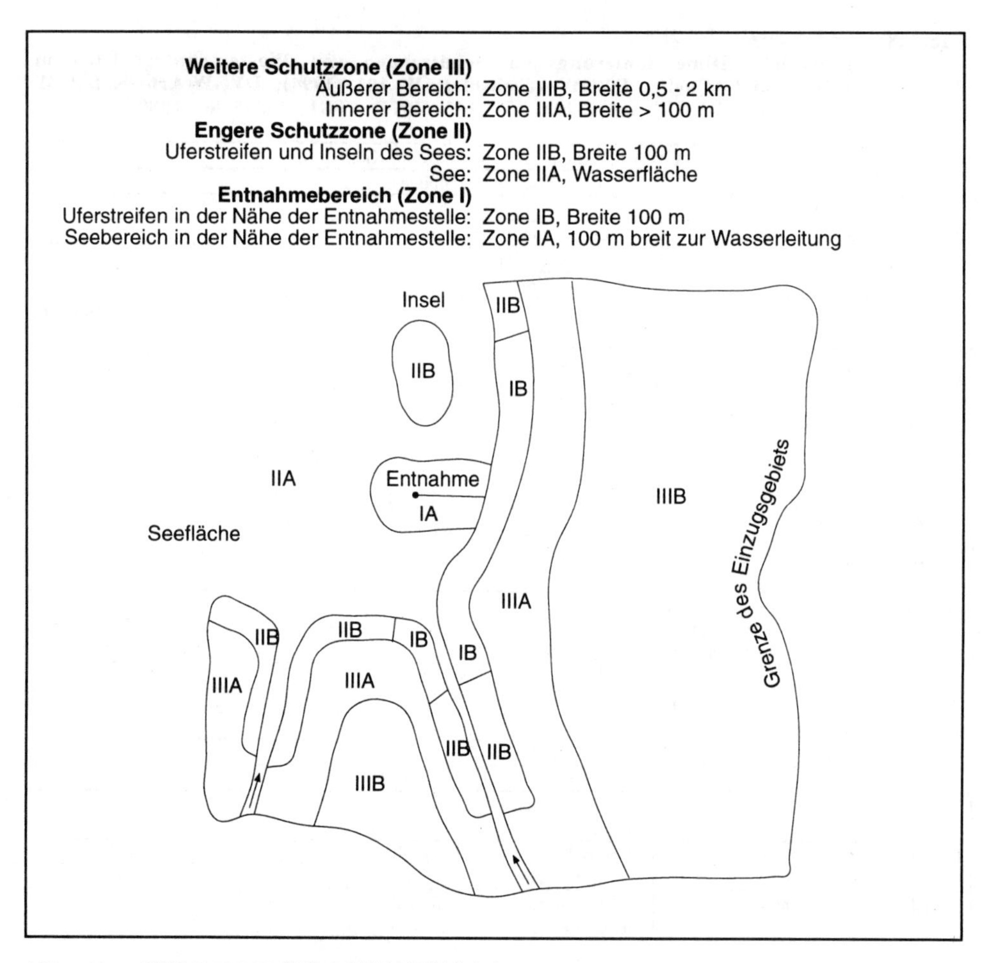

Abb. 12: 德国 D V G W 湖泊水源保护区划分方案
Schema der Einteilung eines Seeschutzgebiets (Quelle: DVGW-Arbeitsblatt W 103 (1975): Anhang).

Die aktuellen DVGW-Arbeitsblätter für Wasserschutzgebiete sind:

DVGW-Arbeitsblatt W 101 (Grundwasser):	4. Ausgabe 1994
DVGW-Arbeitsblatt W 102 (Talsperren):	2. Ausgabe 1975
DVGW-Arbeitsblatt W 103 (Seen):	1. Ausgabe 1975

Für fliessende Oberflächengewässer gibt es keine DVGW-Richtlinien über Wasserschutzgebiete; nach FLINSPACH (1995), Zweckverband Landeswasserversorgung Stuttgart, ist in Deutschland noch kein Flußwasserschutzgebiet bekannt. In der damaligen Deutschen

Tab. 28: 德国水源保护区的划分
Räumliche Dimensionierung der Schutzzonen von Wasserschutzgebieten in Deutschland (Quelle: DVGW-Arbeitsblatt W 101 (1994); DVGW-Arbeitsblatt W 102 (1975); DVGW-Arbeitsblatt W 103 (1975); TGL 43850/06 (1989)).

DVGW-Richtlinien (TGL 43850/06 in Klammern)		
Flußwasserschutzgebiete		
Zone I	(Entnahmebereich)	
Zone II	(Tagesfließstrecke auf Wasserläufen und Uferstreifen von mindestens 50 m)	
Zone III	(Rest vom Einzugsgebiet oder dessen Teil)	
Talsperrenschutzgebiete		
Zone I	Talsperre einschl. der Vorbecken und Uferstreifen von 100 m (Wasserflächen mit Uferstreifen von 100 bis 200 m)	
Zone II	100 m Uferstreifen entlang den oberirdischen Zuläufen (in die Zone I entwässernde Flächen)	
Zone III	Rest vom Einzugsgebiet (Rest vom Einzugsgebiet; IIIA und IIIB)	
Seewasserschutzgebiete		
Zone I	IA: Entnahmebereich, jeweils ≥ 100 m Breite auf beide Seiten der Entnahmeleitung IB: Der Entnahmestelle benachbarte Uferstreifen, 100 m breit und >1000 m lang (gleich wie Talsperre)	
Zone II	IIA: Seefläche einschl. der Unterläufe der Zuflüsse IIB: Uferstreifen von 100 m Breite um den ganzen See und entlang den Unterläufen der Zuläufe (gleich wie Talsperre)	
Zone III	IIIA: 0,5 - 2,0 km breit IIIB: Rest vom Einzugsgebiet (gleich wie Talsperre)	
Grundwasserschutzgebiete		
Zone I	Entnahmebereich mit 10 - 50 m Ausdehnung (entfällt)	
Zone II	50-Tage-Linie (entfällt)	
Zone III	Rest vom Einzugsgebiet, IIIA, IIIB (entfällt)	
Allgemeine Gliederung eines Wasserschutzgebiets		
Weitere Schutzzone (Zone III)	Äußerer Bereich: Innerer Bereich:	Zone IIIB Zone IIIA
Engere Schutzzone (Zone II)	Äußerer Bereich: Innerer Bereich:	Zone IIB Zone IIA
Entnahmebereich (Zone I)	Äußerer Bereich: Innerer Bereich:	Zone IB Zone IA

Demokratischen Republik (DDR) galten für die Festsetzung von Wasserschutzgebieten die DDR-Standards TGL (TGL = Technische Güte- und Lieferbedingungen). Die TGL 43850/06 befassen sich mit Trinkwasserschutzgebieten für Oberflächengewässer, einschließlich fließender Gewässer. In der Regel umfaßt ein Wasserschutzgebiet sein Einzugsgebiet und kann in Schutzzonen I, II, III gegliedert werden. Der Grund, daß ein Wasserschutzgebiet sein Einzugsgebiet umfassen soll, liegt in dem hydrologischen Zusammenhang des Einzugsgebiets.
Die Zone II ist im allgemeinen der Uferstreifen mit einer beschränkten Breite (z.B. 50 m, 100 m, 200 m). Diese Breite ist ein Erfahrungswert aus der Praxis. Der bekannteste Erfahrungswert für Wasserschutzgebiete in Deutschland ist die 50-Tage-Linie als Außengrenze der Grundwasserschutzzone II. Das ist die Linie (Isochrone), von der aus das Grundwasser etwa 50 Tage bis zum Eintreffen in der Fassungsanlage benötigt. Die Benutzung einer 50-Tage-Linie geht auf Erkenntnisse aus den 30er Jahren zurück (KNORR, 1937, 1951). Damals stand der seuchenhygienische Trinkwasserschutz, das heißt die Elimination pathogener Bakterien und

Viren im Förderwasser im Vordergrund (vgl. NÖRING, 1981). Auch heute ist die 50-Tage-Linie gültig (DVGW, 1994; SCHLEYER & MILDE, 1991).

Der problematische Punkt ist die Begründung der Ausdehnung der Zone I um die Entnahmestelle auf der Wasserfläche und im Fall eines Flußwasserschutzgebiets auch der Zone II und Zone III.

5.2.5.2 Abgrenzung der Schutzzonen

Das künftige Wasserschutzgebiet wird wie folgt gegliedert:

Weitere Schutzzone: Zone III
Engere Schutzzone: Zone II
Entnahmebereich: Zone I (IB, IA)

Es umfaßt, mit seiner Einteilung in Abb. 13 schematisch erläutert, die

- Zone IA mit den Wasserläufen von Huangpu und seinen Nebenflüssen, die sich von der Fassungsanlage 1 km stromaufwärts und -abwärts erstrecken, sowie einen Uferstreifen in einer Mindesttiefe von 50 m bei höchstem Wasserstand.
- Zone IB mit den Wasserläufen von Huangpu und seinen Nebenflüssen außerhalb der Zone IA, die sich von der Fassungsanlage 5 km stromaufwärts und -abwärts erstrecken, sowie einen Uferstreifen in einer Mindesttiefe von 100 m bei höchstem Wasserstand. Ebenfalls zur Zone IB rechnet ein 50 m breiter Schutzstreifen entlang der Zone IA.
- Zone II mit den Wasserläufen von Huangpu und seinen Nebenflüssen außerhalb der Zone I, die sich von der Fassungsanlage 10 km stromaufwärts und 35 km stromabwärts erstrecken, sowie einen Uferstreifen von 300 m Breite. Sie reicht also 200 m über die Zone I hinaus.
- Zone III mit einem Uferstreifen von mindestens 500 m Breite um alle Wasserläufen in der Zone I und II. Sie reicht also 200 m über die Zone II hinaus.

Die Zonenbreite richtet sich nach den Daten in Tab. 28, und die Länge wird wie folgt begründet:

- Zone IA: 1000 m Flußstrecke stromaufwärts und -abwärts entspricht dem Schutzbezirk um die Wasserfassung im Trinkwasser-Standard GB5749-85.
- Zone IB: 5 km entspricht der Erfahrung vor Ort, nämlich organisch abbaubare Schadstoffe werden meistens innerhalb 2 - 3 km durch Selbstreinigungsvermögen abgebaut.
- Zone II: Mit der 10 km Flußstrecke stromaufwärts würde eine "Doppelgarantie" für Zone IB gesetzt. Die 35 km Flußstrecke stromabwärts ergibt sich aus der über 20 km Reichweite des Stofftransports durch Flutströmung, hier wird die Reichweite um 25 km angenommen.
- Zone III: Wie Zone II, da die Gefährdungen des Stofftransports durch Wasserbewegung in der Zone II berücksichtigt worden sind.

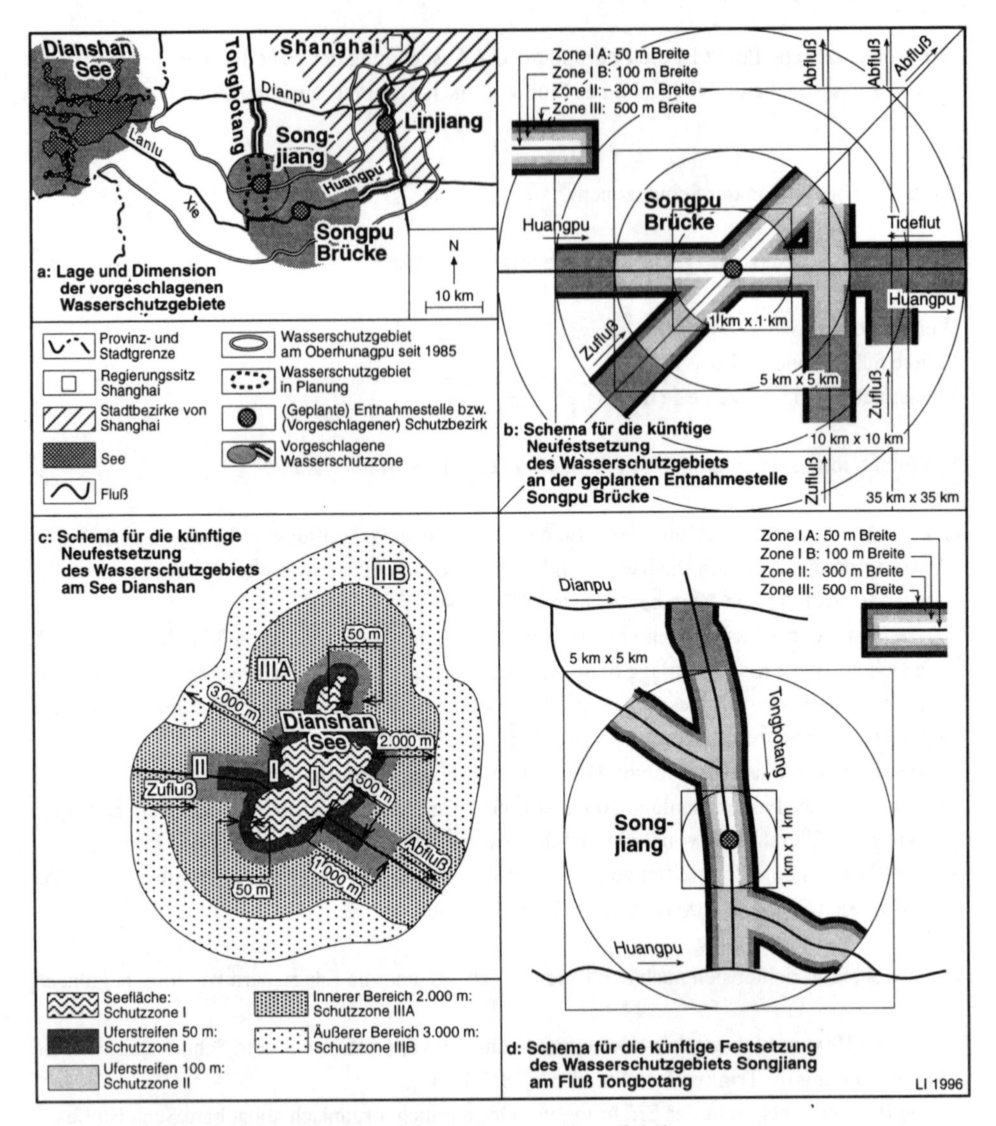

Abb. 13: 上海水源保护区划分建议方案：松浦大桥、淀山湖、通波塘
Vorschläge zur Gliederung und Abgrenzung der künftigen Wasserschutzgebiete an der geplanten Entnahmestelle Songpu Brücke am Oberhuangpu, am See Dianshan und am Fluß Tongbotang (Quelle: Eigener Entwurf).

5.2.5.3 Schutzbestimmungen

Es gibt diverse Gefährdungspotentiale für Gewässer. Die Gebote und Verbote für ein Wasserschutzgebiet müssen standortbezogen festgesetzt werden. Von der jetzigen Entnahmestelle Linjiang (vgl. Abb. 13a) stehen weder Kataster für Abwasser noch eine großmaßstäbige Karte der Landnutzung zur Verfügung. Es fehlen also die Grundlagen zur Erarbeitung der Schutzgebietsbestimmungen.
Daher sei es angebracht, zuerst einen Gesamtkatalog von Geboten und Verboten für das Wasserschutzgebiet vorzubereiten, welcher bei der künftigen Neufestsetzung des Schutzgebiets behilflich sein wird. Dazu eignen sich Tab. 25-Teil B und die DVGW-Richtlinien für Grundwasserschutzgebiete in der Fassung von 1994, welche in der Bundesrepublik am meisten benutzt, geprüft und vervollständigt werden und die aktuellsten Erfahrungen mit Wasserschutzgebieten repräsentieren.

5.2.5.4 Schutzwald im Schutzgebiet

In der WSG-Verordnung Oberhuangpu wird für keine Schutzzone ein Schutzwald nach wasserwirtschaftlichen Gesichtspunkten gefordert. Bei der Entnahmestelle wird auch keine Bewirtschaftung von Wald getrieben, sondern die Industrie. Aber der Wald bietet gegenüber anderen Vegetationsformen bzw. Bodennutzungsarten im allgemeinen den wirkungsvollsten Schutz für die Gewässer. In der künftigen Zone IA (vgl. Abb. 13) sollte daher ein Schutzwald eingerichtet werden. Dieser Schutzwald hat im wesentlichen zwei Anforderungen zu erfüllen:

1. Erhaltung und Verbesserung der Wassergüte.
2. Erhaltung und Verbesserung des Schutzes vor Erosion und Abschwemmung.

Als Waldbauform ist eine betriebssichere, langlebige Dauerbestockung zu schaffen und zu erhalten. Voraussetzung hierfür ist eine genaue Kenntnis der Standortbedingungen und der Standortansprüche der in Betracht kommenden Baumarten.

Zur Behandlung des Waldes in Wasserschutzgebieten hat DVGW (1981) ein Merkblatt speziell für Trinkwassertalsperren erarbeitet. Im DVGW-Merkblatt W 105 werden die Erfahrungen mit Trinkwassertalsperren gesammelt. Die Prinzipien dabei gelten auch für andere Schutzgebiete.

5.2.5.5 Reduzierung des Eintrags aus der Landwirtschaft

Die Landwirtschaft ist durch den Einsatz von Chemikalien Hauptverursacher der diffusen Verunreinigung des Gewässers. Um dieses zu vermeiden, ist die ökologische Landwirtschaft eine Alternative (vgl. Kap. 7).

5.2.6 VORSCHLÄGE FÜR DIE KÜNFTIGE NEUFESTSETZUNG DES SCHUTZGEBIETS AM SEE DIANSHAN

Der See Dianshan an der Grenze zwischen Shanghai und Jiangsu war eine sehr gute Süßwasserquelle (vgl. Tab. 29). Heute liegt die Wasserqualität des Sees Dianshan zwischen der Gütestufe 2 und 3. Seine Wasserqualität wird durch die Qualität und Menge der Zuflüsse sowie Niederschlagsmengen und -intensitäten beeinflußt (vgl. Tab. 30).

Tab. 29: 淀山湖水质 １８７０
Gütedaten des Sees Dianshan im Jahr 1870 (Quelle: WANG, W.-Y., 1991: 3).

Parameter	(mg/l)
Organischer Stickstoff	0,46
Ammonium NH_4-N	0,0
Nitrit NO_2	0,0
Nitrat NO_3	0,0
Chlorid	11

Tab. 30: 淀山湖水质 １９９０
Wasserqualität des Sees Dianshan 1990 (Quelle: ZHAO, H.-L., 1993: 34).

Parameter (mg/l)	Niedrigwasserstand	Mittelwasserstand	Hochwasserstand
CSB_{Mn}	3,58	3,86	4,92
BSB_5	1,76	1,44	2,11
Ammoniak NH_3-N	0,34	0,17	0,26
Nitrit NO_2-N	0,028	0,029	0,022
Fett/Öl	0,02	0,06	0,07
Phenol	0,001	0,001	0,001
Cyanid CN^-	0,002	0,002	0,002
Arsen As	0,004	0,004	0,004
Chrom Cr_6	0,002	0,002	0,002
Blei Pb	0,0029	0,0042	0,0051
Cadmium Cd	0,0001	0,00005	0,0001
N-gesamt	2,29	1,44	2,00
P-gesamt	0,07	0,07	0,12

Als Hauptquelle des Huangpu hat der See eine große Bedeutung für die Trinkwassergewinnung im Wasserschutzgebiet am Oberhuangpu. Deshalb wurde die Seefläche mit einem Uferstreifen von 5 km Breite innerhalb Shanghais als Schutzzone des Schutzgebiets ausgewiesen.

Die Maßnahmen zum Schutz des Sees sind in Tab. 26 beschrieben. Wie bereits dargestellt, wurde das Schutzgebiet im Zeitraum 1984 - 1994 nicht wie vorgesehen umgesetzt. Dies gilt auch für den See Dianshan: Die Wassergüte des Sees verschlechterte sich von der Gütestufe 2 im Jahr 1984 auf Gütestufe 3 im Jahr 1994 (vgl. Karten 8 - 12).

Abfluß und Bodenerosion in diesem landwirtschaftlichen Gebiet transportieren Nährstoffe in die Gewässer und führen dadurch kontinuierlich zur Eutrophierung der Zuflußgewässer und des Sees. Die jährliche Stickstoff-Belastung des Sees beträgt ca. 4.278 t und die jährliche Phosphor-Belastung ca. 255 t (vgl. Tab. 31).

Tab. 31: 淀山湖水氮、磷负荷
Stickstoff- und Phosphorbelastung des Sees Dianshan (Quelle: SUN, Y.-C. u.a., 1991: 400).

Herkunft	N-Belastung (t/a)	P-Belastung (t/a)
Oberlauf-Zuflüsse	3.057,8	238,4
Diffuse Quellen	1.034,9	11,0
Niederschläge	135,2	0,6
Punktuelle Quellen	2,8	0,1
Fischerei	6,4	1,3
Schiffahrt	36,5	3,6
Tourismus	4,8	0,5
Summe	4.278,4	255,5

Der Schutz des Sees Dianshan muß verstärkt werden. Im folgenden wird eine Konzeption zur Ausweisung des Schutzgebiets am See Dianshan erarbeitet.

Das künftige Wasserschutzgebiet wird wie folgt gegliedert (vgl. Abb. 13):

Weitere Schutzzone	Äußerer Bereich: Zone IIIB Innerer Bereich: Zone IIIA
Engere Schutzzone	Zone II
Seebereich mit Uferstreifen	Zone I

Die Zone I umfaßt den Seebereich und die Zuflüsse mit einer Uferstreifen von 50 m bei höchstem Wasserstand. Die Länge der Zuflüsse beträgt etwa 500 m.
Die Zone II schließt sich an die Zone I an mit einer Breite von etwa 100 m. Die Länge der Zuflüsse beträgt etwa 500 m.
Die Zone IIIA schließt sich an die Zone II an mit einer Breite von etwa 2.000 m. Die Länge der Zuflüsse beträgt etwa 1.000 m.
Die Zone IIIB schließt sich an die Zone IIIA an mit einer Breite von etwa 3.000 m.

Die Schutzmaßnahmen müssen noch standortbezogen festgesetzt werden (vgl. Kap. 5.2.5). In Zukunft müssen schwerpunktmäßig Maßnahmen gegen die Eutrophierung des Sees Dianshan ergriffen werden. Dazu gehören der Bodenerosions-Schutz sowie die ökologische Landwirtschaft. Aus Tab. 31 ergibt sich, daß ein provinzübergreifendes Konzept zum Schutz des Sees Dianshan eingeführt werden muß.

5.2.7 GEDANKEN ÜBER DIE UMSETZUNG DER KÜNFTIGEN NEUFESTSETZUNG DER SCHUTZGEBIETE

Die Vorschläge für die künftige Neufestsetzung der Schutzgebiete können jetzt nur als wissenschaftliche "Wunschtheorien" bewertet werden. Denn die Neufestsetzung eines Wasserschutzgebiets darf nur die Behörde entscheiden. Andererseits muß die Umsetzung durch rechtliche Sonderregelungen hinsichtlich der Landwirtschaft, der Industrialisierung und der Siedlungsentwicklung untermauert werden. Die Vorschläge ergeben sich aus den deutschen Erfahrungswerten sowie eigenen Forschungen und können als Arbeitsgrundlagen dienen, denn die naturwissenschaftlich begründete Zonierung ist der erste Schritt in der Festsetzung eines Wasserschutzgebiets.

5.3 Das geplante Wasserschutzgebiet der Kreisstadt Songjiang

Die Kreisstadt Songjiang ist Sitz des Kreises Songjiang (vgl. Karte 1). Sie hat eine Fläche von ca. 12 qkm und etwa 100.000 Einwohner. Der tägliche Wasserbedarf von Industrie und Siedlung in der Kreisstadt, der sich auf ca. 50.000 m^3 beläuft, wird mit dem Wasser aus dem Fluß Tongbotang gedeckt. Die Entnahmestelle befindet sich in der Stadt. Mit einer Gütestufe 3 des Oberflächenwasser-Standards GB3838-88 ist der Fluß Tongbotang nicht mehr für Trinkwasserversorgung geeignet (vgl. Karte 12). Da kein besserer Ausweg vorhanden ist, ist die Ausweisung eines Wasserschutzgebiets in Planung (vgl. Abb. 11). Das geplante Wasserschutzgebiet dürfte das zweite Wasserschutzgebiet in Shanghai und das erste in seinem ländlichen Raum sein.

Der Fluß Tongbotang beginnt vom Fluß Dianpu im Norden und mündet in den Huangpu und steht damit auch unter dem Einfluß der Gezeiten. 1983 gab es in der Kreisstadt über 80 Industriewerke, die täglich ca. 49.000 m^3 Abwasser in den Tongbotang einleiteten, davon COD_{Cr} 39,3 t (Hochschulgruppe für Umweltforschung, 1983: 5ff.). 1993 war der Fluß täglich mit ca. COD_{Cr} 995 t belastet (ZHAO & HE, 1994: 1):

- COD_{Cr} 199,69 t aus der Industrie
- COD_{Cr} 456,43 t aus der Landwirtschaft und Viehzucht
- COD_{Cr} 339,01 t aus der Siedlung

Nach dem Vorschlag von ZHAO & HE (1994: 3ff.) soll das künftige Wasserschutzgebiet die Wasserläufe von Tongbotang mit einem Uferstreifen von 1 - 1,5 km Breite umfassen, die sich von der Fassungsanlage 5 km stromaufwärts und -abwärts erstrecken. Die Vorschläge zur Sanierung des künftigen Schutzgebiets sind nach ZHAO, Y.-W. u.a. (1994: 11ff.):

1. Einrichtungen der Abwasseranlagen.
2. Ökologische Landwirtschaft.

Betrachtet man die Gütezustände von Dianpu-Fluß (Oberlauf von Tongbotang) und Huangpu (Unterlauf von Tongbotang), welche bei den Gütestufen 3 - 4 liegen, wird verständlich, daß allein die Sanierung des vorgeschlagenen Schutzgebiets nicht genügt, um das Qualitätsziel Gütestufe 2 zu erreichen. Dazu bedarf es einer großräumigen Gewässersanierung.
Im folgenden werden analog zu Kap. 5.2.5 einige Vorschläge hinsichtlich der Gliederung und Abgrenzung der Schutzzonen des künftigen Schutzgebiets erarbeitet. Das künftige Wasserschutzgebiet am Tongbotang hat stromaufwärts den Fluß Dianpu als Außengrenze im Norden sowie stromabwärts den Fluß Huangpu als Außengrenze im Süden.
Es wird in Schutzzone III, II, IB una IA gegliedert (vgl. Abb. 13). Zone IA umfaßt die Wasserläufe von Tongbotang und seine Nebenflüsse, die sich von der Fassungsanlage 1 km stromaufwärts und -abwärts erstrecken, sowie einen Uferstreifen in einer Mindesttiefe von 50 m bei höchstem Wasserstand umfassen.
Zone IB umfaßt die Wasserläufe von Tongbotang und seine Nebenflüsse außerhalb der Zone IA, die sich von der Fassungsanlage 5 km stromaufwärts und -abwärts erstrecken, sowie einen Uferstreifen in einer Mindesttiefe von 100 m bei höchstem Wasserstand. Ebenfalls zur Zone IB gehört ein 50 m breiter Schutzstreifen entlang der Zone IA.
Zone II umfaßt die Strecke von Tongbotang zwischen der Außengrenze der Zone IB und dem Dianpu und ihre Nebenflüsse innerhalb 5 km sowie einen Uferstreifen von 300 m. Sie reicht also 200 m über die Zone I hinaus.
Zone III umfaßt alle Wasserläufen in der Zone I und Zone II sowie einen Uferstreifen von mindestens 500 m. Sie reicht also 200 m über die Zone II hinaus.

5.4 Aktionsprogramm "Huangpu-Sanierung"

5.4.1 GRUNDZÜGE DES AKTIONSPROGRAMMS "HUANGPU-SANIERUNG"

Die schwere und flächendeckende Gewässerverschmutzung in Shanghai gefährdet die Volksgesundheit. Auch das Rechtsinstitut "Wasserschutzgebiet" kann nicht einmal die Funktion einer "Feuerwehr" erfüllen. Es ist festzustellen, daß das gesamte Einzugsgebiet des Huangpu saniert werden muß. So wurde das Forschungsprojekt "Planung zum Schutz und Management der Wasserressourcen im Einzugsgebiet des Flusses Huangpu" auf Vorschlag der Weltbank vom Shanghaier Umweltschutzamt eingeleitet, wodurch die Leitlinien eines Aktionsprogramms "Huangpu-Sanierung" erarbeitet werden sollten. Ein interner Teilbericht über dieses Forschungsprojekt wurde im Jahr 1990 vom Shanghaier Institut für Umweltschutz (1990) erstellt. Inzwischen befand sich das Aktionsprogramm "Huangpu-Sanierung" als Schwerpunkt der Shanghaier Regierung in Vorbereitung und zugleich in Umsetzung (GAO, T.-Y., 1994a).
Das Aktionsprogramm hat die folgenden Leitthemen (Shanghaier Institut für Umweltschutz, 1990; Umweltschutzplanung der Stadt Shanghai (1994); WSG-Verordnung Oberhuangpu vom 28.9.1990):

1. Qualitätszielsetzung und Zeitplan.

2. Technische Abwasserreinigung und -vermeidung.
3. Ökologische Wasserwirtschaft.
4. Umweltauflagen und umweltpolitische Instrumente.
5. Wasserschutzgebiete.

Die Qualitätszielsetzung in Shanghai ist nutzungsorientiert (vgl. Tab. 32) und bezieht sich auf den Oberflächenwasser-Standard GB3838-88 (Anhang 2). Die Oberflächengewässer werden nach Nutzungszwecken in drei Ordnungen klassifiziert. Die Qualitätszielsetzung für Gewässer 1. Ordnung im Jahr 2020 ist Gütestufe 1, für Gewässer 2. Ordnung Gütestufe 2 und für Gewässer 3. Ordnung Gütestufe 3. Die Festlegung und Umsetzung der Gewässergüteziele sind in der umfassenden Umweltschutzplanung der Stadt Shanghai (1994) verankert und sollen im Jahr 2020 erreicht werden.

Tab. 32: 上海黄浦江流域水质目标 2 0 0 0 － 2 0 2 0
Qualitätszielsetzungen für das Huangpu-Einzugsgebiet in Shanghai 2000 - 2020 (Quelle: Oberflächenwasser-Standard GB3838-88; Umweltschutzplanung der Stadt Shanghai (1994): 27).

	Nutzungszwecke	Qualitätsziele (Zeit/Gütestufe)
Gewässer 1. Ordnung	Schutzzone I und II des Wasserschutzgebiets am Oberhuangpu, künftiges Wasserschutzgebiet am Yangzi	Jahr 2000/2 Jahr 2010/1 - 2 Jahr 2020/1
Gewässer 2. Ordnung	Schutzzone III des Wasserschutzgebiet am Oberhuangpu Wasserschutzgebiete und -bezirke der Landkreise und Stadtgebietsbezirke	Jahr 2000/3 Jahr 2010/2 - 3 Jahr 2020/2
Gewässer 3. Ordnung	Gewässer für Industrie, Landwirtschaft und Landschaftspflege	Jahr 2000/4 Jahr 2010/4 Jahr 2020/3

Tab. 33: 上海污水处理规划 2 0 0 0 － 2 0 2 0
Plan zur Abwasserreduzierung 2000 - 2020 in Shanghai (Quelle: Umweltschutzplanung der Stadt Shanghai (1994): 29ff.).

	2000	2010	2020
Behandlungsgrad städtischen Abwassers	50%	90%	100%
Industrieabwasserableiten (Mrd. t)	1,3	1,3	–
Behandlungsgrad des Industrieabwassers	90%	100%	100%
Standards-Behandlungsgrad des Industrieabwassers	80%	90%	95%

Ein Plan zur Abwasserreduzierung wurde aufgestellt (vgl. Tab. 33), für dessen Umsetzung die Einrichtung von Wasserspartechnologien und Abwasseranlagen im Vordergrund stehen. Ein konkretes Beispiel dazu war die Sanierung des Flusses Suzhou. Dabei ging es um die Einrichtung einer Abwasseranlage mit der Abwasserleitung nach Zhuyuan (vgl. Karte 6). Die erste Phase dieses Projekts war Ende 1993 abgeschlossen (vgl. Shanghai Environmental Bulletin 1994: 2f.). Diese Abwasseranlage sammelt jährlich ca. 340 Mio. m³ Abwasser, das früher in den Fluß Suzhou im Stadtgebiet einzuleiten sein sollte, und leitet es nach einer Vorbehandlung in den Yangzi ein.

Zur ökologischen Wasserwirtschaft hatte das Shanghaier Institut für Umweltschutz (1990) eine Bestandsaufnahme in den folgenden Bereichen durchgeführt:

1. Ökologische Landwirtschaft.
2. Fischerei und Gewässerökologie.
3. Pflege der Wasserstraßen.
4. Wasser und Tourismus.
5. Gewerbe- und Industrieabwasser auf dem Land.

Wasserschutzgebiete einschließlich Wasserschutzbezirke sind aufgrund der höchsten Priorität der Trinkwassersicherung die Ausgangspunkte für den Schutz des Einzugsgebiets des Tideflusses Huangpu. Die Ausweisung und Umsetzung des Wasserschutzgebiets wurde bereits in Kap. 5.1 - 5.3 besprochen.
Umweltauflagen und umweltpolitische Instrumente werden in Kap. 7 behandelt.

5.4.2 ÜBERLEGUNGEN UND VORSCHLÄGE ZUM AKTIONSPROGRAM "HUANGPU-SANIERUNG"

Zur Flußsanierung gibt es in Europa u.a. das Vorbild Rheinsanierung. Die Sanierung des Rhein wurde durch Einrichtung von Klärwerken realisiert und war daher in den Hauptzügen ein nachsorgender Umweltschutz. Der Grund dafür war, daß eine umweltorientierte Sofortumstellung der Industrie am Rhein wegen ihrer wirtschaftlichen Bedeutung nicht realistisch war. Im Gegensatz zu der Rheinsanierung wurde für die Sanierung der Elbe in Osteuropa eine vorsorgende Konzeption vorgeschlagen, weil die meisten Wirtschafts- und Industrieanlagen um- bzw. abgebaut sowie völlig neu eingerichtet werden müssten (Greenpeace, 1991: 109f., 129ff.; RUCHAY, 1993). Die Elbesanierung im Zeitraum 1989 - 1995 wurde auch durch Einrichtung der Klärwerke gekennzeichnet: Von 1991 bis 1995 wurden in Deutschland 95 und in der Tschechischen Republik 34 Kläranlagen mit einer Kapazität von jeweils über 20.000 EGW (Einwohnergleichwerten) fertiggestellt bzw. Teilkapazitäten in Betrieb genommen; es folgt noch der Bau von weiteren Kläranlagen (vgl. Bundesministerium für Umwelt, Naturschutz und Reaktorsicherheit, 1995; Internationale Kommission zum Schutz der Elbe, 1995: 9). Inzwischen hat die Internationale Kommission zum Schutze des Rheins (1991, 1994a, 1994b) ihr Aktionsprogramm "Rhein" als eine vorsorgende Maßnahme angelegt.
Bei der Sanierung des Huangpu hat man wahrscheinlich den Weg der Rheinsanierung zu folgen. In diesem Kapitel werden die folgenden Themen untersucht:

1. Zeitplan der Sanierung des Huangpu.
2. Küstengewässerschutz.

3. Gewässerüberwachung.

5.4.2.1 Zeitplan der Huangpu-Sanierung

Sieht man die Festsetzung des Wasserschutzgebiets am Oberhuangpu im Jahr 1985 als Anfang des Aktionsprogramms "Huangpu-Sanierung" an, dauert es bis zum Jahr 2020 etwa 35 Jahre. Wie in Kap. 4 dargestellt, verschlechterte sich die Gewässergüte im Huangpu-Einzugsgebiet in den ersten 10 Jahren des Aktionsprogramms (1985 - 1994) um ca. 1 Gütestufe. Das im Jahre 1993 folgende Sanierungsprojekt war die Einrichtung der Abwasserleitung vom Fluß Suzhou zu Zhuyuan.
Die Umweltschutzplanung der Stadt Shanghai (1994) stellt sich die Aufgabe, in den nächsten 25 Jahren die Gewässergüte im Huangpu-Einzugsgebiet um 2 Gütestufen zu verbessern. Angesichts der Geschichte der kostenintensiven Rheinsanierung seit 1970, wodurch das Rheinwasser alle 10 Jahren um eine halbe Gütestufe verbessert werden konnte (vgl. Internationale Arbeitsgemeinschaft der Wasserwerke im Rheineinzugsgebiet 1991: Gewässergütekarte 1975/77 und 1987/89; Internationale Kommission zum Schutze des Rheins 1994a; Länderarbeitsgemeinschaft Wasser, 1991), würde es noch 40 - 50 Jahre dauern, um das Huangpuwasser um 2 Gütestufen zu verbessern.

Zur Huangpu-Sanierung kann meiner Meinung nach zunächst mittelfristig ein 15-jähriges Programm erstellt und in 2 Phasen ausgeführt werden:

1. Phase 1 (1996 - 2000): Inventarisierung des Einzugsgebiets, Festlegung der Qualitätsziele/Zielvorgaben der einzelnen Gewässer, Ausarbeitung der Sanierungsschwerpunkte und Gegenmaßnahmen.
2. Phase 2 (2001 - 2010): Durchführung der beschlossenen Maßnahmen.

Mit dem 15-jährigen Programm muß die Gewässergüte im Huangpu-Einzugsgebiet um eine halbe Gütestufe verbessert werden. Danach müssen mindestens noch drei 10-Jahres-Programme folgen. Das heißt, das Aktionsprogramm "Huangpu-Sanierung" für eine Verbesserung der Gewässergüte um 2 Stufen sollte bis zum Jahr 2040 geplant werden.
Im Verlauf des Aktionsprogramms sollte man die Sanierungsgebiete wiederholt neu ausweisen, die Qualitätsziele/Zielvorgaben der einzelnen Gewässer neu festlegen und die Sanierungsschwerpunkte und -maßnahmen neu ausarbeiten. Mit jedem weiteren 10-Jahr-Programm ist für alle Sanierungsgebiete mindestens eine halbe Gütestufe Qualitätsverbesserung zu erzielen.
Dieser Zeitplan von 40 - 50 Jahren richtet sich optimistisch nach dem europäischen Vorbild Rheinsanierung. Ob man in Shanghai ähnliche Erfolge erzielen kann, ist schwer zu beantworten, da man dort eine andere Wirtschafts- und Finanzlage und auch ein anderes Umweltbewußtsein hat. Andererseits ist man sich bewußt, daß die Gewässerqualität so schnell wie möglich verbessert werden muß, denn eine schlechte Wasserqualität kann erfahrungsgemäß nicht nur

verschiedene Krankheiten verursachen, sondern auch die Industrie und Wirtschaft beeinträchtigen.

5.4.2.2 Abwasserbeseitigung und Küstengewässerschutz

Nach einem internen Bericht von der Shanghaier Baubehörde ist etwa 30% des Huangpuwassers Abwasser (siehe Kap. 4). Bislang gründete sich die Gewässerschutzpolitik in China hauptsächlich auf das Emissionsprinzip: Abwasser, das gefährliche Stoffe enthält, ist nach dem Stand der Technik zu reinigen; die Mindestanforderungen an die industrielle Einleitungen sind branchenspezifisch geregelt, wie z.B. Papierindustrie, Filmindustrie usw. (vgl. FANG, Z.-Y., 1988: 1118ff.). Das Gebot über Abwasserreinigung nach dem Stand der Technik wird in der Praxis nicht durchgehend eingehalten, weil die Emittenten es nicht einhalten wollen oder aus finanziell-technischen Gründen nicht können (WO, Y.-G. u.a., 1990: 1ff.). Die Lage der Gewässerverschmutzung in Shanghai läßt eine Entschärfung der Mindestanforderungen an die industriellen Einleitungen nicht zu.
Da die fehlenden Klärwerke von der Stadt Shanghai finanziell nicht zu tragen sind, wird die Einleitung kommunaler und industrieller Abwässer vom Land in Küstengewässer als eine Hauptmaßnahme der Abwasserbeseitigung eingesetzt. Jährlich werden ca. 632 Mio m^3 Abwasser unbehandelt bzw. vorbehandelt durch 3 Abwasserleitungen in Küstengewässer eingeleitet (vgl. Karte 6). Darüber hinaus sind noch weitere Abwasserleitungen zur Küste geplant. Bei den Einleitstellen treten dauerhaft schwarzfarbige Wasserzonen auf. Im Jahr 1985 wurden Wasserproben aus Küstengewässern entnommen. Die Ergebnisse der Untersuchung von Wasserproben werden in Tab. 34 dargestellt. Nach dem Meereswasser-Standard GB3097-82 (vgl. Anhang 4) beeinträchtigt dieser Zustand die Fischerei an der Küste (SHU, R.-S. u.a., 1986: 167f.). Das bedeutet, daß das Problem der Gewässerbelastung nur verlagert wird. Es muß aber gelöst werden.

Tab. 34: 长江口水质
Qualität der Küstengewässer bei der Yangzi-Mündung (Quelle: SHU, R.-S. u.a., 1986: 167).

Parameter	(mg/l)
Org. Chloride	$6{,}1 \cdot 10^{-5}$ - $8{,}6 \cdot 10^{-4}$
Fett/Öl	0,047 - 0,221
Phenol	$9{,}5 \cdot 10^{-3}$ - 0,161
Cyanid CN^-	0,026 - 0,028
Kupfer Cu	0,01 - 0,027
Zink Zn	0,1 - 2,6
Blei Pb	0,1 - 2,1
Chrom Cr^6	0,01 - 0,27
CSB	1,64 - 7,97

Die Einleitungen der Abwässer in Küstengewässer gründen sich darauf, daß das Abwasser durch Zirkulation des Meereswassers zum Ozean transportiert und verdünnt bzw. durch das Selbstreinigungsvermögen gereinigt wird. Die Zirkulation an der Küste wird überwiegend durch küstenparallele Strömungen und die Gezeiten geprägt: Das Yangziwasser fließt die Shanghaier Küste entlang zum Vorfeld der Hangzhou-Bucht und dann teils durch Zirkulation in die Hangzhou-Bucht (vgl. Abb. 14) und teils in den Ozean. Deshalb kann das Küstengewässer nicht vom Abwasser verschont bleiben. Der Qiantang-Fluß ist ein Tidefluß. Der höchste Tidehub in der Geschichte lag bei 8,91 m (Handbuch Geographie für Schullehrer (1985): 149). Aus diesem Grund hat die Provinz Zhejiang gegen die geplante Abwasserleitung nach Zhonggang protestiert (vgl. Karte 6).

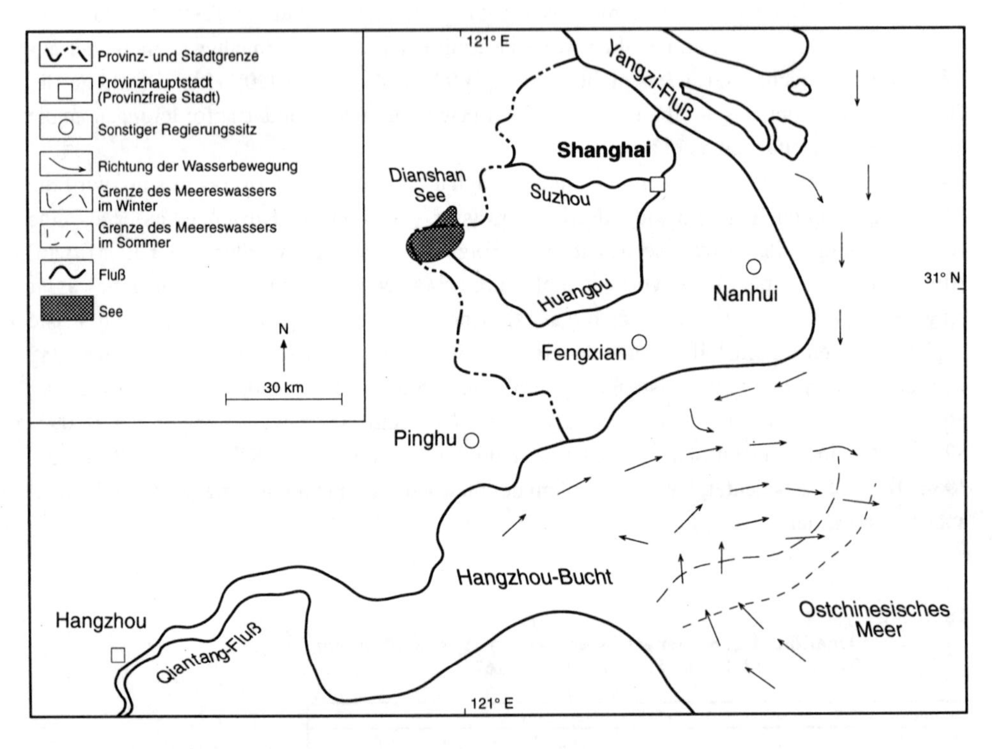

Abb. 14: 杭州湾水循环
Wasserzirkulation in der Hangzhou-Bucht (Quelle: SHU, R.-S. u.a., 1986: 140).

Die Erfahrung mit der Nordsee zeigt, daß die Verlegung des Abwasserproblems vom Land auf das Meer keine gute Lösung ist. Um die aktuelle Belastung des Huangpu zu reduzieren, müssen die notwendigen Klärwerke auf dem Land eingerichtet werden. Als erste Zielsetzung der Einrichtung der Klärwerke muß erreicht werden, daß die Abwassereinleiter die staatlichen

Mindestanforderungen an die Einleitungen erfüllen können; als zweite Zielsetzung sollte aufgrund der Zielvorgaben die Mindestanforderungen an die Einleitungen verschärft werden. Die Durchsetzung der Zielsetzung ist viel schwieriger als ihre Formulierung. Dazu ist das Wasserschutzgebiet am Oberhuangpu ein Beispiel. Viele Fabriken in Shanghai zahlen ordnungsmäßig Abwasserabgaben, richten aber keine Klärwerke ein (WO, Y.-G. u.a., 1990: 1ff.). Mit der Abwasserabgabe allein kann die Umweltbehörde die Einrichtung der Klärwerke noch nicht leisten. Eine kostendeckende Abwasserabgabe würde die Fabriken überlasten und eine Betriebsschließung würde letzten Endes viele Arbeitsplätze gefährden. Diese Situation findet man auch in Industrieländern, wie z.B. infolge der Elbesanierung oder beim Nordseeschutz. Aber in manchen Industrieländern zeichnen sich Entwicklungen auf technischem Gebiet ab, die es ermöglichen werden, von "end of pipe technology" auf Produktionsprozesse umsteigen zu können, die keinen oder nur sehr wenig Abfall produzieren. In Deutschland wird z.B. eine Kreislaufwirtschaft angestrebt (vgl. THOME-KOZMIENSKY, 1994). Das ist die richtige Richtung zur Lösung des Abwasserproblems in Shanghai. Dieser Weg ist ständig durch optimale Gestaltung der umweltpolitischen Instrumente zur Umsetzung der Umweltauflagen zu untermauern, wobei sich eine massive staatlich-finanzielle Unterstützung nicht vermeiden läßt (vgl. Bundesminister für Umwelt, Naturschutz und Reaktorsicherheit, 1990: 37ff.).

5.4.2.3 Gewässerüberwachung

Voraussetzung für einen durchgreifenden Schutz der Gewässer ist eine umfassende Gewässerüberwachung. Das Shanghaier Meßstellennetz an den Oberflächengewässern umfaßt ca. 44 Meßstellen (vgl. Abb. 15). Viele Meßstellen dienen nur als Pegel zur Wasserstandsmessung. Die Gewässerüberwachung im Rahmen des Umweltschutzes begann 1981. An den 11 Überwachungsstellen am Huangpu werden routinemäßig 6 Messungen im Jahr durchgeführt, und zwar jeweils zweimal in der Hochwasser-, Normalwasser- und Niedrigwasserperiode (je einmal beim Niedrig- und Hochtidewasser). Die Wasserproben werden manuell entnommen und in Labors untersucht; insgesamt werden 27 Meßparameter analysiert (vgl. Oberflächenwasser-Standard GB3838-88). Außerhalb der Routinemessungen werden auch Zusatzmessungen durchgeführt. Das bedeutet, daß an einigen Überwachungsstellen einmal im Monat Wasserproben entnommen werden könnten. Die Betriebspraxis mit den Überwachungsstellen am Huangpu hatte im Zeitraum 1986 - 1990 gezeigt, daß das Überwachungssystem nicht in der Lage war, die Gewässerbeschaffenheit rechtzeitig und umfassend zu erfassen und die Bevölkerung über die Gefahr der Gewässerbelastung zu informieren (ZHI, K.-Z., 1991).

Das Überwachungssystem muß im Rahmen des Aktionsprogramms "Huangpu-Sanierung" ausgebaut werden und der Formulierung von konkreten Gütezielen sowie der Kontrolle ihrer Einhaltung dienen können. Es hat sich grundsätzlich an den Schutzzielen für die betreffenden Gewässer auszurichten, z.B. Trinkwassergewinnung, Schutz des Ökosystems und der aquatischen Lebensgemeinschaften. sowie Wasserversorgung für Landwirtschaft und Industrie.

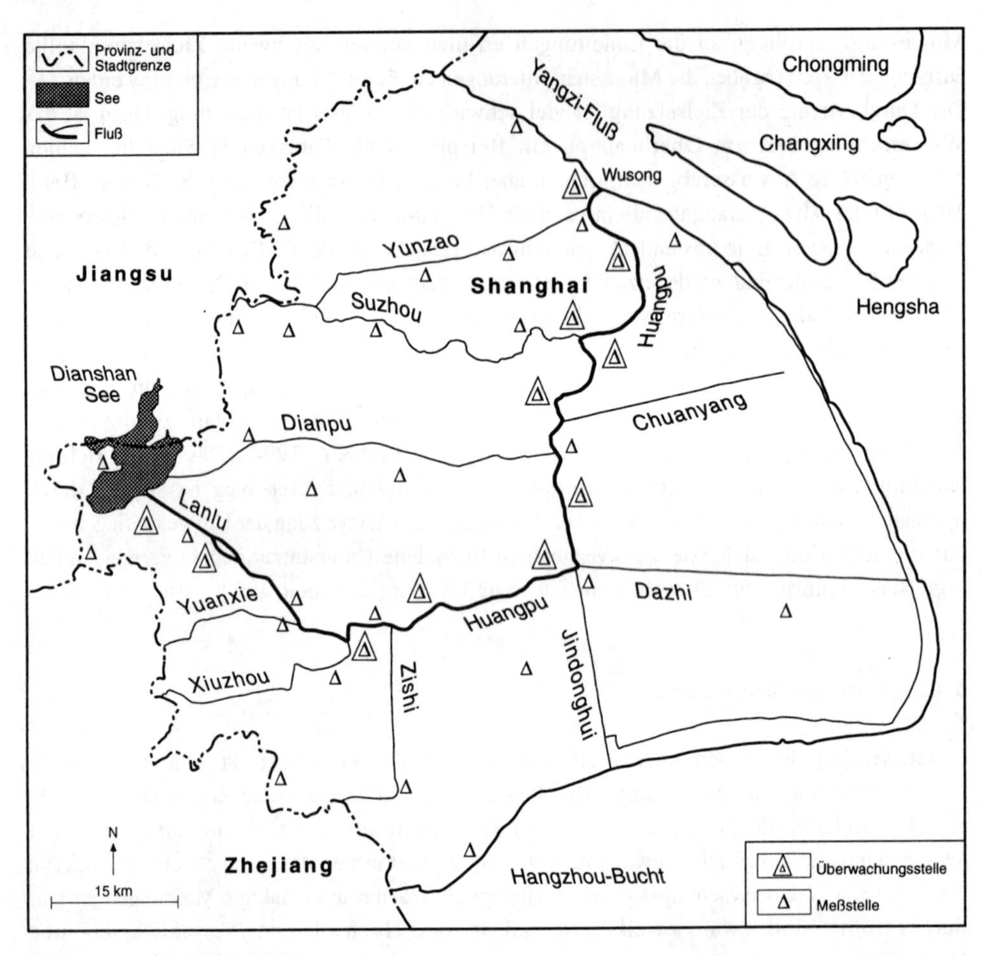

Abb. 15: 上海地表水监测站
Meßstellen an den Oberflächengewässern im Großraum Shanghai (Quelle: CHEN, L., 1988: 23; ZHI, K.-C., 1991).

Durch die Nutzung des Huangpu als Vorfluter für Abwassereinleitungen spielt der Zusammenhang zwischen Emission und Immission eine entscheidende Rolle für die Qualität des Huangpuwassers und für Maßnahmen zu seiner Verbesserung. Insofern muß jedes Monitoring am Huangpu den Zusammenhang zwischen Wasserqualität und Schadstoffquellen im Auge behalten (vgl. Abb. 16). Für den Ausbau des Überwachungssystems sind meines Erachtens folgende Maßnahmen zu ergreifen:

1. Die Überwachungsstellen müssen so eingerichtet werden, daß sie alle bedeutende Zuflüsse und große Einleiter zum Huangpu nach dem Schema in Abb. 16 überwachen und die Hauptzüge der Hydrologie des Huangpu erfassen können.

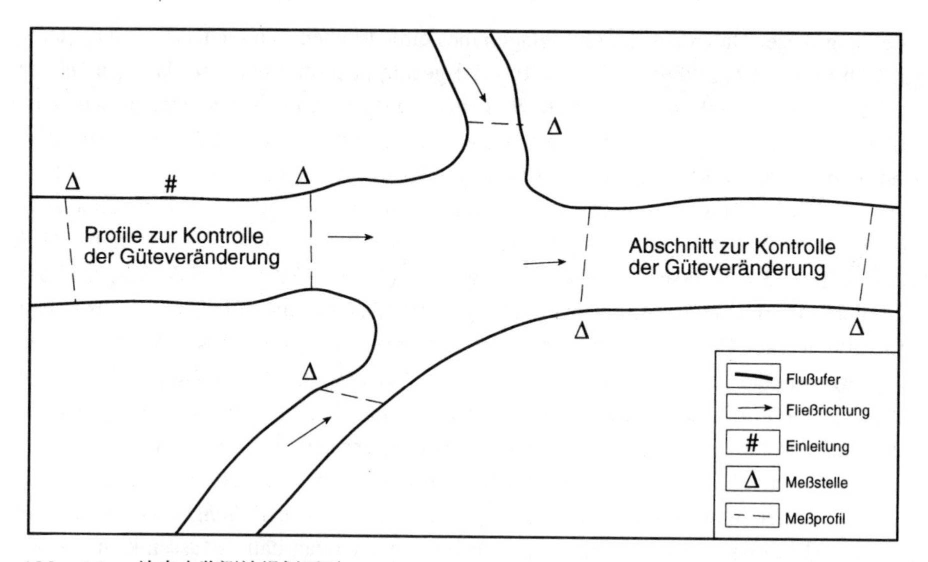

Abb. 16: 地表水监测站规划原则
Schema zur Planung der Überwachungsstellen bei einer möglichen Einleitung in Oberflächengewässer bzw. an einer Flußmündung (Quelle: Eigener Entwurf).

2. Die Frequenz der Messungen muß aufgrund der Tidedynamik des Huangpu intensiviert werden. In Nordrhein-Westfalen existiert ein Gewässergüte-Überwachungs-System mit 4 Überwachungsebenen (Landesamt für Wasser und Abfall Nordrhein-Westfalen, 1990, 1993: 6ff.). Das sind Basismeßstellen (3500), Intensivmeßstellen (250), Trendmeßstellen (83) und Alarmmeßstellen (13). Dabei sind die Alarmmeßstellen (zeitnahe Überwachung) empfehlenswert. Die zeitnahe Überwachung dient der schnellen Erfassung kurzfristiger, stoßartiger oder unfallbedingter Veränderungen der Wasserbeschaffenheit. Wegen der geforderten Zeitnähe zwischen Probenahme und Ergebnisvorlage werden abweichend von der herkömmlichen Laboranalytik vereinfachte Meßverfahren angewendet. Mit Meßfühlern (Elektroden) kann ein Teilstrom des Gewässers kontinuierlich nach den Meßgrößen (pH-Wert, Sauerstoffgehalt, Temperatur usw.) gemessen werden. Als Screening werden bis zu zweimal täglich Übersichtsanalysen durchgeführt. Dabei werden die Wasserproben auf über 200 organische Schadstoffe untersucht. Die signifikanten Abweichungen vom regulären Erscheinungsbild der Meßdaten (Normalzustand) sind durch den Vergleich unterschiedlicher Meßreihen leicht erkennbar. Dynamische Biotestverfahren werden an Teilströmungen des Gewässers kontinuierlich durchgeführt. Die Testtiere signalisieren durch Veränderungen des Bewegungsverhaltens die Anwesenheit toxischer Stoffe.
3. Ein Geographisches Informationssystem (GIS) über das Huangpu-Einzugsgebiet muß mit dem Überwachungssystem gekoppelt eingerichtet werden. Die GIS-Technologie ermöglicht die Speicherung der raumbezogenen Daten der Atmosphäre, der Erdoberfläche und der Lithosphäre sowie eine systematische Erfassung, Aktualisierung, Verarbeitung und

Umsetzung dieser Daten auf der Grundlage eines einheitlichen räumlichen Bezugssystems (vgl. GÖPFERT, 1991: 209ff.). Wie in Kap. 5.1 gezeigt, benötigt man im Management der Gewässergüte eines Wasserschutz- bzw. Einzugsgebiets umfassende Daten, wie z.B. topologische, meteorologische, geologische, wasserwirtschaftliche und sozioökonomische Daten sowie Boden- und Bodennutzungsdaten. Zur Zeit ist die Regierung der Stadt Shanghai dabei, ein GIS Shanghai einzurichten. Dazu gehören u.a. GIS über Umweltschutz, Wasserwirtschaft und Landnutzung (SUCIS General Office, 1994). Das Shanghai GIS Projekt soll in 15 - 20 Jahren abgeschlossen werden (JIANG, M.-K., 1994). Aufgrund der GIS-Datenbasis und der gemessenen Gewässergütedaten kann man mit Hilfe der statistischen Algorithmen die Gewässergüte eines Gewässers modellieren. Der Vorteil eines Gewässergütemodells liegt darin, daß man sich mit ausgewählten Gütedaten an einzelnen Meßstellen eine Vorstellung von dem Gesamtgewässer verschaffen kann. Dadurch können die Lücken der Erkenntnisse zwischen den Meßstellen einigermaßen geschlossen werden. Die Gütemodellierung eines fließenden Oberflächengewässers in besiedelter Landschaft befindet sich noch in einer schwierigen Entwicklungsphase, weil ein Oberflächengewässer meistens unter vielen Einflüssen steht. Da man diese noch nicht alle quantitativ erfassen kann, lassen sich einige charakteristische Gütemerkmale modellieren (vgl. MÜLLER, 1994: 18ff.).

4. Auch das Küstengewässer muß überwacht werden. Da das Huangpu-Einzugsgebiet unter dem Einfluß der Gezeiten steht, ist das Küstengewässer an der ostchinesischen Küste als Bestandteil des Huangpu-Einzugsgebiets anzusehen. Nach meiner Information existieren noch keine Dauermeßstellen und keine flächendeckend-periodischen Messungen auf dem Meer. Die Dauermeßstellen per Schiff sind zu kostenintensiv. Dafür kann man die Fernerkundungstechnologie zur Hilfe nehmen (vgl. ALBERTZ, 1991: 180ff.). Von Vorteil ist die Überwachung mit der Fernerkundung insofern, da man durch Erkennung und Identifizierung von Mustern auf dem Fernerkundungsbild mit Hilfe von wenigen örtlichen Messungen schnell eine großräumige Kartierung von Gewässern durchführen kann. Im nahen Infrarot wird die Strahlung sehr stark vom Wasser absorbiert. Im Infrarot-Bereich reflektieren die Wasserflächen abhängig von der Art und Konzentration der Schwebstoffe, Algen usw. unterschiedlich. Thermal-Bilder können thermische Belastungen erfassen, solange sie sich in der Oberflächentemperatur widerspiegeln. Deshalb können die Fernerkundungsbilder in bezug auf die Gewässerbelastung interpretiert werden. Fernerkundungsdaten dienen vor allem dazu, die Ausdehnung und Veränderung der Belastung und die Vermischung verschiedener Wasserkörper zu erfassen (vgl. BARRETT etc., 1990; ZIMMERMANN, 1991). Wie bereits angedeutet, muß sich die thematische Auswertung der Bildinformationen auf örtliche Messungen stützen. Das heißt, man muß eine inhaltliche Relation zwischen Bildmuster und Gewässerbelastung durch gleichzeitige Luftaufnahme und Wasserprobennahme erstellen, um die Gewässerbelastung "fernerkunden" zu können. Solche Experimente auf dem Meer sind außergewöhnlich schwer. Deshalb sind für eine nützliche Anwendung der Fernerkundung zur Gewässerüberwachung an der Shanghaier Küste noch viele Forschungen erforderlich.

5.5 Fazit

Trinkwasserressourcen zu sichern ist der Brennpunkt des Oberflächengewässerschutzes in Shanghai. Aufgrund der Belastung durch die Altindustrie, der rapiden Wirtschaftsentwicklung, Industrialisierung und Verstädterung konnte die Gewässersanierung mit der Gewässerverschmutzung nicht Schritt halten. Auch das rechtsverbindliche Wasserschutzgebiet konnte nicht erfolgreich umgesetzt werden. Um Binnengewässer als Trinkwasserressourcen vom Abwasser zu entlasten wird das Küstengewässer zur "Verdünnung" des Abwassers geopfert. Die Erfahrungen und Untersuchungen zeigen, daß die Grundlage zur Trinkwassersicherung nur durch die Sanierung des Gesamteinzugsgebiets des Tideflusses Huangpu eingerichtet werden kann. Neue Konzeptionen für Wasserschutzgebiete unter Berücksichtigung der deutschen Erfahrung werden erarbeitet und Vorschläge zum Aktionsprogramm "Huangpu-Sanierung" in Anlehnung an die Rhein- und Elbesanierung formuliert.

6 GRUNDWASSERSCHUTZ

Die Grundwassersanierung spielt gegenüber der Sanierung der Oberflächengewässer im Gewässerschutz in Shanghai eine untergeordnete Rolle. Es ist mir noch kein Sanierungsprojekt des Grundwassers bekannt.

Das oberflächennahe Grundwasser wird durch Niederschlags- und Oberflächenwasser gespeist und hauptsächlich zur Trinkwasserversorgung im ländlichen Raum erschlossen. Da die Grundwasserentnahme zur Absenkung der Landfläche im Stadtgebiet geführt hatte, wurde die Entnahmemenge im Stadtgebiet eingeschränkt (vgl. Kap. 3.4). Die Qualität vom oberflächennahen Grundwasser ist in erster Linie von der Qualität der Oberflächengewässer anhängig. In diesem Sinne hat das Aktionsprogramm "Huangpusanierung" weitreichende Bedeutung. Nach dem Abwassergesetz von 1984 gilt das Rechtsinstitut "Wasserschutzgebiet" auch für den Grundwasserschutz zum Zweck der Trinkwasserversorgung. Meines Wissens sind noch keine Grundwasserschutzgebiete im ländlichen Raum von Shanghai ausgewiesen worden, obwohl dort jährlich etwa 180 Mio. m^3 Wasser zur Trinkwasserversorgung entnommen werden. Grundwasserverunreinigungen sind Langzeitschäden, die wenn überhaupt, nur in sehr langen Zeiträumen und mit erheblichem technischen und finanziellen Aufwand beseitigt werden können. Deshalb muß das Grundwasser durch Vorsorgemaßnahmen vor schädlichen Stoffeinträgen geschützt werden. Eine Voraussetzung hierfür ist ein ausreichender Schutz des Bodens. Auf jeden Fall muß der Schutz des oberflächennahen Grundwassers in der Abfallwirtschaft und Landwirtschaft geregelt werden.
Das gespannte Grundwasser wird durch die künstliche Grundwasseranreicherung mit Leitungswasser sowie durch die Durchsickerung des salzigen Küstenwassers belastet. Deshalb müssen zuerst die folgenden Gegenmaßnahmen vorgenommen werden:

1. Reduzierung der Entnahmemenge.
2. Strengere Behandlung des Oberflächenwassers zur künstlichen Grundwasseranreicherung.
3. Flächendeckende Bestandsaufnahme der Grundwasserqualität und -belastung.
4. Formulierung der Sanierungsmaßnahmen.

Jährlich werden ca. 120 Mio. m^3 aus den gespannten Grundwasserleitern entnommen. Die Industrie verbraucht etwa 90 Mio. m^3/a und ist der Hauptnutzer des gespannten Grundwassers (SUN, Y.-F. u.a.: 65). Eine Umstellung von Grundwasser auf Oberflächenwasser, wodurch die Entnahmemenge reduziert werden könnte, erfordert neue Technologien zur Behandlung des Oberflächenwassers. Aufgrund der fehlenden Informationen wird hier nicht versucht, die Vorschläge zum Grundwasserschutz in Shanghai weiter im Detail zu bearbeiten.

7 GEWÄSSERSCHUTZPOLITIK

Zentrale Aufgaben der chinesischen Gewässerschutzpolitik sind der vorsorgende Schutz der Gewässer sowie auch die Sicherstellung der Wasserversorgung. Kreislaufwirtschaft und Nachhaltigkeit der Wasserwirtschaft sind verfassungsrechtliche Gebote. Gewässerschutz ist ein Bestandteil des Umweltschutzes. Die Handlungsprinzipien der Umweltpolitik gelten auch im Gewässerschutz. In diesem Kapitel werden die politisch-rechtlichen Grundlagen des Gewässerschutzes beschrieben, dann werden die folgenden aktuellen Themen untersucht:

- Gewässergütenormen
- Abwasser-Zertifikate
- Abwasserabgabe und Wasserpreise
- ökologische Landwirtschaft
- technische Innovation und Marktwirtschaft

7.1 Allgemeine Handlungsprinzipien der Umweltpolitik

Nach chinesischer Auffassung ist das Gesetz der Ausdruck der Politik. Der Umweltschutz ist als eine staatliche Basispolitik in der chinesischen Verfassung verankert. Die allgemeinen Handlungsprinzipien der chinesischen Umweltpolitik sind (vgl. CHEN, C.-K., 1991: 51ff.; TISCHLER, 1994: 37ff.):

- das Vorsorgeprinzip
- das Verursacherprinzip
- das Kooperationsprinzip
- das Gemeinlastprinzip

Nach dem Vorsorgeprinzip ist die Entstehung von Umweltbeeinträchtigungen durch den Einsatz vorbeugender Maßnahmen möglichst an ihrem Ursprung zu vermeiden. Man könnte in diesem Sinne auch von Vermeidungsprinzip sprechen.
Das Verursacherprinzip will demjenigen die Kosten zur Vermeidung, zur Beseitigung oder zum Ausgleich von Umweltbelastungen zurechnen, der sie verursacht. Das Prinzip entspricht damit dem Grundgedanken der Marktwirtschaft.
Das Kooperationsprinzip ist ein Verfahrensprinzip, das auf eine möglichst einvernehmliche Verwirklichung umweltpolitischer Ziele gerichtet ist. Damit sollen einerseits die Umweltschutzmaßnahmen demokratisch und sachgerecht entschieden und andererseits das Umweltbewußtsein der Bürger allgemein gestärkt werden.
Das Gemeinlastprinzip bedeutet die Übernahme der Kosten für die Beseitigung von Umweltschäden durch den Staat. Es ist grundsätzlich die Ausnahme des Verursacherprinzips,

falls der Verursacher nicht oder nicht mehr festgestellt werden kann oder wenn akute Notstände beseitigt werden müssen und dies nach dem Verursacherprinzip nicht rasch genug erreicht werden kann.

7.2 Rechtliche Grundlagen des Gewässerschutzes

7.2.1 GESETZESENTWICKLUNG UND -LAGE

Die erste Gesetzesvorschrift zum Gewässerschutz in der VR China dürfte die Leitungswasser-Verordnung von 1955 sein, welche einen Schutzbezirk um die Wasserfassung vorschrieb. Seit 1972 ist der Gewässerschutz ein Tagesthema der Regierung. Damals hatte der Ministerpräsident ZHOU En-Lai ein Wasserschutzprogramm für das Guanting Reservoir bei Beijing angeordnet, welches die Wasserversorgung der Hauptstadt mit gewährleistete und diese Funktion auch heute noch ausübt. 1973 fand die 1. nationale Tagung für Umweltschutz statt und im selben Jahr legte man die Emissionsgrenzwerte GBJ4-73 vor. 1979 wurde das Umweltschutzgesetz (zur versuchsweisen Durchführung) erlassen, 1982 das Meeresschutzgesetz und die Boden- und Wasserverordnung, 1984 das Abwassergesetz und 1988 das Wassergesetz.

Die Wasserrechte werden der staatlichen Organisationshierarchie entsprechend durch verschiedene Regelungsebenen und Regelungsarten genormt. Die Rangfolge der Gesetze ist Verfassung, (internationale) nationale Gesetze, Verordnungen des staatlichen Staatsrats/Ministeriums, Gesetze/Verordnungen der Provinzen und provinzfreien Städte, Verwaltungsbestimmungen der Großstädte, Verwaltungsakten der Kreise.
Auf der ersten Regelungsebene befinden sich internationale Übereinkommen, bei welchen China Vertragspartei ist. Solche internationale Normen haben Vorrang, falls sie mit chinesisch-innerstaatlichen Normen in Konkurrenz stehen (vgl. CHEN, C.-K., 1991: 41). China ist an einigen internationalen Übereinkommen über Meeresschutz beteiligt, wie z.B. dem Übereinkommen über die Verhütung der Meeresverschmutzung durch das Einbringen von Abfällen und anderen Stoffen (London-Übereinkommen) vom 29.12.1972. Die entsprechenden Regelungen werden im Meeresschutzgesetz von 1982 und seinen Durchführungsvorschriften repräsentiert (vgl. CHEN, C.-K., 1991: 120ff.).
Auf der gesamtstaatlichen Ebene, also der zweiten Regelungsebene, gelten parallel verschiedene Gesetze zur Regelung der Wasserangelegenheiten, da es kein Rahmengesetz wie das deutsche Wasserhaushaltsgesetz gibt. Diese Gesetze sind wie zum Beispiel:

- Umweltschutzgesetz von 1979/1989
- Meeresschutzgesetz von 1982
- Abwassergesetz von 1984/1996
- Wassergesetz von 1988
- Boden- und Wassergesetz von 1991

Die Situation entstand dadurch, daß die einzelnen Gesetze bereits von Fall zu Fall erlassen wurden, bevor das Wassergesetz zur Verfügung stand. Neben §35-37 des Wassergesetzes regelt §83 des Zivilgesetzes beispielsweise auch die Wasserkonflikte an der Grenze zwischen Provinzen, Kreisen, Gemeinden usw. (vgl. CHEN, C.-K., 1991: 39). Auf der Grundlage des nationalen Gesetzes können Rechtsverordnungen erlassen werden. Sie dienen zur Umsetzung des Gesetzes und werden teilweise als Durchführungsregelungen genannt. Beispiel: Vorschriften zur Durchführung des Abwassergesetzes von 1989.

Die staatlichen Umweltstandards sind ein eigener Textblock, auf die in dieser Studie nur auszugsweise eingegangen werden. Die staatlichen Umweltstandards dürfen durch Provinzen verschärft und ergänzt werden. Die einzelnen Provinzen dürfen auch eigene Standards festlegen, falls kein staatlicher Standard vorhanden und/oder der staatliche Standard einem Fall nicht gerecht wird (vgl. CHEN, C.-K., 1991: 91).

Auf der provinzübergreifenden Ebene (3. Regelungsebene) gelten die Verwaltungs-/Schutz-Verordnungen für überregionale Flußeinzugsgebiete, für welche die Einzugsgebietsämter zuständig sind, die vom Ministerium für Wasserwirtschaft unter Zustimmung des Staatsrats eingesetzt werden. Beispiel: Einige Regelungen zur Arbeit mit dem Wasserressourcenschutz Changjiang (Yangzi) von 1985.
Auf der Provinzebene (4. Regelungsebene) sind noch keine Provinzwassergesetze wie deutsche Landeswassergesetze rechtlich vorgesehen. Die Provinzen dürfen eigene Umsetzungs/Durchführungsregelungen und -verordnungen eines nationalen Gesetzes erlassen. Es existieren allerdings nur wenige Durchführungsregelungen für ein gesamtes Gesetz. Bei den Provinzbestimmungen handelt es sich in der Praxis vielmehr um die Umsetzung einer Vorgabe einer übergeordneten Organisation. Die Verordnungen über Einzugsgebiete bzw. Wasserschutzgebiete bilden zum Beispiel den größten Regelungsblock.
Auf der Kreisebene (5. Regelungsebene) stehen u.a. Planungsinstrumente zur Verfügung. §12 des Abwassergesetzes autorisiert auch eine Kreisregierung bzw. die Regierung einer kreisfreien Stadt, Wasserschutzgebiete festzusetzen.

7.2.2 UMWELTSCHUTZGESETZ

Das chinesische Umweltschutzgesetz (zur versuchsweisen Durchführung) von 1979 wurde nach 10jähriger Praxis durch das Umweltschutzgesetz von 1989 ersetzt. Dieses ist das Basisgesetz zum Schutz der Umwelt. Die anderen Gesetze zum Schutz eines einzelnen Umweltmediums, z.B. Luft, Wasser, Meer und Boden, basieren in der Regel auf der Verfassung und dem Umweltschutzgesetz. Es hat die folgenden Aufgaben:

- Lebensumwelt und ökologische Umwelt zu schützen und verbessern,
- Verunreinigungen und anderen öffentlichen Schäden vorzubeugen und zu sanieren,
- menschliche Gesundheit zu gewährleisten.

Es schreibt Umweltplanung als Bestandteil der sozialwirtschaftlichen Entwicklungsplanung und der Stadtplanung vor. Jede Regierung soll die Verantwortung tragen, Umweltqualität ihrer Region durch Maßnahmen zu verbessern. Dazu gehören Anwendung und Entwicklung umweltschonender Technologien sowie Einsatz der finanziellen Mittel zum Umweltschutz.
Das jeweilige staatliche Umweltschutzamt ist die Zentralbehörde für die Verwaltung und Überwachung des Umweltschutzes seiner Region. Die anderen Fachbehörden haben in Zusammenarbeit mit dem Umweltschutzamt eigene fachbezogene, rechtsverbindliche Umweltaufgaben wahrzunehmen. Die Behörden haben in eigenen Kompetenzbereichen die Umweltstandards festzulegen.
Das Vorsorgeprinzip hat vorrangige Bedeutung. Typische natürliche Ökosystemregionen, wichtige Wasserressourcen usw. sollen geschützt werden. Bei Nutzung und Erschließung der Naturressourcen muß die ökologische Umwelt durch Maßnahmen geschützt werden. Jedes Bauprojekt benötigt eine Erlaubnis von der Umweltbehörde und wird genehmigt, wenn die Ergebnisse seiner Umweltverträglichkeitsprüfung von der Umweltbehörde angenommen werden. Die Umweltschutzanlagen innerhalb eines Bauprojekts müssen mit dem Bauprojekt gleichzeitig konstruiert, gebaut und in Betrieb genommen werden.
Nach ZHOU, Dan-Min (1994) wurde die Umweltverträglichkeitsprüfung in der VR China überwiegend in bezug auf den Prüfungsbereich Wasser durchgeführt, wobei der Prüfungsinhalt im Vergleich zu dem in Deutschland eher weniger umfangreich war.
Für Emittenten, die die Emissionsgrenzwerte nicht einhalten können, werden Emissionsabgaben erhoben. Das Aufkommen der Emissionsabgabe ist für Maßnahmen für Umweltschutz zweckgebunden. Im Bereich Abwasser gilt das Abwassergesetz.
Wer unbefugt die Umwelt verunreinigt, macht sich strafbar und schadensersatzpflichtig.

7.2.3 WASSERGESETZ

Das chinesische Wassergesetz wurde erst im Jahr 1988 erlassen und hat die folgenden Aufgaben:

- Wasserressourcen rationell zu erschließen, nutzen und schützen,
- Wasserschäden vorzubeugen und instandzusetzen,
- Nutzungspotential des Wassers in vollem Maße auszuschöpfen,
- Bedürfnisse der volkswirtschaftlichen Entwicklung und des Volkslebens zu erfüllen.

Es gilt für Oberflächengewässer auf dem Festland und das Grundwasser. Es schreibt vor, daß die Wasserressourcen dem Staat gehören und daß das Wasser in Teichen und Reservoirs, die einer Organisation der Agrarkollektivwirtschaft gehören, Kollektiveigentum ist. Die Behörde für Wasserwirtschaft ist das Vollzugsorgan des Wassergesetzes.
Das Wasser ist planmäßig und sparsam zu verwenden. Wassererschließung und -nutzung sollen auf Grundlage der wasserwirtschaftlichen Regional- bzw. Einzugsgebietsplanung durchgeführt werden. Für Grundwassererschließung sind Wasserhaushaltsuntersuchung und Wasserqualitäts-

bewertung erforderlich, Geländeabsenkung durch Grundwasserentnahme muß verhindert werden. Fachplanungen wie Gewässerqualitätsschutz, Gewässerüberwachung usw. sind durch Kreisregierung und höhere Regierung zu beschliessen. Bei der Vorbeugung und Sanierung der Wasserverunreinigung gilt das Abwassergesetz von 1984, welches am 15.5.1996 modifiziert wurde. Gewässernutzungen bedürfen einer behördlichen Zulassung. Wassernutzungsgebühren und Wasserressourcenabgabe werden erhoben.
Wer unbefugt ein Gewässer sowie eine wasserwirtschaftliche Anlage beschädigt, macht sich strafbar und ist schadensersatzpflichtig.

7.2.4 ABWASSERGESETZ

Das Abwassergesetz der VR China von 1984, modifiziert am 15.5.1996, gilt für Oberflächengewässer auf dem Festland und für das Grundwasser. Es schreibt vor, daß die Regierung und ihre Ministerien den Schutz des Umweltmediums Wasser planen und Maßnahmen ergreifen müssen. Der Verwaltungsvollzug liegt bei dem staatlichen Umweltschutzamt. Für die Abwasserstandards gelten die Regelungen vom Umweltschutzgesetz (zur versuchsweisen Durchführung) von 1979. Für die Trinkwasserressourcen, bekannte Wasserlandschaften usw. können Wasserschutzgebiete durch die Kreisregierung und die höhere Regierung festgelegt werden, wodurch gewährleistet wird, daß Maßnahmen im Schutzgebiet ergriffen werden, um Gewässergüte nach Gütezielen zu erlangen. Die Umweltverträglichkeitsprüfung wird bei Neubau-, Umbau- und Ausbauprojekten hinsichtlich der Abwasseremission verlangt. Zertifikate werden verteilt und Auflagen gemacht. Für jeden Ableiter werden Abwasserabgaben erhoben.
Wer unbefugt ein Gewässer verunreinigt, macht sich strafbar und ist schadensersatzpflichtig.

Zum Gewässerschutz gilt der Ge- und Verbotskatalog in Tab. 35.

Das Abwassergesetz gilt zwar sowohl für Oberflächengewässer als auch für Grundwasser. Aber in der Praxis wird es überwiegend im Schutz der Oberflächengewässer, und zwar in den Wasserschutzgebieten, angewandet; über den Grundwasserschutz gegen Verunreinigung wird kaum berichtet (vgl. ZHANG, Y.-L. u.a., 1991: 15ff.).
Vergleicht man beispielsweise Tab. 35 mit Tab. 26 über die Nutzungseinschränkungen im Wasserschutzgebiet am Oberhuangpu, so stellt man fest, daß der Ge- und Verbotskatalog des Abwassergesetzes in der WSG-Verordnung Oberhuangpu repräsentiert ist. Der Fall des Wasserschutzgebiets am Oberhuangpu hat jedoch auch gezeigt, daß die Umsetzung des Gesetzes schwieriger als dessen Formulierung ist.
Am 15.5.1996 hatte der Ständige Ausschuß des chinesischen Volkskongrsses das Abwassergesetz modifiziert. Insgesamt wurden 23 Veränderungen beschlossen. Es gibt z.B. einen neuen Artikel (20) über Wasserschutzgebiete (vgl. National People´s Congress amends water pollution law).

Tab. 35: 中国水源保护要求
Ge- und Verbotskatalog zum Gewässerschutz (Quelle: Abwassergesetz der VR China vom 11.5.1984).

Oberflächengewässer	
1	Verboten ist das Einleiten von Öl, saurer und basischer Flüssigkeiten sowie stark giftiger flüssiger Abfälle in Gewässer.
2	Verboten ist das Waschen von Wagen und Behältern in Gewässern, in denen Öle und/oder verunreinigende Stoffe geladen waren.
3	Verboten ist das Einleiten und Auskippen von löslichen und giftigen Schlacken mit Quecksilber, Cadmium, Arsen, Chrom, Blei, Cyaniden und gelbem Phosphor in Gewässer sowie Eingraben solcher Schlacken in den Boden. Für die Lagerung von löslichen und giftigen Schlacken müssen Maßnahmen gegen Durchsickerung und Abfließen ergriffen werden.
4	Verboten ist das Einleiten und Auskippen von industriellen Schlacken, städtischem Müll und anderer Abfallstoffe in Gewässer.
5	Verboten ist Ablagerung und Aufbewahrung von festkörperlichen Abfallstoffen und anderer Schmutzstoffe am Gewässerufer, das unter der höchsten Hochwasserlinie liegt.
6	Verboten ist das Einleiten und Auskippen von radioaktiven festkörperlichen Abfallstoffen und Abwässern mit hoch radioaktiven und radioaktiven Stoffen in Gewässer.
7	Verboten ist das Einleiten von Rest- und Altöle, Auskippen des Schiffsmülls in Gewässer.
8	Für das Einleiten von Abwärme in Gewässer müssen die Maßnahmen in bezug auf Gewässergütenormen ergriffen werden.
9	Das Abwasser mit Krankheitserregern muß vor dem Ableiten in bezug auf staatliche Normen desinfiziert werden.
Grundwasser	
1	Verboten ist Einleiten, Auskippen von Abwässern mit giftigen Stoffen, mit Krankheitserregern sowie anderer Abfallstoffe in die Sickerbrunnen und -gruben, Risse und Höhlen.
2	Verboten ist, falls keine Maßnahmen gegen Durchsickerung ergriffen werden, Transport und Aufbewahren von Abwässern mit giftigen Stoffen, mit Krankheitserregern sowie anderen Abfallstoffen durch Gräben und Teiche, wenn der Untergrund durchlässig ist.
3	Falls die Wasserqualitäten zwischen Grundwasserstockwerken große Unterschiede aufweisen, müssen die Stockwerke separat erschlossen werden; das gespannte und das oberflächennahe Grundwasser dürfen nicht gemischt erschlossen werden, falls sie bereits verunreinigt sind.
4	Schutzmaßnahmen gegen Grundwasserverschmutzung müssen getroffen werden, wenn technische Projekte, Bergbau usw. im Untergrund durchgeführt werden.
5	Die Grundwasserqualität darf nicht durch künstliche Grundwasseranreicherung verschlechtert werden.

7.2.5 BODEN- UND WASSERGESETZ

Das Boden- und Wassergesetz der VR China wurde 1991 erlassen und ersetzt die Boden- und Wasserverordnung von 1982. Das Gesetz hat die folgenden Aufgaben:

- Vorbeugung und Sanierung von Bodenerosion
- Schutz des Wassers im Boden
- Minimierung der Wasser-, Dürre- und Windkatastrophen
- Verbesserung der Umwelt

Der Verwaltungsvollzug liegt bei der staatlichen Wasserbehörde. Zur Wasser- und Bodenerhaltung wird Vorsorgemaßnahmen der Vorrang eingeräumt. Bodenerosions-Schutz und Bepflanzung sowie Pflanzenschutz werden vorgeschrieben.

Wer Boden- und Pflanzenschäden verursacht, macht sich strafbar und ist schadensersatzpflichtig.
Das Gesetz wird überwiegend in den Trockengebieten angewandet, wo ernsthafte Schäden in der Landwirtschaft usw. wegen der Bodenerosion durch Wasser bzw. Wind entstehen, wie z.B. auf dem Lößplateau und am Rand der Wüste in Nordwestchina.

7.2.6 TRINKWASSER-STANDARD

Der Vorläufer des heutigen chinesischen Trinkwasser-Standards GB5749-85 von 1985 war die Leitungswasser-Verordnung (= Trinkwasser-Verordnung) von 1955, die bereits im Jahr 1959 und 1976 modifiziert wurde. Der Trinkwasser-Standard GB5749-85 schreibt vor, daß ein Schutzbezirk um die Entnahmestelle für Trinkwasserversorgung auszuweisen ist. Der Schutzbezirk für Oberflächengewässer kann die Wasserläufe bis 1.000 m stromaufwärts und -abwärts ab der Entnahmestelle umfassen. Der Schutzbezirk für Grundwasser soll um den Brunnen eine allseitige Ausdehnung von ca. 30 m haben. Im Schutzbezirk müssen alle Gefährdungsquellen beseitigt werden. Die Qualitätsanforderungen an Oberflächenwasser für die Trinkwassergewinnung wird im Oberflächenwasser-Standard GB3838-88 (Gütestufe 2) vorgeschrieben (Vgl. Anhang 2) und die Qualitätsanforderungen an Grundwasser für die Trinkwassergewinnung sollen in der Regel denen der Trinkwasserqualität entsprechen.
Der Trinkwasser-Standard GB5749-85 gilt in China landesweit, die dafür zuständige Behörde ist das Ministerium für Hygiene. Es ist mir noch kein regionaler oder provinzieller Trinkwasser-Standard bekannt. Der Schutzbezirk um die Entnahmestelle, eine Vorgabe des Trinkwasser-Standards GB5749-85, wird in der Regel eingerichtet (vgl. YAO, Y.-L. u.a., 1992: 53f.). Die Qualitätsanforderungen an Oberflächenwasser für die Trinkwassergewinnung (Gütestufe 2) und die Qualitätsanforderungen an Grundwasser für die Trinkwassergewinnung (Trinkwasserqualität) können meistens nicht erfüllt werden, da die Gewässer belastet sind (vgl. Umweltbericht der VR China 1994).

7.2.7 SHANGHAIER REGELUNGEN ZUM GEWÄSSERSCHUTZ

In Tab. 36 werden einige Shanghaier Regelungen zum Gewässerschutz erfaßt. Die Sammlung ist sicherlich nicht vollständig, ermöglicht jedoch einen Überblick.
Die Shanghaier Hafengewässer-Bestimmungen von 1980 verbieten das Einleiten und Auskippen der Abfälle vom Schiff und der wassergefährdenden Stoffe in Hafengewässer und schreiben vor, daß dem Verursacher die Kosten zur Beseitigung oder zum Ausgleich von Umweltbelastungen zugerechnet werden, die er verursacht hat. Der Vollzug liegt bei der Hafenbehörde, die Hafenpolizei trägt die Aufgabe der Überwachung.
Die Shanghaier Umweltschutz-Bestimmungen von 1983 waren die Durchführungsbestimmungen des Umweltschutzgesetzes (zur versuchsweisen Durchführung) von 1979.

Tab. 36: 上海水源保护条例
Shanghaier Regelungen zum Gewässerschutz (Quelle: Eigene Zusammenstellung).

1980	Shanghaier Hafengewässer-Bestimmungen
1982	Shanghaier Gewässerbiologie-Verordnung, ersetzt durch die Fassung vom 17.01.1986
1983	Shanghaier Umweltschutz-Bestimmungen
1985	WSG-Verordnung Oberhuangpu, ersetzt durch die Fassung vom 28.09.1990
1986	Shanghaier LIU-Bestimmungen
1986	Shanghaier Wattenmeer-Regelungen
1995	Shanghaier Wasserentnahme-Ordnung

Die Umweltverträglichkeitsprüfung wurde im Detail geregelt. Die Auflagen für vorgesehene Schutzgebiete hinsichtlich der Umweltverschmutzung wurden vorgeschrieben, so zum Beispiel auch das heutige Wasserschutzgebiet am Oberhuangpu, in dem neue Betriebe verboten wurden, die Abwasser in großer Menge erzeugten. Der Vollzug liegt beim Umweltschutzamt. Das Zentrum für Umweltüberwachung des Umweltschutzamts trägt die Aufgabe der Überwachung. Wie in Kaiptel 5.4.2.3 dargestellt, ist die Umweltüberwachung in Shanghai nicht ausreichend.
Die Shanghaier LIU-Bestimmungen von 1986 verboten zusätzlich die Produktion der Industrieprodukte in den Landkreisen, die starke, negative Auswirkung auf die natürliche Umwelt sowie die menschliche Gesundheit haben würden. Die Kreisregierungen sind für den Umweltschutz im Kreis zuständig. Grundsätzlich fehlt die Umweltüberwachung auf dem Land.
Die Shanghaier Wasserentnahme-Ordnung von 1995, welche das Genehmigungsverfahren für die Wasserentnahme vorschreibt, ist ein Meilenstein in der Wasserwirtschaft. Denn die Mengenkontrolle kann damit gesichert werden und somit auch die Abwassermengenkontrolle.
Liest man die Shanghaier Regelungen zum Gewässerschutz einmal durch, gewinnt man den Eindruck, daß die nötigen Vorschriften bereits zur Verfügung stehen. Das Problem liegt eher bei der praktischen Umsetzung (vgl. Kap. 4 und Kap. 5.2.3).

7.2.8 BEHÖRDLICHE VOLLZUGSORGANISATION

Der Gewässerschutz wird überwiegend durch drei Behörden wahrgenommen, nämlich das Ministerium für Wasserwirtschaft, das Ministerium für Geologie und Rohstoffe und das nationale Umweltschutzamt (vgl. Abwassergesetz vom 11.5.1984; Funktionsbestimmung, Organisation und Personalbestand des Ministeriums für Wasserwirtschaft vom 10.1.1994; Wassergesetz vom 21.1.1988). Das Ministerium für Wasserwirtschaft ist das zentrale Vollzugsorgan der Gesetzesvorschriften über Wasserwirtschaft. Das Ministerium hat u.a. die folgenden Kompetenzbereiche (vgl. Funktionsbestimmung, Organisation und Personalbestand des Ministeriums für Wasserwirtschaft vom 10.1.1994):

- Nutzungsplanung von überregionalen Einzugsgebieten

- nationale Gewässerüberwachung und -bewertung, provinzübergreifende Wasserversorgung, Zulassung der Wassernutzungen
- Wasser- und Bodenerhaltung
- ländliche Wasserversorgung und Trinkwasserversorgung
- Erhaltung der Gewässer für städtische Wasserversorgung und städtischer Gewässerschutz
- Wasserpreisgestaltung und Wasserbewirtschaftung

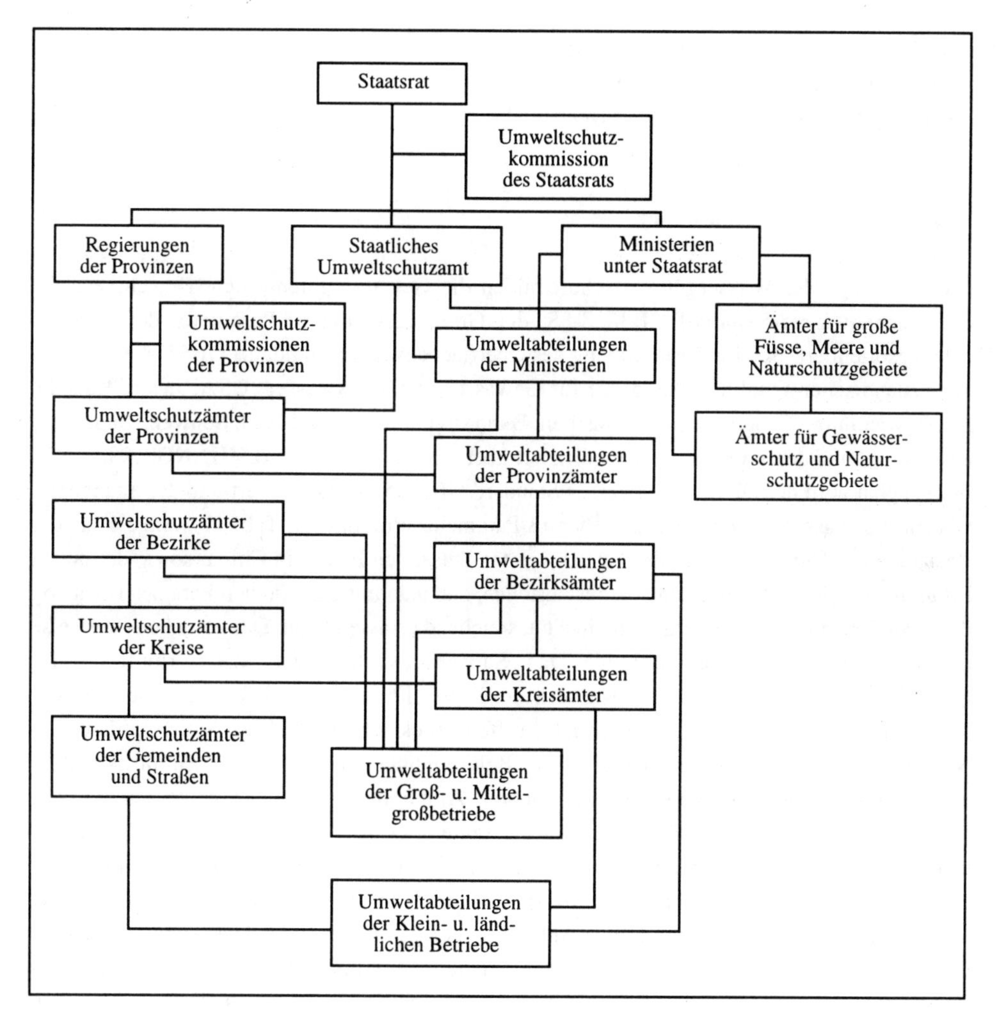

Abb. 17: 中国环保管理系统
Organisationsübersicht der Umweltschutzbehörden (Quelle: Chinesisches Jahrbuch für Umweltschutz 1992).

Das Ministerium für Geologie und Rohstoffe ist zuständig für Grundwassererschließung und Grundwasserschutz. Das nationale Umweltschutzamt ist verantwortlich für den Vollzug des Abwassergesetzes. In China wird der Begriff Gewässerschutz enger beschränkt und mehr auf Vorbeugung und Sanierung der Wasserverunreinigung verwendet. Somit liegt die Hauptkompetenz für Gewässerschutz bei dem Umweltschutzamt. Da der Gewässerschutz ein Querschnittsbereich ist, wird der Gewässerschutz auch von anderen Ministerien mitgetragen. Abgesehen von der Wasserbehörde und der Geologiebehörde gibt es 3 Organisationsformen (Abb. 17), das sind:

- staatliche Umweltschutzämter und -stellen
- Umweltabteilungen anderer Fachbehörden
- Umweltabteilungen der staatlichen Eigenbetriebe

7.3 Gewässergütenormen

Die Grundlage der Wassergütewirtschaft bilden die Gewässergütenormen. Der chinesische Oberflächenwasser-Standard GB3838-88, der Grenzwerte für 30 Parameter definiert, ist nutzungsorientiert. Bei der Formulierung des Oberflächenwasser-Standards GB3838-88 werden die ausländischen Qualitäts-Standarde für Gewässer und Trinkwasser (USA, Japan, Kanada, EG, Sowjetunion, Großbritannien, Brasilien, Bundesrepublik Deutschland, Schweiz, Südkorea) ausgewertet und deren Grenzwerte modifiziert übernommen (vgl. XIA & ZHANG, 1990: 287). In Shanghai wird der Oberflächenwasser-Standard GB3838-88 modifiziert und der Shanghaier Oberflächenwasser-Standard benutzt, der 13 Parameter umfaßt (vgl. Tab. 37). Angesichts der Belastung des Huangpu, einer der am schwersten belasteten Flüsse in China, sowie der neuen Erfahrung bei der Gütebewertung, ist festzustellen, daß man mit dem kleinen Parameter-Katalog der Stadt Shanghai die Wasserqualität nicht ausreichend erfassen kann. Das zeigt beispielsweise die Entwicklung in Deutschland. Das Saprobiensystem war die Grundlage der Qualitätsbewertung von Fließgewässern in Deutschland (vgl. Tab. 38). Bei diesem Bewertungssystem werden hauptsächlich Stoffe berücksichtigt, die den Sauerstoffhaushalt beeinflussen. Es stammt aus einer Zeit, als die Belastung überwiegend auf die Zufuhr organisch leicht abbaubarer Abwässer zurückzuführen war. Allmählich war es klar geworden, daß das Saprobiensystem zur Beschreibung der Gewässergüte in Deutschland kaum mehr tauglich war, denn zahlreiche Verunreinigungen durch chemische Substanzen, deren Auswirkungen sich erst langfristig bemerkbar machten, wurden so nicht erfaßt. Andererseits wurden die nutzungsspezifischen und ökologischen Anforderungen damit nicht abgedeckt (vgl. SCHERER, B., 1993). 1973 legte die internationale Arbeitsgemeinschaft der Wasserwerke im Rheineinzugsgebiet (1991: 19) erstmals in ihrem Rhein-Memorandum Qualitätsziele für den Rhein aus der Sicht der Trinkwasserversorgung fest: Für 42 Parameter wurde jeweils ein anzustrebender Grenzwert A und ein noch tolerierbarer Grenzwert B festgelegt. 1975 übernahm die Europäische Gemeinschaft mit wenigen Ausnahmen diese Grenzwerte in die Richtlinie über die Qualitätsanforderungen an Oberflächenwasser für die Trinkwassergewinnung (vgl. Tab. 37).

Tab. 37: 欧共体、中国、上海水质评价参数
Parameter zur Gütebewertung der Oberflächengewässer in der EG, China und Shanghai (Quelle: EG-Richtlinie über die Qualitätsanforderungen an Oberflächenwasser für die Trinkwassergewinnung (75/440/EWG); Oberflächenwasser-Standard GB3838-88 von China; Shanghaier Oberflächenwasser-Standard).

Nr.	Standards/Parameter		
	EG (75/440/EWG)	China (GB3838-88)	Shanghai
1	Temperatur °C	+	
2	Färbung		
3	Suspendierte Stoffe		
4	Leitfähigkeit		
5	Geruch		
6	pH-Wert	+	
7	Sulfat SO_4	+	
8	Chlorid Cl	+	
9	Gesamtes extrahierbares organisches Chlor Cl		
10	Eisen Fe	+	
11	Mangan Mn	+	
12	Kupfer Cu	+	+
13	Zink Zn	+	
14	Bor B		
15	Beryllium Be		
16	Kobalt Co		
17	Nickel Ni		
18	Vanadium V		
19	Nitrat NO_3	+	
20	Nitrit NO_2	+	
21	Ammonium NH_4	+	
22	Ammoniak NH_3		+
23	Kjeldahl-Stickstoff	+	
24	Chloroformextrahierbare Stoffe		
25	Organische Kohlenstoffe (gesamt)		
26	Organische Kohlenstoffe nach Flockung und Membranfiltration TOC		
27	P-gesamt	+	
28	Phosphat P_2O_5		
29	Oxidierbarkeit $KMnO_4$	+	
30	O_2 (gelöst)	+	+
31	CSB_{Cr} / CSB_{Mn} (Shanghai)	+	+
32	BSB_5	+	+
33	Fluorid F	+	
34	Selen Se	+	
35	Arsen As	+	+
36	Quecksilber Hg	+	+
37	Cadmium Cd	+	+
38	Chrom Cr^6	+	+
39	Blei Pb	+	+
40	Barium Ba		
41	Cyanid CN^-	+	+
42	Phenol	+	+
43	Gelöste oder emulgierte Kohlenwasserstoffe		
44	Polyzyklische Aromate		

45	Pestizide		
46	Fett/Öl	+	+
47	Oberflächenaktive Stoffe (anionisch)	+	
48	Grenzflächenaktive Stoffe		
49	Gesamt-Coli		
50	Coli faec.		
51	Streptococcus faec.		
52	Salmonellen		
53	Koloniezahl	+	
54	Benzo-(a)-Pyren	+	
Die unterstrichenen Parameter sind nicht in der EG-Richtlinie 75/440/EWG enthalten.			

Tab. 38: 河流水质评价标准
Kriterien zur Beurteilung der Gewässergüte von Fließgewässern (Quelle: Länderarbeitsgemeinschaft Wasser, 1991: 16).

Gütestufe	Grad der organischen Belastung	Saprobiestufe	Saprobien-Index	BSB_5 (mg/l)	NH_4-N (mg/l)	O_2-Minima (mg/l)
I	Unbelastet bis gering belastet	Oligosaprobie	1,0 - <1,5	1	Spuren	> 8
I - II	Gering belastet	Übergang zwischen Oligosaprobie und Betamesosaprobie	1,5 - < 1,8	1 - 2	um 0,1	> 8
II	Mäßig belastet	Betamesosaprobie	1,8 - < 2,3	2 - 6	< 0,3	> 6
II - III	Kritisch belastet	Alpha-Betamesosaprobie Grenzzone	2,3 - < 2,7	5 - 10	< 1	> 4
III	Stark verschmutzt	Alphamesosaprobie	2,7 - < 3,2	7 - 13	0,5 bis mehrere mg/l	> 2
III - IV	Sehr stark verschmutzt	Übergang zwischen Alphamesosaprobie und Polysaprobie	3,2 - < 3,5	10 - 20	mehrere mg/l	< 2
IV	Übermäßig verschmutzt	Polysaprobie	3,5 - < 4,0	> 15	mehrere mg/l	< 2
IV	Ökologisch zerstört	Azoische Lebensgemeinschaft	> 4	Toxische Belastung		

1989 legte der deutsche Bund/Länder-Arbeitskreis "Gefährliche Stoffe - Qualitätsziele zum Schutz der oberirdischen Gewässer" eine Konzeption zur Ableitung von Qualitätszielen zum Schutz oberirdischer Gewässer vor gefährlichen Stoffen vor. Da die Qualitätsziele als rechtlich verbindliche Grenzwerte interpretiert werden könnten, bei deren Überschreitung zwingend Maßnahmen zu ergreifen wären, wird seit 1992 statt "Qualitätsziele" der Begriff "Zielvorgaben" verwendet. Zielvorgaben sind Bewertungsmaßstäbe, bei welchen es sich um Konzentrationsangaben für gefährliche Stoffe im Kompartiment Wasser handelt, die nach Möglichkeit nicht überschritten werden sollten (Orientierungswerte statt normativer Grenzwerte). Die Konzeption ist als ein Instrument zu verstehen, mit dem ein Handlungsbedarf bei einer Belastung des Gewässers mit gefährlichen Stoffen aufgezeigt werden kann. Hiermit werden dann die Entscheidungshilfen für den wasserwirtschaftlichen Vollzug gegeben (vgl. IRMER u.a., 1994: 19ff.). Die Ableitung von Zielvorgaben erfolgt getrennt für einzelne Schutzgüter bzw. Nutzungsarten:

- Aquatische Lebensgemeinschaften
- Berufs- und Sportfischerei
- Bewässerung landwirtschaftlich genutzter Flächen
- Freizeit und Erholung
- Meeresumwelt
- Schwebstoffe und Sedimente
- Trinkwasserversorgung

Die Zielvorgaben stützen sich im wesentlichen auf toxikologische Wirkdaten. Die Wirkdaten sind Konzentrationen oder Gehalte von Stoffen im Wasser, Sediment, Boden oder Organismen, bei deren Erreichen oder Überschreitung wissenschaftlich belegbare negative Effekte auftreten. Als Wirkdaten werden vorzugsweise sogenannte NOEC-Daten (NOEC = No Observed Effekt Concentration) verwendet. Es gibt grundsätzlich zwei Ableitungsverfahren für die Zielvorgaben: Die unmittelbare, schutzzielbezogene Ableitung aus den NOEC-Daten der Einzelstoffe für Vertreter der vier zentralen Trophiestufen der Gewässerbiozönose (Bakterien, Algen, Krebse, Fische) und die mittelbare Ableitung aus den Grenzwerten für bestimmte Nutzungen, wie z.B. Trinkwassergrenzwerte für die Trinkwassergewinnung. Die Ableitung der Zielvorgaben muß nachvollziehbar sein. Liegen nur unzureichende Daten vor, bzw. ist die fachliche Grundlage mangelhaft, so stützt man sich behelfsweise auf Ausgleichsfaktoren (Unsicherheits-Beiwerte). Die bisherigen Ergebnisse zeigen, daß das Schutzgut "aquatische Lebensgemeinschaften" in den meisten Fällen maßgebend bei der Festsetzung der schärfsten Zielvorgabe ist (vgl. DINKLOH, 1991; GOTTSCHALK, 1994; HANSEN, 1995).

Die Ableitungsverfahren der Zielvorgaben der einzelnen Schutzgüter hat man wie folgt zusammengefaßt (GOTTSCHALK, 1994: 2ff.; IRMER u.a., 1994: 21ff.; SCHUDOMA u.a., 1994):

1. Für das Schutzgut "aquatische Lebensgemeinschaften" sind stoffbezogene Toxizitätsdaten für Vertreter der vier zentralen Trophiestufen der Gewässerbiozönose (Bakterien, Algen, Krebse, Fische) die Grundlage der Ableitung. Da Wasserorganismen besonders empfindlich auf Schwermetalle reagieren, liegen die Wirkdaten im Bereich der natürlichen Hintergrundbelastung oder wenig darüber. Die natürliche Hintergrundbelastung als Zielvorgabe festzulegen, wäre gleichbedeutend mit der unrealistischen Forderung nach einer Nullemission. Daher wird als Zielvorgabe für die "aquatischen Lebensgemeinschaften" das Zweifache der Obergrenze der natürlichen Hintergrundbelastung festgelegt.
2. Für das Schutzgut "Berufs- und Sportfischerei" steht die Einhaltung lebensmittelhygienischer Richt- und Grenzwerte in Fischen sowie Schalen- und Krustentieren im Vordergrund. Zielvorgaben werden daher auf der Basis der geltenden Höchstmengen für Nahrungsmittel

aus dem aquatischen Bereich unter Berücksichtigung des mittleren stoffspezifischen Biokonzentrationsfaktors abgeleitet.

3. "Schwebstoffe und Sedimente" sind nicht allein als Lebensraum für aquatische Organismen zu schützen sondern auch im Zusammenhang mit einer möglichen Ausbringung als Baggergut auf Standorte für Nutzpflanzen zu bewerten. Daher werden für die Ableitung von Zielvorgaben die geltenden Bodengrenzwerte der Klärschlammverordnung herangezogen.
4. Oberflächenwasser, die der Trinkwasserversorgung dienen, sollten so beschaffen sein, daß eine Aufbereitung des Rohwassers zu Trinkwasser mit naturnahen Aufbereitungsverfahren unter Einhaltung der geltenden Grenzwerte für Trinkwasser möglich ist. Für die Ableitung von Zielvorgaben für Stoffe, die in der EG-Richtlinie über die Qualitätsanforderungen an Oberflächenwasser für die Trinkwassergewinnung (75/440/EWG) geregelt sind, werden deren Qualitätsziele - vorzugsweise A1-Werte - direkt als Zielvorgabe übernommen. Bei Stoffen, für die diese Richtlinie keine Vorgaben enthält, erfolgt die Ableitung der Zielvorgaben auf Grundlage der in der Trinkwasserverordnung festgeschriebenen Grenzwerte. Darüber hinaus werden vom Bundesgesundheitsamt veröffentlichte Empfehlungen, sowie die Richtzahlen der EG-Richtlinie "Wasser für den menschlichen Gebrauch" (80/778/EWG) herangezogen. Für naturfremde, gefährliche Stoffe, die in das Trinkwasser gelangen können, sollte in Oberflächengewässern, die als Rohwasser für die Trinkwasser dienen, eine Obergrenze je Einzelstoff von 10 µg/l nicht überschritten werden, sofern keine strengeren Zielvorgaben aus den obengenannten Regelungen resultieren.
5. Eine nach der Konzeption vorgesehene Ableitung von Zielvorgaben für das Schutzgut "Meeresumwelt" wird mangels spezifischer Methodik nicht vorgenommen. Bei den Schutzgütern "Freizeit und Erholung" und "Bewässerung landwirtschaftlich genutzter Flächen" wird davon ausgegangen, daß die Zielvorgaben für diese Schutzgüter in der Regel durch die Anforderungen für Trinkwassergewinnung berücksichtigt sind.

Tab. 39: 德国“水质目标”工作组地表水目标值：重金属铅、钙、铬、铜、镍、汞、锌
Zielvorgaben zum Schutz oberirdischer Binnengewässer für die Schwermetalle Blei, Cadmium, Chrom, Kupfer, Nickel, Quecksilber und Zink des deutschen Bund/Länder-Arbeitskreises "Qualitätsziele" und deren chinesische Grenzwerte (in Klammern) (Quelle: SCHUDOMA u.a., 1994: 21; Oberflächenwasser-Standard GB3838-88).

	ALG Schwebstoffe	Fischerei	BW	Trinkwasser	BSS
	(mg/kg) (TS)	(µg/l)	(µg/l)	(µg/l)	(mg/kg) (TS)
Blei	100	5,0 (50)	50 (50)	50 (50)	100
Cadmium	1,2	1,0 (5)	5 (5)	1 (5)	1,5
Chrom	320	nr (50)	50 (50)	50 (50)	100
Kupfer	80	nr (10)	50 (1000)	20 (1000)	60
Nickel	120	nr	50	50	50
Quecksilbe	0,8	0,1 (0,1)	1 (1)	0,5 (0,05)	1
Zink	400	nr (100)	1000 (2000)	3000 (1000)	200

ALG = Aquatische Lebensgemeinschaft; Fischerei = Berufs- und Sportfischerei; BW = Bewässerungswasser; BSS = Boden, Schwebstoffe/Sedimente; nr = nicht relevant

In Tab. 39 sind die Zielvorgaben zum Schutz oberirdischer Binnengewässer für die Schwermetalle Blei, Cadmium, Chrom, Kupfer, Nickel, Quecksilber und Zink angegeben, die im Auftrag des Bund/Länder-Arbeitskreises "Qualitätsziele" abgeleitet wurden (SCHUDOMA u.a., 1994: 21). Aus Tab. 39 erkennt man, daß die Zielvorgaben und die chinesischen Grenzwerte (mit Ausnahme Kupfer) nicht sehr unterschiedlich sind. Bei Kupfer wird die geruchsfreie Obergrenze 1mg/l in den chinesischen Oberflächenwasser-Standard GB3838-88 aufgenommen, da der Grenzwert 1 mg/l Kupfer in der Trinkwasserversorgung noch nicht als gefährlich nachgewiesen ist (vgl. XIA & ZHANG, 1990: 287ff.).
Das eigentlich Neue an der Zielvorgaben-Konzeption für den chinesischen Oberflächenwasser-Standard GB3838-88 ist die Berücksichtigung der "aquatischen Lebensgemeinschaften" als Schutzgut und die dafür vorgesehene Ableitung von Zielvorgaben. Damit wird erstmals eine ökologisch-definierte Mindestanforderung an die Beschaffenheit der Gewässer gestellt, sowie die detaillierteren Zielvorgaben für organische Stoffe und Stoffgruppen festgelegt (vgl. GOTTSCHALK, 1994: 6). Inzwischen hat die internationale Rheinschutzkommission für über 60 prioritäre Stoffe bzw. Stoffgruppen Zielvorgaben abgeleitet, die im Rhein bis zum Jahr 2000 eingehalten werden sollen (vgl. Tab. 40). Die zentralen Zielsetzungen des Aktionsprogramms "Rhein" bis zum Jahr 2000 lauten folgendermaßen (Internationale Arbeitsgemeinschaft der Wasserwerke im Rheineinzugsgebiet, 1991: 13ff.; van ROSSENBERG, 1992: 161ff.):

1. Der Zustand des Ökosystems des Rheins muß so verbessert werden, daß die früher vorhandenen, heute jedoch verschwundenen höheren Arten um das Jahr 2000 im Rhein wieder heimisch werden können.
2. Die Nutzung des Rheinwassers zur Trinkwasserversorgung muß weiterhin möglich sein.
3. Die Schadstoffbelastung des Rheins muß weiter verringert werden, auch im Hinblick auf die gemeinsame Zielsetzung einer erheblichen Verminderung der Verunreinigung des Flußsediments durch giftige Stoffe. Die Reduktion muß derart sein, daß das Sediment wieder als Verklappungsmaterial auf dem Land aufgebracht oder ins Meer eingebracht werden kann.
4. Die Qualität der Nordsee muß so verbessert werden, daß die Gesundheit des Nordsee-Ökosystems gewährleistet ist.

Es ist daher eine konstruktive Maßnahme, die Zielvorgaben-Konzeption ins Aktionsprogramm "Huangpusanierung" aufzunehmen, denn die Ökologie der schwer belasteten Gewässer in Shanghai kann mit dem Shanghaier 13-Parameter-Katalog nicht erfaßt werden. Für eine Anwendung der Konzeption Zielvorgaben im Huangpuschutz müsste zuerst eine "Schwarze Liste" von den gefährlichen Stoffen im Huangpu aufgestellt werden, welche als die Grundlage zur Auswahl der prioritären Stoffe dient. Dann sind die Zielvorgaben für die prioritären Stoffe ökologisch standortbezogen zu entwickeln.
Nach einer Auskunft von Frau C. GOTTSCHALK im Sommer 1996 im Umweltbundesamt in Berlin, die selbst die Zielvorgaben für gefährliche Stoffe in Oberflächengewässern in Deutschland mitentwickelt hat (vgl. GOTTSCHALK, 1994), ist die Erarbeitung der Zielvorgaben ein langfristiger und sehr kostenaufwendiger Forschungsprozeß, so daß die Umsetzung der Zielvorgaben in die Praxis eine Aufgabe der folgenden Generation sein kann.

Tab. 40: 莱茵河计划水质目标 2 0 0 0
Zielvorgaben für prioritäre Stoffe im Rahmen des Aktionsprogramms "Rhein" bis zum Jahre 2000 (Stand 1993) (Quelle: Internationale Kommission zum Schutze des Rheins, 1993: 115ff.).

Stoffname	Zielvorgabe	Einheit	Bezug*	Schutzgut
Schwermetalle und Arsen				
Quecksilber	0,5	mg/kg	Schwebstoff	**
Cadmium	1,0	mg/kg	Schwebstoff	**
Chrom	100,0	mg/kg	Schwebstoff	**
Kupfer	50,0	mg/kg	Schwebstoff	**
Nickel	50,0	mg/kg	Schwebstoff	**
Zink	200,0	mg/kg	Schwebstoff	**
Blei	100,0	mg/kg	Schwebstoff	**
Arsen	40,0	mgIkg	Schwebstoff	***
Organische Mikroverunreinigungen				
Pestizide				
Atrazin	0,1	µg/l	Wasser	T + aqL
Azinphos-ethyl	0,1	µg/l	Wasser	T
Azinphos-methyl	0,001	µg/l	Wasser	agL
Bentazon	0,1	µg/l	Wasser	T
DDT je	0,001	µg/l	Wasser (1)	F
DDE je	0,001	µg/l	Wasser (1)	F
DDD je	0,001	µg/l	Wasser (1)	F
Dichlorvos	0,0007	µg/l	Wasser (1)	aqL
Drine:				
Aldrin	0,001	µg/l	Wasser (1)	aqL + F
Dieldrin	0,001	µg/l	Wasser (1)	aqL + F
Endrin	0,001	µg/l	Wasser (1)	aqL + F
Isodrin	0,001	µg/l	Wasser (1)	aqL + F
Endosulfan	0,001	µg/l	Wasser	aqL
Fenitrothion	0,001	µg/l	Wasser	aqL
Fenthion	0,007	µg/l	Wasser	aqL
a-HCH	0,1	µg/l	Wasser	F
b-HCH	0,1	µg/l	Wasser	F
d-HCH	0,1	µg/l	Wasser	F
t-HCH	0,002	µg/l	Wasser	aqL
Malathion	0,02	µg/l	Wasser	aqL
Parathion-ethyl	0,0002	µg/l	Wasser	aqL
Parathion-methyl	0,01	µg/l	Wasser	aqL
Pentachlorphenol	0,1	µg/l	Wasser	T
Simazin	0,06	µg/l	Wasser	aqL
Trifluralin	0,002	µg/l	Wasser	aqL
Organozinnverbindungen				
Dibutylzinnverb.	0,8	µg/l	Wasser	aqL
Tributylzinnverb.	0,001	µg/l	Wasser	aqL
Triphenylzinnverb.	0,005	µg/l	Wasser	aqL
Tetratutylzinnverb.	0,001	µg/l	Wasser	(3)
Leichtflüchtige Kohlenwasserstoffe				
1,2-Dichlorethan	1,0	µg/l	Wasser	T
1,1,1-Trichlorethan	1,0	µg/l	Wasser	T
Trichlorethen	1,0	µg/l	Wasser	T
Tetrachlorethen	1,0	µg/l	Wasser	T
Trichlormethan	0,6	µg/l	Wasser	aqL
Tetrachlormethan	1,0	µg/l	Wasser	T + aqL

Stoffname	Zielvorgabe	Einheit	Bezug*	Schutzgut
Benzol	2,0	µg/l	Wasser	aqL
Mittel- bis schwerflüchtige Kohlenwasserstoffe				
Chloraniline:				
2-Chloranilin	0,1	µg/l	Wasser	T
3-Chloranilin	0,1	µg/l	Wasser	T
4-Chloranilin	0,05	µg/l	Wasser	aqL
3,4-Dichloranilin	0,1	µg/l	Wasser	T
Chlor-Nitrobenzole:				
1-Chlor-2-Nitrobenzol	1,0	µg/l	Wasser	T
1-Chlor-3-Nitrobenzol	1,0	µg/l	Wasser	T
1-Chlor-4-Nitrobenzol	1,0	µg/l	Wasser	T
Trichlorbenzole	je 0,1	µg/l	Wasser	T
Chlortoluole:				
2-Chlortoluol	1,0	µg/l	Wasser	T
4-Chlortoluol	1,0	µg/l	Wasser	T
Hexachlorbenzol	0,001	µg/l	Wasser (1)	F
Hexachlorbutadien	0,5	µg/l	Wasser	aqL
Polychlorierte Biphenyle (PCB):				
PCB 28, 52, 101	je 0,001	µg/l	Wasser (1)	aqL
PCB 138, 153, 180	je 0,001	µg/l	Wasser (1)	aqL
Dioxine	(4)	(4)	(4)	(4)
Weitere Meßgrößen:				
AOX	50	µg/l	Wasser	T (2)
Gesamtphosphor (P) (Mittelwert)	150	µg/l	Wasser	aqL
Ammonium-N	200	µg/l	Wasser	aqL

* = Die auf Wasser bezogenen Werte gelten für den Gesamtgehalt einschließlich des schwebstoffgebundenen Anteils
** = Die für die Aufbringung von Klärschlamm auf landwirtschaftlichen Flächen entwickelten Bodenwerte als Zielvorgaben für Schwebstoffe
*** = 2 x Hintergrundbelastung
T = Schutzgut: Trinkwasser; gemäß EG-Richtlinien 75/778 und 80/778 EWG
aqL = Schutzgut: Aquatische Lebensgemeinschaften
F = Schutzgut: Fischerei
(1) = Der Stoff reichert sich im Schwebstoff an, so daß der Gehalt im Wasser sehr niedrig ist. Von daher sollte der Gehalt im Schwebstoff gemessen werden.
(2) = entspricht dem Memorandum 1986 der internationalen Kommission zum Schutze des Rheins
(3) = Die Datenbasis reicht zur Ableitung einer Zielvorgabe nicht aus. Da Tetrabutylzinnverbindungen in der Umwelt in Tributylzinnverbindungen umgewandelt werden, wird die Zielvorgabe für Tributylzinnverbindungen auch für Tetrabutylzinnverbindungen angewendet.
(4) = Zielvorgabe noch nicht festgelegt

7.4 Abwasser-Zertifikate

Die Grundidee des Instrumentariums Umweltzertifikate besteht darin, "daß durch einen politischen Entscheidungsträger eine Emissionshöchstgrenze bezüglich eines bestimmten Schadstoffes für einen bestimmten Raum festgelegt wird und die Aufteilung der Rechte auf Ausnutzung dieser 'Umweltkapazität' auf die Umweltnutzer über einen Markt geregelt wird. Dies geschieht dadurch, daß eine staatliche Instanz das Recht auf Emission im Ausmaß der festgesetzten Grenze in viele Teilrechte aufspaltet und in Form von 'Emissionszertifikaten' verbrieft. Zur Emission einer bestimmten Menge des betreffenden Schadstoffs ist ein Verursacher nur dann berechtigt, wenn er im Besitz einer entsprechenden Menge von Zertifikaten ist" (ENDRES, 1994: 106).

Die Anwendung der Abwasser-Zertifikate im Wasserschutzgebiet am Oberhuangpu im Jahr 1985 war ihr allererster Anfang in China. Auch bislang liegen kaum Informationen über Anwendungen außerhalb dieses Wasserschutzgebiets vor. Die WSG-Verordnung Oberhuangpu vom 19.4.1985 in ihrer Fassung vom 28.9.1990 schrieb vor, daß die Emissionszertifikate von der Umweltbehörde im Rahmen der Emissionshöchstgrenze zu erteilen seien. Es wird wie folgt verfahren (vgl. QIU & HUANG, 1989: 1ff.):

1. Jeder (mögliche) Alt-Emittent im Wasserschutzgebiet wird von der Stadtverwaltung verpflichtet, Abwasseremissionen anzumelden und Erlaubnis für die Abwasseremission zu beantragen. Die "schwarzen" Emittenten werden nach dem Abwassergesetz mit Bußgelder bzw. Betriebsschließung bestraft. Auf Antrag wird dem Emittenten ein vorläufiges Zertifikat mit Auflagen über Abwasserinhalt, -menge und -konzentration auf Probe verteilt. Wird die Ordnung zur Abwasserbeseitigung und -einleitung, die in dem vorläufigen Zertifikat vorgegeben wird, von dem Emittent in der Probezeit eingehalten, so ist ein Zertifikat zu erteilen. Die Emittenten, die sich nach der Probezeit für ein ordentliches Zertifikat nicht qualifizieren können, sind mit einer Mahnung zur Betriebsschließung bzw. -verlegung innerhalb einer Frist gezwungen, Maßnahmen zur Abwasserreinigung zu ergreifen (vgl. CHEN & GU, 1994: 30ff.).
2. Jeder neue Emittent bekommt bei der Betriebsgenehmigung die Auflage der Umweltverträglichkeitsprüfung, welche die Erlaubnis für Abwasseremission verlangt, falls Abwasser produziert wird.

Hinsichtlich der Güteziele für das Wasserschutzgebiet am Oberhuangpu werden die Immissionshöchstgrenzen für die einzelnen Flußstrecken ermittelt (vgl. Tab. 27). Gleichzeitig wurde damals festgestellt, daß die Emissionsmengen bei den Abwassereinleitern in bezug auf 1982 um ca. 60% reduziert werden mußten. Unter ca. 300 Abwassereinleitern im Wasserschutzgebiet verursachten 14 Großemittenten gut 80% der gesamten Abwassermenge. Daher setzte das Shanghaier Umweltschutzamt die 14 Großemittenten direkt unter die eigene Aufsicht. Das Zertifikat für das Wasserschutzgebiet am Oberhuangpu wurde von 1985 bis 1990 praktiziert mit dem Erfolg (vgl. QIU & HUANG, 1989: 1ff.):

- die Abwassermenge von 1985 wurde um 45% reduziert (vgl. Tab. 27) und
- die Gewässergüte einiger Flußabschnitte (z.B. Dianshan See und Wujing, vgl. Kap. 5.2.2) wurde verbessert.

Der Erfolg war sehr eng verbunden mit dem massiven Einsatz der Shanghaier Behörden, wie zum Beispiel die Inspektion des Volkskongresses, die Sondersitzung des Bürgermeisters über das Wasserschutzgebiet und nicht zuletzt die Investition von etwa 100 Mio. Yuan für ca. 250

Sanierungsprojekte. Damit wurde der Vollzug außergewöhnlich unterstützt (Shanghaier Umweltschutzamt, 1990: 1ff.).
Die Wirkung des Zertifikats für das Wasserschutzgebiet am Oberhuangpu hat seit 1991 nachgelassen. Das zeigen die Karten über Gewässergüte in Shanghai 1987 und 1994 (siehe Karte 10 und Karte 12). Die Gründe sind:

- die im Rahmen der Emissionshöchstgrenze festgelegten Zertifikate wurden schnell ausgegeben und die neuen bzw. wachsenden Wirtschafts- und Industriebetriebe, die vorher keine Zertifikate zugeteilt bekamen, verlangen weiterhin nach Zertifikaten. Hierbei sei zu erwähnen, daß die Entwicklungsrate der Wirtschaft am Oberhuangpu seit den 80er Jahren > 10% liegt.
- die Defizite in der Überwachung und Kontrolle werden wegen der neuen bzw. wachsenden Wirtschafts- und Industriebetriebe immer größer, da die Umweltbehörde nicht entsprechend mit Personal und Technik ausgerüstet wird.

Die maximale Anzahl der Zertifikate wird durch die Emissionshöchstgrenze am Oberhuangpu beschränkt. Die Zertifikate für das Wasserschutzgebiet am Oberhuangpu wurden den Abwassereinleitern kostenlos zugeteilt. Mit der Entwicklung kann die Anzahl der Zertifikate nicht mehr ausreichen. Neue Betriebe (Abwassereinleiter) können sich nur dann ansiedeln, wenn sie Zertifikate von anderen Zertifikatsinhabern erwerben. Unter diesem Umstand findet der Handel der Zertifikate unter den Betrieben statt, wobei die Umweltbehörde die Vermittlungsrolle spielt (vgl. HUANG & QIU, 1989: 9f.).
Es liegt daher nahe, daß die Umweltbehörde die Zertifikate in Zukunft versteigert. Auf diese Weise werden die Abwassereinleiter gezwungen, den Preis der für bestimmte Aktivitäten benötigten Zertifikate mit den Kosten der Vermeidung von Abwasser zu vergleichen. Abwassereinleiter, die Abwasser leicht vermeiden können, werden eher auf die Emission verzichten, weil ihre Vermeidung billiger als die entsprechenden Zertifikate sein könnte.
Die Zertifikate müssen aber befristet in den Markt eingeführt und ihr Handel vom Staat kontrolliert werden, weil Zertifikate ihre Besitzer offen zur Umweltbelastung legitimieren und ein dadurch ergebenes Dauerrecht auf Emission schwere Schäden verursachen könnte. Andererseits können Wettbewerbsprobleme auftreten, wenn kapitalkräftigere Unternehmen den Markt manipulieren. Verschiedene Nachteile der Versteigerung der Zertifikate werden in der Literatur aufgezeichnet (vgl. WICKE, 1991: 344ff.). Es liegen jedoch sehr wenig Erfahrungen aus der Praxis vor.

7.5 Abwasserabgabe und Wasserpreise

7.5.1 ABWASSERABGABE

Die Abwasserabgabe als ein umweltpolitisches Instrument wurde in China durch das Umweltschutzgesetz (zur versuchsweisen Durchführung) von 1979 vorgeschrieben. 1982 schrieben die Abfallabgabenregelungen vor, daß für das Einleiten von Abwasser in ein

Gewässer eine Abgabe zu entrichten ist, falls die Emissionsgrenzwerte (vgl. Tab. 17) nicht eingehalten werden können. Damit handelt es sich um eine Abwasserabgabe auf Überemission (Überemissions-Abwasserabgabe). Die Überemissions-Abwasserabgabe richtet sich nach der Stoffkonzentration und Schädlichkeit des Abwassers (vgl. Tab. 41). Dabei drückt sich die Abwasserstoffkonzentration durch den Koeffizient Abwasserstoffkonzentration: Emissionsgrenzwert aus. Das Abgabeaufkommen ist ausschließlich für Maßnahmen zweckgebunden, die der Erhaltung oder Verbesserung der Gewässergüte dienen.

Die Abfallabgabenregelungen traten am 1.7.1982 in Kraft. Die Abgabe wird von der Umweltbehörde festgelegt und erhoben. Da die Überwachung nicht ausreicht, ist in der Praxis die Pauschalabgabe üblich.

In Shanghai wurde seit 1980 die Überemissions-Abwasserabgabe probeweise erhoben. Ab 1.6.1984 gelten die Shanghaier Abfallabgabenregelungen. Die Shanghaier Überemissions-

Tab. 41: 中国污水费
Chinesische Überemissions-Abwasserabgabe (Yuan/m³)
(Quelle: Abfallabgabenregelungen vom 5.2.1982).

Industrie- und Gewerbeabwasser	Überschreitung des Grenzwerts um das xfache (Abwasserstoffkonzentration:Emissionsgrenzwert)				
	< 5	5 - 10	10 - 20	20 - 50	> 50
	Abgabe				
Quecksilber, Cadmium, Arsen, Blei und ihre anorg. Verbindungen; Chrom	0,15 - 0,20	0,20 - 0,30	0,30 - 0,45	0,45 - 0,90	0,90 - 2,00
Sulfat, Phenol, Cyanid, Phosphat, Fett/Öl, Kupfer, Zink, Fluorid, Nitrobenzol und Anilin	0,10 - 0,15	0,15 - 0,20	0,20 - 0,35	0,35 - 0,60	0,60 - 1,00
pH-Wert, COD, BOD und Suspendierte Stoffe	0,04 - 0,06	0,06 - 0,10	0,10 - 0,15	0,15 - 0,20	0,20 - 0,30
Krankheitserreger	0,08				

Tab. 42: 上海污水费
Shanghaier Überemissions-Abwasserabgabe (Yuan/m³)
(Quelle: Shanghaier Abfallabgabenregelungen vom 11.5.1984).

Industrie- und Gewerbeabwasser	Überschreitung des Grenzwerts um das xfache (Abwasserstoffkonzentration:Emissionsgrenzwert)									
	< 2	2 bis 5	5 bis 10	10 bis 20	20 bis 50	50 bis 100	100 bis 200	200 -bis 500	500 bis 1000	> 1000
	Abgabe									
Quecksilber, Cadmium, Arsen, Blei und ihre anorg. Verbindungen; Chrom	0,15	0,30	0.60	1,05	1,65	2,40	3,30	4,35	5,55	6,90
Sulfat, Phenol, Cyanid, Phosphat, Fett/Öl, Kupfer, Zink, Fluorid, Nitrobenzol und Anilin	0,10	0,20	0,40	0,70	1,10	1,60	2,20	2,90	3,70	4,60
pH-Wert, COD, BOD und Suspendierte Stoffe	0,05	0,10	0,20	0,35	0,55	0,80	1,10	1,45	1,85	2,30
Krankheitserreger	0,08									

Abwasserabgabe ist in der Regel höher als die nationale Vorgabe (vgl. Tab. 42). In Shanghai gilt auch die Pauschalabgabe. Die Abgabe für Siedlungsabwasser in Shanghai betrug bisher 0,02 Yuan/m³ und beträgt 0,14 Yuan/m³ ab 1.4.1996. Sie wird in Leitungswassergebühren integriert, um den Erhebungsaufwand zu reduzieren. Dabei geht man davon aus, daß die Abwassermenge eines Haushalts 90% seiner Wasserverbrauchsmenge gleicht (WU, Y.-X., 1996). Die Wasserzähler registrieren die Verbrauchsmenge.
Bei Industrie und Gewerbe wird die Abgabe pauschal geregelt und beträgt 0,34 Yuan/m³ ab 1.4.1996. Bei der Messung der Abwassermenge wird 90% der Versorgungsmenge als Abwassermenge festgelegt (ZHOU, Z.-Y., 1996). Das gesamte Abgabeaufkommen 1989 in Shanghai betrug 115 Mio. Yuan (Chinesisches Jahrbuch für Umweltschutz 1990: 173).
Die Abwasserabgabe in China ist ein kombiniertes Auflagen-/Abgabensystem. Die Grundlage dazu ist zwar das Verursacherprinzip, aber das entsprechende Kostendeckungsprinzip wird nicht zur Geltung gebracht: Der Abgabesatz ist zu niedrig und/oder die Abgabe wird nicht in vollem Maße erhoben.

Der Soll-Wert der Abgabe für Siedlungsabwasser in Shanghai liegt nicht vor, der Soll-Wert des Leitungswassers liegt nach der Einschätzung der Shanghaier Baubehörde bei 1 Yuan/m³ (WU, Y.-X., 1996). Nach dem Verhältnis Trinkwasserpreis:Abwasserabgabe (1:1,82) im Saarland, in dem die Klärwerke keinen staatlichen Zuschuß bekommen und durch Abgabeaufkommen existieren (Bayerisches Staatsministerium für Landesentwicklung und Umweltfragen, 1996: 12f.; Tab. 43), müsste der Soll-Wert der Abgabe für Siedlungsabwasser in Shanghai bei 1,82 Yuan/m³ liegen, also knapp 13fach höher als ihr jetziger Ist-Wert.
Aufgrund der unterschiedlichen Wasser-/Abwassernormen und der Wirtschaftssysteme beider Staaten (Wechselkurs am 30.8.1996 an der Bank of China in Beijing: 100 DM = 562,44 Yuan) (People´s Daily Overseas Edition vom 31.8.1996), kann das deutsche Verhältnis Trinkwasserpreis:Abwasserabgabe nicht direkt auf Shanghai übertragen werden. Jedoch ist es ein technischer Kostenindex in der Wasserver- und -entsorgung und hat daher seine Aussagekraft. Hier handelt es sich um die Relativität.
Ein anderer Indikator zur Bewertung der Wasser-/Abwasserabgabe wäre deren Anteil im Haushalt (Tab. 44). Ein Berliner Haushalt hat im Durchschnitt einen Nettomonatsverdienst von ca. 4.000 DM, wenn Mann und Frau als einfache Arbeiter vollzeit beschäftigt sind (Statistisches Jahrbuch Berlin 1994: 545). In ähnlicher Beschäftigungssituation hat ein Shanghaier Haushalt im Durchschnitt einen Nettomonatsverdienst von ca. 1.600 Yuan. Geht man von der Wasserbedarfsmenge von 150 Liter pro Kopf und Tag aus, verbraucht eine Familie mit 4 Personen 18 m³ Wasser im Monat (Die wirkliche Verbrauchsmenge beträgt in Berlin ca. 136 Liter pro Kopf und Tag und in Shanghai 220 Liter.). Für eine Berliner Familie ergibt sich damit eine Wasser-/Abwasserabgabe von 126 DM im Monat, das sind ca. 3,15% ihres Nettomonatsverdienstes. Für eine Shanghaier Familie ergibt sich eine Wasser-/Abwasserabgabe von 9 Yuan im Monat, das sind ca. 0,56% ihres Nettomonatsverdienstes. Nimmt man den Soll-Wert Wasser-/Abwasserabgabe 2,82 Yuan/m³ für Shanghai an, ergäbe sich für eine Shanghaier Familie eine Wasser-/Abwasserabgabe von 50,76 Yuan im Monat, das sind ca. 3,17% ihres Nettomonatsverdienstes.

Tab. 43: 德国家庭水费、污水费
Abwasserabgabe und Wassergebühren für deutsche Haushalte (Stand: Januar 1995) (Quelle: Bayerisches Staatsministerium für Landesentwicklung und Umweltfragen, 1996: 12).

Bundesländer	Abwasserabgabe (DM/m³)	Wassergebühren (DM/m³)
Bayern	2,67	2,00
Rheinland-Pfalz	2,99	2,73
Thüringen	3,05	–
Baden-Württemberg	3,19	2,84
Schleswig-Holstein	3,49	2,19
Sachsen-Anhalt	3,50	–
Niedersachsen	3,70	2,14
Sachsen	3,75	–
Nordrhein-Westfalen	3,81	2,90
Hessen	4,05	3,60
Bremen	4,10	2,96
Mecklenburg-Vorpommern	4,30	–
Berlin	4,45	2,55
Hamburg	4,70	2,77
Brandenburg	4,83	–
Saarland	5,26	2,89

Tab. 44: 柏林、萨尔州、上海家庭水费、污水费
Ist-Wert und Schätzungs-Soll-Wert der monatlichen Wasser-/Abwasserabgabe einer Familie mit 4 Personen in Berlin und Shanghai in bezug auf Saarländer Wasser-/Abwasserabgabe (Quelle: Eigener Entwurf).

	Berliner Haushalt	Shanghaier Haushalt
Nettomonatsverdienst (4-Personen-Familie)	4.000 DM	1.600 Yuan
Wasserverbrauch pro Kopf und Tag Wasserverbrauch im Monat	150 Liter 18 m³	150 Liter 18 m³
Wasserabgabe Ist-Wert Abwasserabgabe Ist-Wert Wasser-/Abwasserabgabe Ist-Verhältnis	2,55 DM/m³ 4,45 DM/m³ 1:1,75	0,36 Yuan/m³ 0,14 Yuan/m³ 2,57:1
Wasserabgabe Soll-Wert Wasser-/Abwasserabgabe Soll-Verhältnis Abwasserabgabe Soll-Wert	2,89 DM/m³ (Saarland) 1:1,82 (Saarland) 5,26 DM/m³ (Saarland)	1,0 Yuan/m³ (Schätzung) 1:1,82 (Saarland) 1,82 Yuan/m³
Wasser-/Abwasserabgabe Ist-Wert Wasser-/Abwasserabgabe im Monat Ist-Wert Wasser-/Abwasserabgabe Soll-Wert Wasser-/Abwasserabgabe im Monat Soll-Wert	7 DM/m³ 126 DM 8,15 DM/m³ 146,7 DM	0,5 Yuan/m³ 9 Yuan 2,82 Yuan/m³ 50,76 Yuan
Wasser-/Abwasserabgabe Anteil im Haushalt Ist-Wert Wasser-/Abwasserabgabe Anteil im Haushalt Soll-Wert	3,15% 3,67%	0,56% 3,17%
Wechselkurs am 30.8.1996 an der Bank of China in Beijing: 100 DM = 562,44 Yuan (Quelle: People´s Daily Overseas Edition vom 31.8.1996)		

Im Industrie- und Gewerbesektor sieht die Situation anders aus.
In Deutschland regelt das Gesetz über Abgaben für das Einleiten von Abwasser in Gewässer (Abwasserabgabengesetz AbwAG) die Abwasserabgabe. Der Abgabesatz beträgt für jede Schadeneinheit

ab 1. Januar 1981 12 DM
ab 1. Januar 1982 18 DM
ab 1. Januar 1983 24 DM
...
ab 1. Januar 1995 70 DM
ab 1. Januar 1997 80 DM
ab 1. Januar 1999 90 DM

im Jahr.

Nach Anlage A des deutschen Abwasserabgabengesetzes entspricht z.B. 20 Gramm Quecksilber einer Schadeneinheit, die 18 DM im Jahr 1982 und 70 DM 1996 kostet.

Aus Tab. 17, Tab. 41 und Tab. 42 ergibt sich, daß 20 Gramm Quecksilber beim Koeffizient Abwasserstoffkonzentration:Emissionsgrenzwert = 5 nach den chinesischen Abfallabgabereglungen 16 Yuan und nach den Shanghaier Abfallabgabereglungen 120 Yuan kostet. Hinsichtlich der in Tab. 44 dargestellten Einkommensverhältnisse sowie der Industrieproduktivität in Shanghai, ist der Abgabesatz 120 Yuan je 20 Gramm Quecksilber als hoch einzustufen. Zur Zeit gilt der Pauschalpreis 0,34 Yuan pro m^3 Abwasser. Es ist bekannt, daß die Abwasserabgabe im Industrie- und Gewerbesektor in Shanghai und ganz China nicht in vollem Maße erhoben wird. Das Vollzugsdefizit liegt sowohl in der Überwachung als auch in dem rechtlichen und verwaltungsorganisatorischen System. Es ist daher schwer, die Effizienz der Abwasserabgabe im Industrie- und Gewerbesektor zu beurteilen. Dafür muß man zuerst die Abgabe durchgreifend erheben und Erfahrungen sammeln.

Im Bereich Siedlungsabwasser ist der Abgabesatz einfach zu niedrig und muß stufenweise erhöht werden. Grundsätzlich ist der Umweltschutz eine willkommene Sache in der Bevölkerung. Daß die Preiserhöhung ab 1.4.1996 von der Mehrheit der Bevölkerung schwer akzeptiert werden kann, hat nach meinen Gesprächen mit den Menschen in Shanghai zwei Hauptgründe:

1. Die Öffentlichkeitsarbeit war nicht ausreichend.
2. Die Bevölkerung war mit der Umgangsweise des Staats mit dem Steuergeld nicht ganz zufrieden und äußert sich hierdurch.

7.5.2 WASSERPREISE

Es gibt zur Zeit in China zwei Wasserpreistypen: Der eine sind die Wassergebühren für den Bezug aus dem Versorgungsnetz und der andere ist die Wasserentnahmeabgabe.
Die Wasserentnahmeabgabe, die der Wasserressourcenabgabe (Wassersteuer) im Wassergesetz von 1988 entspricht, ist für die Eigenförderer des Grundwassers zwar eine Tradition, aber rechtlich noch nicht im Detail geregelt und daher schwer erfaßbar. Bei der öffentlichen Wasserversorgung ist die Wassersteuer noch nicht eingeführt worden.
In diesem Teilkapitel werden die Wasserpreise in der öffentlichen Wasserversorgung als Schwerpunkt untersucht.

7.5.2.1 Entwicklung der Wassergebühren

Wassergebühren existierten in China bereits in der Zhou-Dynastie (1066 - 221 v. Chr.), wobei sie neben Geldzahlungen auch durch Mitarbeit am Bau der Wasseranlagen bzw. durch andere Beträge ausgeglichen werden konnten (vgl. YANG, X.-W., 1988). In dem Gesetz der Wasserwirtschaft vom 7.7.1942, dem ersten modernen Wassergesetz von China, wurden die Wassergebühren vorgeschrieben (vgl. CHEN, P.-J., 1988).

In der Volksrepublik wurden die Wassergebühren zunächst durch die Wassergebühren-Bestimmungen zur versuchsweisen Durchführung vom 13.10.1965 geregelt. Die Gebühren wurden auf der Provinzebene nach Entnehmergruppen, Regionen und der Wasserqualität differenziert festgelegt. Von 1965 bis 1980 wurde der Wassertarif in China nicht geändert. Unter dem aus dem Wassermangel resultierenden Druck, insbesondere in den Städten, wurde die Wassersparpolitik eingeleitet. Nach 1975 wurden die Wasserzähler beim Verbraucher flächendeckend installiert. Die Stadtwasser-Verordnung vom 23.9.1980 schrieb die Rationierung der Verbrauchsmenge, die Erhebung der Strafgelder für die Verbraucher, die die Rationen überschritten, sowie die Ablösung der pauschalen Wassergebühren in bezug auf Zeit und Betriebsgröße durch die Wassergebühren in bezug auf Menge vor. Damit begann die Reform der Wassertarife. Ende 1981 hatte das Ministerium für Wasserwirtschaft einige Vorschläge zur Wassertarifreform unterbreitet (vgl. ZHENG, W., 1982):

1. Die Hauptgrundlagen der Wassertarifgestaltung sind die Kosten der Wasserversorgung und der Gewinn der Versorgungsunternehmen. Aufgrund der regionalen Unterschiede der Wasserressourcen ist ein nationaler Standard-Wassertarif schwer festzulegen. Der Wasserpreis soll von Ort zu Ort festgelegt werden.
2. Es soll branchenspezifische Wassertarife geben. Prinzipiell sind die Wasserpreise für Industrie und städtisch-öffentliche Wasserversorgung höher als für Landwirtschaft.
3. Ein Hauptziel der Wassertarifreform ist rationale und sparsame Wassernutzung zu fördern.

Dementsprechend hatten einige Provinzen ihre Wasserpreise erhöht, wie z.B. die Provinz Shandong in 1982 (vgl. Shandonger Amt für Wasserwirtschaft, 1989).
1985 hatte der Staatsrat die Wassergebühren-Bestimmungen erlassen, nach welchen die Wasserversorgungsunternehmen einen Preis für ihr Wasser verlangen sollen, wodurch sie ihre Wasseranlagen kostendeckend bzw. gewinnbringend bewirtschaften können. Das Wassergebührenaufkommen steht der Verwaltung der Wasserversorgung zur Verfügung. Zur Tarifgestaltung werden u.a. die folgenden Regeln nach Branchen vorgegeben:

1. In der Landwirtschaft sind die Wasserversorgungskosten durch das Wassergebührenaufkommen auszugleichen und für den Nutzpflanzenanbau darf das Aufkommen etwas über den Kosten liegen.
2. In der Industrie ist das Wassergebührenaufkommen mit 104 - 106% der Wasserversorgungskosten zu berechnen und noch höher in den Wassermangelregionen. Ist das Abwasser der Industrie qualitativ (nach der Reinigung) weiterhin nutzbar, ist der Wasserpreis unter Berücksichtigung der Nützlichkeit des Abwassers festzulegen.
3. Bei der städtischen Trinkwasserversorgung ist ein Gewinn für Wasserversorgungsunternehmen anzustreben, der Trinkwasserpreis liegt in der Regel unter dem Industriewasserpreis.
4. In der Landschaftspflege und öffentlichen Hygiene ist der Wasserpreis ähnlich dem in der Landwirtschaft.

Die Wassertarifreform ist eine schwer zu erfüllende Aufgabe. Bis 1990 hatten nur etwa 20 Großstädte ihre neuen Wassertarife bekanntgegeben. Außerdem gab es Probleme: Die neuen Wassserpreise lagen z.B. zu niedrig. Andererseits wurden nicht von allen Verbrauchern die Wassergebühren erhoben. Das Soll-Aufkommen 1989 lag z.B. bei 1,6 Mrd. Yuan und das Ist-Aufkommen bei 1,2 Mrd. Yuan.

Nach dem Vize-Minister für Wasserwirtschaft NIU Mao-Sheng (1989: 10) sollte das jährliche Wassergebührenaufkommen mehr als 2 Mrd. Yuan betragen. Das tatsächliche belief sich auf 0,8 Mrd. Yuan, in den Jahren 1986 - 1988 verlor der Staat mehr als 4 Mrd. Yuan.

In Tab. 45 werden die Wasserpreise in Shanghai und Urumchi, einer Oasenstadt in Nordwestchina (vgl. Abb. 18), gegenübergestellt. Der mittlere Jahresniederschlag in Urumchi beträgt ca. 195 mm (YANG, L.-P., 1982: 3) und im Shanghaier Stadtgebiet 1.142 mm. Der Wasserpreis in Urumchi war wegen der Wasserknappheit höher als in Shanghai. Seit 1990 ist der Wasserpreis in Shanghai wegen Wasserknappheit durch Wasserverschmutzung (oder/und Inflation?) höher als in Urumchi (Lenkungsfunktion des Wasserpreises). Hinzufügen ist, daß der Trinkwasserpreis 0,28 Yuan/m^3 in Urumchi wegen des Drucks aus der Bevölkerung nicht zum kostendeckenden Preis von 0,40 Yuan/m^3 angehoben werden konnte. Urumchi hat geplant, sich ab dem Jahr 2000 mit einer 600 km langen Fernleitung zu dem nördlichen Fluß Schwarzer Irtysch zu versorgen. Dann würde das Trinkwasser aus der Fernleitung ca. 2,5 Yuan/m^3 kosten (LI, X.-H., 1996). Im Zeitraum 1966 - 1990 betrug der Leitungswasserpreis in Shanghai 0,12

Tab. 45: 上海、乌鲁木齐自来水水费
Leitungswasserpreise in Shanghai und Urumchi (Quelle: HUANG, Z.-J., 1991; LI, X.-H., 1994, 1996; WU, Y.-X., 1996).

	Shanghai (Yuan/m³)				Urumchi (Yuan/m³)					
	1966	1990	1994	Soll-Preis	1966	1990	1991	1996	Soll-Preis	Soll-Preis Fernleitung
Haushalt (Trinkwasser)	0,12	0,18	0,36	1,00	0,15	0,15	0,28	0,28	0,40	2,5
Industrie und Gewerbe	0,12	0,26			0,15	0,20	0,35	0,35	–	–
Landwirtschaft	–	–	–	–	–	–	–	–	–	–
Landschaftspflege und Öffentlichkeit	0,12	0,18	0,36		0,15	0,15	0,20	0,20	–	–

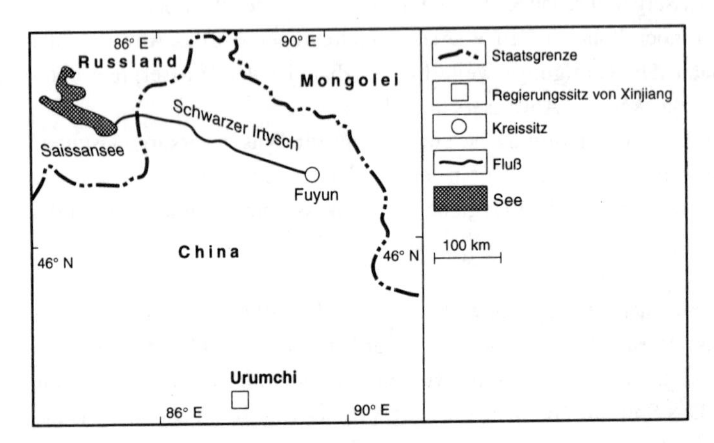

Abb. 18: 乌鲁木齐的地理位置
Die geographische Lage von Urumchi (Quelle: Atlas der VR China (1984): 44).

Yuan/m³, der aktuelle Leitungswasserpreis (ab 1.4.1996) für die Haushaltungen beträgt 0,36 Yuan/m³, wobei der kostendeckende Leitungswasserpreis (Soll-Wert) schätzungsweise bei 1,00 Yuan/m³ liegt. In den Landkreisen von Shanghai werden die Wasserpreise anders geregelt. Angesichts der mangelnden Akzeptanz in der Bevölkerung kann der kostendeckende Wasserpreis nur stufenweise erreicht werden (WU, Y.-X., 1996).

In Zukunft sind neben der Preiserhöhung nach dem Kostendeckungsprinzip auch der Gewinn der Wasserversorgungsunternehmen und die Wassersteuer bei der Wasserpreisgestaltung zu berücksichtigen. Nach dem Wassergesetz von 1988 ist neben den Wassergebühren eine Wasserressourcenabgabe (Wassersteuer) zu erheben. Die Wassersteuer ist noch nicht eingeführt worden. Aufgrund der Bedeutung der Wasserversorgung darf nicht die Gewinnmaximierung die Zielsetzung der Wasserversorgungsunternehmen sein. Der Staat hat durch Gesetzgebung dafür zu sorgen, daß die Wasserversorgungsunternehmen nur mit einem begrenzten Gewinn zu rechnen haben.

1993 wurde die Wasserentnahme-Ordnung vom Staatsrat erlassen, welche eine Voraussetzung für die Einführung der Wassersteuer bildet. Die Shanghaier Wasserentnahme-Ordnung wurde am 15. Juni 1995 bekanntgegeben. Die Wassersteuer ist eine Umweltsteuer. Die erste Schwierigkeit bei der Einführung der künftigen Wassersteuer ist ihre Preisbildung. Abgesehen davon, daß die Bildung der Umweltsteuer weltweit nicht geregelt ist, kommt für China noch hinzu, daß sein Steuersystem erst einzurichten ist (LI, J.-C., 1992).
Für traditionelle Eigenförderer des Grundwassers zum Haushaltverbrauch in kleiner Menge werden Wassergelder erhoben, wobei die Abgabesätze verschieden sind. Daher wäre es praktikabel, die Wassersteuer auf die Trinkwasserversorgung nach diesen Grundwassergeldern zu richten.

Mit der Entwicklung der Marktwirtschaft in China wird der Staat allmählich die staatlichen Wirtschaftsunternehmen aus der früheren Planwirtschaft dem Markt überlassen, dazu gehört auch die Wasserwirtschaft. Der staatliche Zuschuß für Wasserwirtschaft wird von Jahr zu Jahr schrittweise gekürzt, wodurch die Wasserwirtschaft gezwungen wird, selbst vom Wasservertrieb zu leben. Daher plädierte der chinesische Wasserminister YANG, Zhen-Huai: "Lasst Wasser auf den Markt fließen". In diesem Rahmen ist eine durchgreifende Wasserpreisreform unvermeidbar.

7.5.2.2 Wasserpreisgestaltung und Gewässergüteschutz

Der Wasserpreis wird überwiegend mit den Finanzierungs-, Lenkungs- sowie Wirtschaftsfunktionen gekoppelt. Gründe hierfür sind:

1. Die Wasserversorgungsanlagen und ihre Betriebe sind sehr kostenaufwendig.
2. Die Naturressource Wasser ist begrenzt und muß sparsam verwendet werden.
3. Das Wasser ist ein Produktionsmittel.

In der laufenden marktwirtschaftlichen Reform der Wasserversorgung sind die Wassergebühren das Zentralthema. Bei der Wasserpreisgestaltung in China wird die Gewässergüteseite noch nicht berücksichtigt; ein Grund dafür, warum bei Gewässerschutz bzw. Gewässersanierung die Finanzierung fehlt. Daher müssen die Wasserpreise im Zusammenhang mit dem Gewässergüteschutz gestaltet werden.
Die Wasserpreisgestaltung könnte als vorsorgende Maßnahme positive Beiträge zur Gewässergüte leisten, wie zum Beispiel:

1. Eine erhöhte Grundwasserabgabe würde zur Reduzierung der Entnahme und damit zur Reduzierung der künstlichen Grundwasseranreicherung mit Leitungswasser führen, das in Shanghai selbst belastet ist.

2. Beim Oberflächenwasser würde man bei der Steigerung der Wasserpreise weniger Wasser verbrauchen: Hält man nun an den Emissionsauflagen für Abwasser fest, entsteht dann weniger Abwasserlast.

Zudem kann das Abgabeaufkommen zur Unterhaltung und Reinhaltung der Gewässer, zur Modernisierung der Wasserversorgungs- und -aufbereitungsanlagen eingesetzt werden. Da viele Trinkwasserressourcen bereits verunreinigt wurden und die Verursacher rechtlich nicht mehr zu belasten sind, hat der Staat nach dem Gemeinlastprinzip die Kosten für die Beseitigung von Umweltschäden zu übernehmen. Die Wasserabgaben wären dafür eine Finanzquelle.
Im Bundesland Baden-Württemberg wird z.B. der Wasserpfennig (Grundwasserentnahmeabgabe) erhoben. Das Aufkommen aus dem Wasserpfennig fließt ohne Zweckbindung in den Landeshaushalt. De facto soll allerdings mit dem Aufkommen aus der Abgabe hauptsächlich der Ausgleich von Sonderlasten der Landwirte im Rahmen des Ökologieprogrammes finanziert werden (BERGMANN & WERRY, 1989: 5). In Wasserschutzgebieten soll der Verbrauch von Kunstdüngern und Pestiziden gegenüber der ordnungsgemäßen Landwirtschaft abgesenkt werden. Durch solche verschärften Schutzbestimmungen entstehen dem Landwirt wirtschaftliche Nachteile. Sie werden durch das Land mit einem Pauschalbetrag in Höhe von jährlich 310 DM je ha landwirtschaftlicher Nutzfläche angenmessen ausgeglichen (Bundesminister für Umwelt, Naturschutz und Reaktorsicherheit, 1990: 38; Schutzgebiets- und Ausgleichsverordnung vom 27.11.1987). Diese Wasserpreispolitik mit dem Wasserpfennig ist empfehlenswert für die Sanierung des Wasserschutzgebiets am Oberhuangpu in der Landwirtschaft.

7.5.2.3 Vorschläge zu Wasserpreisgestaltung und Wassersparen

Wie bereits dargestellt, ist das Wassersparen ein entscheidender Faktor bei der Vermeidung von Abwasser und Eingriffen in den Grundwasserhaushalt. Andere Gründe für die Einsparung bzw. rationelle Verwendung von Wasser und Trinkwasser sind zum Beispiel:

- Aufrechterhaltung der Wasserversorgung in Notständen, z.B. in Trockenperioden
- Einsparung von Energie in der Wasserversorgung

Es gibt verschiedene Wassersparmaßnahmen (MÖHLE, 1983, 17ff.), wie zum Beispiel:

- generelle Werbung für die Einsparung von Wasser und Sparaufrufe sowie Wasserverwendungsverbote zur Vermeidung der Verbrauchsspitzen in Wassermangelzeiten
- vorübergehende drastische Preiserhöhungen in Wassermangelzeiten bei entsprechenden späteren Preisnachlässen
- einschneidende Lieferbeschränkungen
- Wasserversorgung mit unterschiedlicher Güte über getrennte Rohrnetze (doppelte Wasserversorgungsnetze)
- Entwicklung von wassersparender Kreislauftechnologie

Dabei sind außer der Maßnahme der vorübergehenden drastischen Preiserhöhungen in Wassermangelzeiten bei entsprechenden späteren Preisnachlässen alle anderen Maßnahmen in Shanghai im Einsatz.
Der Wasserpreis ist eine zentrale Steuergröße für das Verbrauchsverhalten. Die Preiserhöhung der Grundlebensmittel wie Wasser, Reis usw. ist eine empfindliche Angelegenheit für die Bevölkerung. Verschiedene Gespräche mit den Einwohnern in Shanghai zeigen, daß die Wasserpreiserhöhungen 1990 - 1996 von 0,18 Yuan/m^3 auf 0,36 Yuan/m^3 (um das 2fache) das Verbrauchsverhalten der Bevölkerung noch nicht signifikant beeinflußt haben (Der Reispreis in Shanghai 1990 war ca. 0,40 Yuan/kg und 1996 ca. 4,00 Yuan/kg). Die Schmerzgrenze der Bevölkerung bei der Wasserpreiserhöhung ist noch unbekannt, der politische Spielraum ist noch vorhanden. In der künftigen Preisbildung sind die folgenden Maßnahmen zu berücksichtigen:

1. Preisbildung unter Berücksichtigung der Abnehmergruppen

Die Wasserpreiserhöhungen können beim Verbraucher nur dann Akzeptanz finden, wenn die Preisbildung überzeugend begründet wird. Im allgemeinen sollen der Wasserpreisbildung die folgenden zwei Zielprinzipien zugrunde gelegt werden (STRUCKMEIER & SCHULZ, 1976: 78). Erstens sollen die Wasserpreise insgesamt zur Kostendeckung für das Wasserversorgungsunternehmen führen. Zweitens sollen die Preise für die einzelnen Abnehmergruppen möglichst weitgehend den Kosten der Versorgung dieser Abnehmergruppen entsprechen.
Das Kostendeckungsprinzip für das Wasserversorgungsunternehmen ist bereits vom Staat festgelegt und für die Verbraucher auch verständlich.
Die Preisgerechtigkeit für Verbraucher ist eine Herausforderung in der Preisbildung heute und morgen. Die Gesamtkosten der Wasserversorgung kann nach drei Kategorien in Teilkosten aufgeteilt werden (STRUCKMEIER & SCHULZ, 1976: 29ff.):

1. Abnehmerabhängige bzw. anschlußabhängige Kosten, dazu gehören die längenabhängigen Unterhaltungskosten des Rohrnetzes (Versorgungsdichte).
2. Mengenabhängige Kosten (Gesamtabgabe).
3. Lastabhängige Kosten (Spitzenlastfaktor).

Die Wirkungen der Abnehmergruppen auf die Gesamtkosten der Wasserversorgung sind in der Regel unterschiedlich. Daher kann eine unzureichende Differenzierung der Preise dazu führen, daß einige Abnehmergruppen die Kosten der Versorgung anderer Abnehmergruppen zum Teil mit übernehmen müssen.
Die kostenorientierte Preisbildung setzt die Abgrenzung der Abnehmergruppen sowie die Aufteilung der Gesamtkosten auf die verschiedenen Abnehmergruppen voraus und hat damit zweifachen Nutzen:

1. Die Abnehmer werden aufgeklärt, worin die (vermeidbare) Kostenursache für sie liegt.

2. Die Abnehmergruppen, die beim einheitlichen Wasserpreis durch andere Abnehmergruppen intern subventioniert werden, werden mit den ihrem Anteil zugerechneten Kosten entsprechend belastet.

Die Abnehmer können dann ihr Verbrauchsverhalten korrigieren und damit ihre Ausgabe reduzieren.

2. Zonen- bzw. Staffeltarifform

Beim Zonentarif wird die Verbrauchsmenge in Zonen eingeteilt und für den in die einzelnen Zonen fallenden Verbrauchsanteil ist jeweils ein unterschiedlicher Preis - im Fall einer Wasserknappheit mit steigender Verbrauchsmenge steigend - zu zahlen. Beim Staffeltarif wird der Mengenpreis nach der Abnahmemenge gestaffelt (STRUCKMEIER & SCHULZ, 1976: 4f.). Für eine 4-Personen-Familie in Shanghai könnte beispielsweise der Zonenpreis in Abb. 19 bzw. der Staffelpreis in Abb. 20 als eine Wassersparmaßnahme empfohlen werden. Da ein progressiv steigender Staffeltarif eine rückwirkende Funktion bei einer Preiserhöhung ausübt, könnte er mehr als ein entsprechend steigender Zonentarif die privaten Haushalte zu einem sparsamen Umgang mit dem Wasser veranlassen. Daher ist der progressiv steigende Staffeltarif auch für andere Abnehmergruppen zu empfehlen. In den alten Bundesländern wurde über den progressiv fallenden Zonen- und Staffeltarif berichtet (PUTNOKI, 1990: 41ff.; STRUCKMEIER & SCHULZ, 1976). Über den progressiv steigenden Zonen- und Staffeltarif in der Praxis in Deutschland und China liegt mir kein Bericht vor. Man sollte in Shanghai Experimente sowohl mit dem Zonentarif als auch mit dem Staffeltarif beim Verbraucher durchführen und dadurch ermitteln, welcher in der Praxis geeigneter sein kann. Da die Wasserabgabe mit der Preissteigerung einen bedeutenden Anteil im Haushalt ausmachen wird, dürfte der Sparversuch in der Bevölkerung Sympathie bekommen.

3. Saisontarif

Der Zonen- und Staffeltarif ist zeitunabhängig. Angesichts der saisonalen Wasserführung des Huangpu sollte ein Saisontarif für die Abnehmergruppen eingeführt werden, die mit Huangpuwasser versorgt werden. Dabei geht es nicht wie gewöhnlich um die Kapazitätskosten der Versorgung bei der Spitzenperiode der Verbrauchsmenge, sondern es geht um die Reduzierung des Wasserverbrauchs und dadurch die Reduzierung der Abwasserlast vom Huangpu bei niedriger Wasserführung. Der Huangpu nimmt etwa 91% des Taihu-Zuflusses auf (vgl. Abb. 8; Tab. 9). Damit hat der Huangpu im Normalniederschlagsjahr eine Wasserführung von ca. 10,09 Mrd. m^3, im Niederschlagsdefizitjahr eine Wasserführung von ca. 7,84 Mrd. m^3 und im Trockenjahr eine Wasserführung von ca. 5,32 Mrd. m^3 (vgl. Tab. 10). Das bedeutet, die Abwasserlast vom Huangpu im Trockenjahr wäre quasi doppelt so hoch wie die im Normalniederschlagsjahr, falls die Abwassereinleitung in Huangpu gleich bliebe. Im Zeitraum Mai - September hat der Huangpu in der Regel eine niedrige Wasserführung (ca. 300 m^3/s), da dies die Zeit der

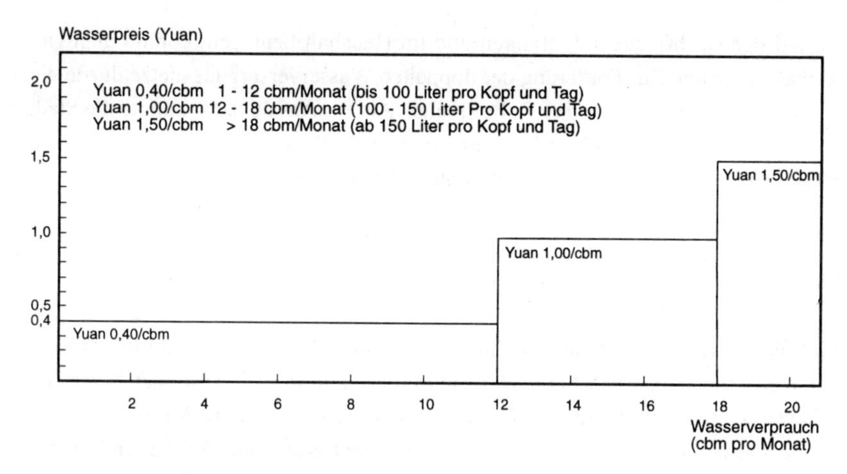

Abb. 19: 上海水费分段收费建议
Zonentarif-Vorschlag für eine Familie mit 4 Personen in Shanghai (Quelle: Eigener Entwurf).

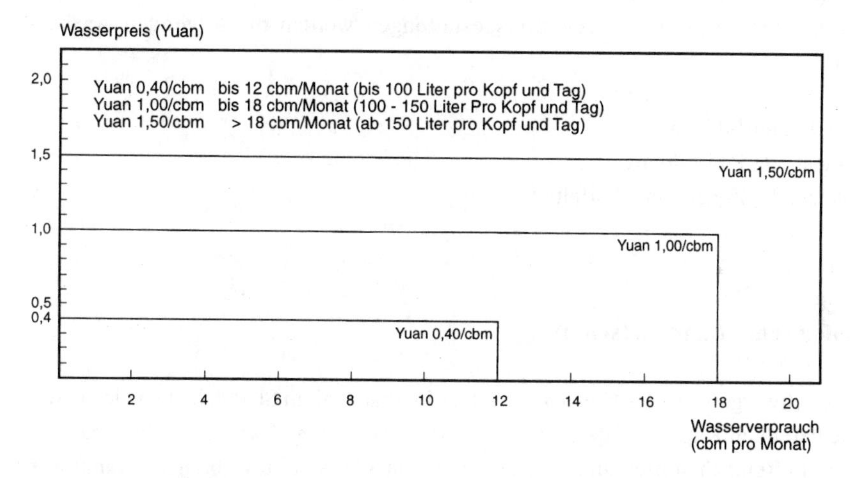

Abb. 20: 上海水费等级收费建议
Staffeltarif-Vorschlag für eine Familie mit 4 Personen in Shanghai (Quelle: Eigener Entwurf).

Spitzenperiode des Wasserbedarfs der Landwirtschaft um den Taihu-See ist.

4. Preisbildung unter Berücksichtigung der Wassergüte

Die Wasserversorgung mit unterschiedlicher Güte über getrennte Rohrnetze (doppelte Wasserversorgungsnetze) ist die Wassersparmaßnahme, die noch keine ausreichende Unterstützung zur Umsetzung bekommen hat. Würde man in Shanghai z.B. das

Regenwasser auf der Dachfläche aufgefangen und im Haushalt benutzen, könnte man viel teueres Trinkwasser sparen. Zur Förderung der doppelten Wasserversorgungsnetze dürfte die Wasserpreisgestaltung auch eine positive Rolle spielen. Als ein Ansatz dafür könnte die Stadt z.B. die Oberflächengewässer/Grundwässer nach der Wassergüte ausweisen und unterschiedliche mit der Wassergüte gekoppelte Entnahmeabgaben erheben.

7.5.3 FAZIT

In Shanghai wird die Abwasserabgabe auf Siedlungsabwasser in Höhe 0,14 Yuan/m^3 erhoben, während ihr Soll-Wert schätzungsweise bei 1,82 Yuan/m^3 liegen dürfte; die Abwasserabgabe auf Industrie- und Gewerbeabwasser beträgt paschal 0,34 Yuan/m^3. Die geplante Abwasserabgabe auf Industrie- und Gewerbeabwasser nach der Stoffkonzentration und Schädlichkeit des Abwassers ist im Vergleich zu der deutschen Abwasserabgabe als hoch einzustufen.
Die Leitungswasserpreise für Haushaltungen in Shanghai liegen bei 0,36 Yuan/m^3 und ihre geschätzten Soll-Werte bei 1,00 Yuan/m^3. In bezug auf Gewässergüteschutz, Wassereinsparung und Abwasserreduzierung durch Wasserpreisgestaltungen werden die folgenden Ansätze vorgeschlagen:

- kostenorientierte Preisbildung
- wassergüteorientierte Preisbildung
- progressiv steigender Zonen- und Staffeltarif
- Saisontarif

7.6 Ökologische Landwirtschaft

Bislang lag das Schwergewicht des Gewässerschutzes in Shanghai im Stadtgebiet sowie bei der Industrie. Wie bereits in Kap. 4.1.3 dargestellt, wurden 1990 auf je Hektar Ackerland ca. 633 kg Kunstdünger in Reinnährstoffen und 7,5 kg Pestizide in Wirkstoffen verbraucht. Damit war Shanghai der Spitzenverbraucher von Kunstdüngern und Pestiziden (kg/ha) und erzielte auch den höchsten Getreideertrag pro Hektar in China: 5.580 kg/ha in Shanghai, 5.040 kg/ha in der Nachbarprovinz Jiangsu und 1.860 kg/ha in der Autonomieprovinz Innernmongolei (Almanac of China Water Resources 1990: 617ff.). Erfahrungsmäßig gehen etwa 30% der verwendeten Kunstdünger unverbraucht durch Bodenerosion und Abschwemmung in Gewässer, das bedeutet 301.950 t in Shanghai für das Jahr 1990. Hinzu kam u.a. die Schadstoffbelastung durch Klärschlammaufbringung in der Landwirtschaft, die noch nicht ermittelt werden konnte. Die mengenmäßig größten Gewässerbelastungen aus der Landwirtschaft entstehen durch (vgl. GU, Y.-Z. u.a., 1986):

- Erosion und Abschwemmung von Böden mit Phosphat und Pestiziden sowie Klärschlamm mit Schadstoffen

- Auswaschung von löslichen Düngemitteln (Nitrat) und Pestiziden sowie Schadstoffen im Klärschlamm
- Abfälle aus der Massentierhaltung
- Direkteinleitungen von Düngern, Gülle, Jauche und Pestizidbrühen

In Zukunft muß die Gewässerbelastung aus der Landwirtschaft ernsthaft wahrgenommen werden. Das ist Aufgabe einer umwelt- und sozialverträglichen und standortgerechten Landwirtschaft. Mit gesetzlichen Vorschriften (z.B. Pflanzenschutzmittel-Verordnung, Abwassergesetz, WSG-Verwaltungsbestimmungen, Boden- und Wassergesetz und Wassergesetz) wurden bereits wesentliche rechtliche Regelungen für eine umweltverträgliche Landwirtschaft getroffen. Es fehlen jedoch die Instrumente zur Umsetzung der vorhandenen Kenntnisse und Regelungen in der landwirtschaftlichen Praxis.
Der moderne, im Westen entwickelte ökologische Landbau, nämlich Landwirtschaft ohne bzw. mit sehr restriktivem Einsatz von Mineraldüngern und chemischen Pflanzenschutzmitteln, ist eine zu empfehlende Maßnahme. Dabei muß man prinzipiell von folgenden Voraussetzungen ausgehen: Ökologische Betriebe haben einen niedrigeren Aufwand für Dünge-, Pflanzenschutz- und Zukaufsfuttermittel, einen höheren für Löhne (mehr Arbeitskräfte), somit insgesamt einen höheren Unternehmensaufwand. Infolge einer Verarbeitung der Eigenerzeugnisse haben sie auch höhere Kosten für Gebäude, Maschinen und Energie. Die Erträge liegen ca. 30% unter denen herkömmlicher Betriebe, die Wirtschaftlichkeit der ökologischen Betriebe ist derzeit durch die doppelt bis dreifach höheren Verkaufserlöse gegeben. Der Anteil der ökologischen Betriebe in Deutschland beträgt 0,8% (1992) (BAHADIR u.a., 1995: 737ff.).
Der Gedanke der ökologischen Landwirtschaft im Westen wird durch chinesische Wissenschaftler mit Unterstützung der Regierung in China experimentell praktiziert (vgl. JANZ & YE, 1994). 1985 unterbreitete die Umweltschutzkommission des Staatsrats ihre "Vorschläge zur Entwicklung der ökologischen Landwirtschaft und Verstärkung des agrarökologischen Umweltschutzes". Das Ziel der ökologischen Landwirtschaft in China ist ein integriertes Produktions- und Kreislaufsystem. Viehmist, Bioabfälle usw. werden in den Boden eingearbeitet, um den Einsatz der Kunstdünger zu reduzieren. Aus den Exkrementen wird Biogas als Energiequelle gewonnen (vgl. Abb. 21). Das Besondere der ökologischen Landwirtschaft in China ist, daß Kunstdünger und Pestizide benutzt werden.

Angesichts des Drucks der Nahrungssicherung für seine 1,2 Mrd. Menschen kann China einen spürbaren Ernteverlust kaum ertragen, ein massiver Getreideimport aus Industrieländern würde das Entwicklungsland anhängig machen. Deshalb ist die westliche ökologische Landwirtschaft, mit ihrer Überproduktion an landwirtschaftlichen Produkten, in China schwer realisierbar. Kunstdünger und Pestizide werden weiterhin benötigt, man hat die optimale Einsatzmenge zu bestimmen. Man kann z.B. durch Messung des für die Pflanzen verfügbaren Nährstoffs im Boden die organische und anorganische Düngung so steuern, daß einerseits das Ertragsniveau erhalten bleibt, andererseits aber Überdüngungen vermieden werden. Die durch Praxis gewonnenen Erkenntnisse können dann in die allgemeine Beratung einfließen und damit flächendeckend wirken.

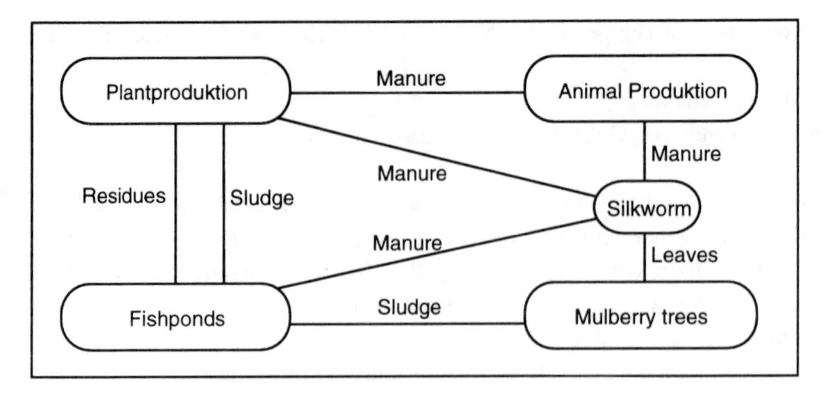

Abb. 21: 中国南部生态村模型之一
Modell eines ökologischen Dorfs in Südchina (Quelle: JANZ, 1994: 106).

Der Schutz gegen Bodenerosion ist eine umfassende Maßnahme, dazu gehören zum Beispiel:

- standortgerechte Flächennutzung
- möglichst vielseitige Fruchtfolge und lange Bodenbedeckung
- schonende Bodenbehandlung bei Bearbeitung und Befahren
- Randstreifen und -bewuchs an Gewässern

Für Wasserschutzgebiete sollen in den Bewirtschaftungsregeln festgelegt werden, daß der Verbrauch von Kunstdüngern und Pestiziden gegenüber der ordnungsgemäßen Landwirtschaft abgesenkt wird. Für die Umsetzung der verschärften Schutzanforderungen in Wasserschutzgebieten hat Baden-Württemberg beispielsweise Ausgleichszahlungen als Instrument durchgesetzt (Schutzgebiets- und Ausgleichsverordnung vom 27.11.1987). Wie bereits in Kap. 7.5 dargestellt, werden die dem Landwirt durch die verschärften Schutzbestimmungen entstandenen wirtschaftlichen Nachteile durch das Land mit einem Pauschalbetrag in Höhe von jährlich 310 DM je ha landwirtschaftlicher Nutzfläche angenmessen ausgeglichen. An Stelle des Pauschalausgleichs ist unter bestimmten Voraussetzungen auch ein Einzelausgleich möglich. Durch den vom Land gewährten Ausgleich wird dem Gleichbehandlungsgrundsatz Rechnung getragen (Bundesminister für Umwelt, Naturschutz und Reaktorsicherheit, 1990: 38). Die Kosten für die Ausgleichszahlungen werden (zum Teil) mit dem Wasserpfennig (Grundwasserentnahmeabgabe) gedeckt.
Die Kompostierung der Bio- und Grünabfälle aus der Landwirtschaft in Shanghai bleibt bislang wegen der minderwertigen Kompostqualität unbedeutend. Diese Probleme können durch moderne Technologien der Bioabfallkompostierung gelöst werden (vgl. FRICKE u.a., 1993). Viele Erfahrungen über die Abfallwirtschaft im ländlichen Raum wurden in Westdeutschland gesammelt und dienen zur Zeit zum Aufbau der Abfallwirtschaft in Ostdeutschland (vgl. THOME-KOZMIENSKY, 1993; REISEN, 1993). Sie sind sicherlich wertvoll für den Aufbau der Abfallwirtschaft in der Landwirtschaft in Shanghai.

7.7 Technische Innovation und Marktwirtschaft

Die bisher geschilderte Entwicklung des Gewässerschutzes in Shanghai hat u.a. gezeigt, daß die Umweltschutztechnologie nicht gut entwickelt ist. Die technische Innovation braucht Investitionen. Deutschland hat seit den 70er Jahren etwa 1,5% seines Bruttosozialprodukts in die Umweltschutzindustrie investiert und ist inzwischen ein führender Exporteur der Umweltschutztechnologie geworden (vgl. LANGER, 1992; TÖPFER, 1992; WICKE, 1991: 427). In China darf man sich keine große Hoffnung auf die staatlichen Investitionshilfen für den Umweltschutz machen, da das Land sich nach der Kulturrevolution erst in der Aufbauphase befindet und selbst Investitionen sucht. Shanghai investierte z.B. 1991 etwa 320 Mio. Yuan in seinen Umweltschutz, das waren ca. 0,36% seines Bruttosozialprodukts (Chinesisches Jahrbuch für Umweltschutz 1992: 288).

Das Problem mit dem Geldmangel im Gewässerschutz ist nicht nur ein chinesisches Problem, sondern ein Phänomen weltweit. So zum Beispiel wird in der Bundesrepublik Deutschland die Privatisierung öffentlicher Abwasseranlagen als ein Gebot der Stunde heftig diskutiert und zum Teil umgesetzt. Die Gemeinden sind im Abwasserbereich finanziell zum Teil erheblich überlastet, wie auch schon vor der deutschen Vereinigung. Unter Privatisierung sind hier alle Beteiligungsformen der privaten Wirtschaft an der Aufgabenwahrnehmung in der Wasserwirtschaft zu verstehen (vgl. ELLWEIN, 1996; KUHBIER, 1996; PÖPEL, 1989; WEIMAR, 1989).

Marktwirtschaft und Privatisierung eröffnen auch neue Möglichkeiten für die Wasserwirtschaft in China. 1988 stimmte der chinesische Staatsrat den Vorschlägen des Ministeriums für Wasserwirtschaft (1988a) über Mitbeteiligung der Bevölkerung am Wasserbau im ländlichen Raum zu: Das Prinzip lautet "wer baut, der bewirtschaftet und profitiert".
Die private Wirtschaft konnte Wasserwerke errichten und bewirtschaften, so z.B. der Brunnenbau durch Bauern im ländlichen Raum in Shanghai (vgl. Kap. 3). Sie müßte prinzipiell in der Lage sein, auch Kläranlagen zu errichten und zu bewirtschaften. In der privaten Hand liegt sehr viel "flüssiges" Geld. Die umfassende Reform der Wasserwirtschaft in China war die Umwandlung der wasserwirtschaftlich-fachlichen Unternehmen in wirtschaftliche Multiunternehmen seit den 80er Jahren: Die wasserwirtschaftlichen Unternehmen (Wasserversorgungsunternehmen) dürfen neben der Wasserwirtschaft auch Fischerei, Landwirtschaft, Industrie, Handel, Tourismus, Dienstleistung usw. betreiben, deren Betriebsformen neben dem Staatsbetrieb auch eine Aktiengesellschaft, eine Genossenschaft oder ein Joint Venture mit ausländischem Kapital sein können (Ministerium für Wasserwirtschaft, 1988b: 42). Ein Ziel der Reform ist, daß sich die Wasserwirtschaft finanziell zum großen Teil selbst versorgen soll. 1978 lag der Produktionswert der chinesischen Wasserwirtschaft (außer Wasser- und Stromgebühren) unter 100 Mio. Yuan, 1988 bei 6,4 Mrd. Yuan und 1989 bei 8 Mrd. Yuan (vgl. Almanac of China Water Resources 1990: 248ff.; Tab. 46). Diese Entwicklung zeigt, daß noch Möglichkeiten zur Finanzierung der Wasserwirtschaft vorhanden sind.

Tab. 46: 中国水利部门 1 9 8 9 年产值
Produktionswerte der chinesischen Wasserwirtschaft 1989 (Quelle: Almanac of China Water Resources 1990: 248).

Branchen	(Mrd. Yuan)
Wasserversorgung (Gebühren)	1,06
Stromversorgung (Gebühren)	1,34
Industrie	2,95
Bau und Transport	1,69
Handel und Dienstleistung	1,24
Fischerei	0,47
Landwirtschaft	0,23
Sonstige	1,45
Summe	10,43

Hinsichtlich der Wassergütewirtschaft muß gefragt werden, ob die Wasserwirtschaftsunternehmen als Multiunternehmen die Rolle der Umweltgenossenschaften spielen können. Die Idee von Umweltgenossenschaften ist nach KNEBEL (1988: 280) gekennzeichnet durch (zitiert nach ENDRES & HOLM-MÜLLER, 1993: 161f.):

- den vollständigen Ersatz individueller Schadensersatzansprüche gegen den Schädiger
- Selbstverwaltungselemente
- eigene Kontrollfunktionen im Rahmen mittelbarer Staatsverwaltung
- autonome Normsetzungsbefugnis
- verstärkte Berücksichtigung des Vorsorgegedankens durch präventive Maßnahmen

In Deutschland werden die großen Wasserverbände in Nordrhein-Westfalen von MARBURGER als Vorbilder für Umweltgenossenschaften angesehen (MARBURGER & GEBHARD, 1993: 122ff.). Hierbei ist zu erwähnen, daß die deutschen Wasserverbände im Vergleich zu den chinesischen multiunternehmenden Wasserverbänden in der Regel Fachverbände sind, z.B. Entwässerungsverbände, Bewässerungsverbände, Trinkwasserbeschaffungsverbände usw.
Andererseits stellt ENDRES fest, daß kaum noch Impulse für eine Verbesserung der Gewässergüte von den Wasserverbänden unter heutigen Gegebenheiten ausgehen. Die Vollzugsschwierigkeiten der Landesbehörden im Bereich der Wasserverbände sind unter Umstand größer als bei individuellen Verursachern (ENDRES & HOLM-MÜLLER, 1993: 186ff.). Der Hauptgrund hierfür ist, daß die Wasserverbände eigene Interessen verfolgen. Daher darf der Staat nicht die Umweltschutzaufgabe den Wasserverbänden völlig übertragen.
In China werden die heutigen staatlichen bzw. kommunalen Wasserwirtschaftsunternehmen eher durch andere Wirtschaftszweige als durch die Wasserwirtschaft im engeren Sinne finanziell getragen. Die Wasserwirtschaftsunternehmen als Multiunternehmen zu betreiben, ist eine Überlebensstrategie der Wasserwirtschaft in der chinesischen Marktwirtschaft. Die Wassergütewirtschaft ist nicht unbedingt das Hauptinteresse der Wasserwirtschaftsunternehmen als Multiunternehmen. Auf der anderen Seite wird die Nutzung der Gewässer mit der Entwicklung der Marktwirtschaft in die Hand der Wasserwirtschaftsunternehmen übergeben.

Aus diesem Grund muß die Umwelthaftung der Wasserwirtschaftsunternehmen vom Staat vorgegeben werden, wobei der Staat, wie die deutsche Erfahrung zeigt, auch bestimmte Umweltaufgaben, z.B. Umweltnormierungen, Umweltüberwachungen usw., wahrnehmen muß.

Für die technische Innovation im Gewässerschutz ist auch der Transfer der Technologie aus den Industrieländern von großer Bedeutung. Theoretisch hat man beim Aufbau der Wirtschaft in China die einmalige Chance, ausländische, moderne Umwelttechnologie in allen Bereichen bereits von vornherein zu verankern. Praktisch ist dieser Gedanke zum großen Teil nicht realisierbar. Einerseits ist die moderne Umweltschutztechnologie aus den Industrieländern in der Regel zu teuer für die Entwicklungsländer, andererseits handelt es sich beim Technologietransfer nicht nur um die Technik allein, sondern es hat auch mit der Gesellschaft und Kultur eines Landes zu tun. Ein vergleichbares Beispiel dazu wäre, daß ein Hochschulabsolvent mit seinem erlernten Fachkönnen nicht unbedingt eine fachbezogene Beschäftigung finden kann. Auch der Technologietransfer im eigenen Land ist keine einfache Aufgabe, dies zeigen TÄGER & UHLMANN (1984) am Beispiel der Bundesrepublik Deutschland. Die allgemeine Erfahrung zeigt, daß anpassende Umgestaltung der Technologie in den Industrieländern in bezug auf das Bedürfnis und die Zahlungsbereitschaft der Entwicklungsländer die Hauptaufgabe für den Technologietransfer zwischen beiden darstellt. Um Technologietransfer national und international zu fördern, führt die chinesische nationale Planungskommission seit den 80er Jahren ihr Programm "Nationale Technische Zentren" durch. Damit soll in jeder Industriebranche mindestens ein Nationales Technisches Zentrum eingerichtet werden, das die Hauptrolle des Technologietransfers in seiner Branche spielt. In der Umweltschutztechnologie wurde 1995 das National Engineering Research Center for Urban Pollution Control, Shanghai, unter Leitung von Professor Dr. GAO, Ting-Yao eingerichtet.

Moderne technische Anlagen der Industrieländer sind für Entwicklungsländer in der Regel zu teuer. Aber die aus der fortgeschrittenen Technologie der Industrieländer resultierten Philosophien und Ideen sind nicht unbedingt teuer und sogar kostenfrei vorhanden. Wasserversorgung im Haus mit unterschiedlicher Güte ist z.B. nicht teuer, aber eine gute Maßnahme für die Einsparung von Trinkwasser, dessen Aufbereitung sehr teuer ist (vgl. MÖNNINGHOFF, 1988). Dazu sei das Toilettenspülen mit Grauwasser als ein Beispiel zum Trinkwassersparen angebracht.

Das Toilettenspülwasser macht knapp 1/3 und das Wasser für Baden/Duschen und Wäschewaschen usw. knapp 2/3 der Wasserverbrauchsmenge eines Haushalts aus. Der Wasserbedarf für Toilettenspülen kann normalerweise mit dem Wasser für Baden/Duschen und Wäschewaschen gedeckt werden. Dafür braucht man nur eine Kreislaufanlage im Wohnhaus einzubauen, die das Grauwasser von Baden/Duschen und Wäschewaschen speichert, klärt und ins Innennetz für das Toilettenspülen speist. Da das Grauwasser nach wenig Aufbereitung für Toilettenspülen geeignet ist, muß die einzubauende Kläranlage nicht zu teuer sein (vgl. SCHLÖSINGER u.a., 1988). Eine solche Anlage würde einem fünfgeschossigen

60familienhaus in Shanghai etwa 6.400 m^3/a Trinkwasser sparen (4-Personen-Familien, Wasserbedarf 220 Liter pro Kopf und Tag im Haushalt). Betrüge die Wasser-/Abwasserabgabe in Shanghai 2,82 Yuan/m^3, könnten die Hausbewohner 18.000 Yuan pro Jahr sparen, das für die Einrichtung der Kreislaufanlage investiert werden kann.

Regenwasser kann z.B. auch zum Toilettenspülen genutzt werden. Die Gesamtdachfläche eines obengenannten Wohnhauses dürfte ca. 400 m^2 betragen und damit theoretisch 456,8 m^3/a Niederschlagswasser auffangen (400 m^2 x 1.142 mm Niederschlag / 1000), eine Menge, die für sechs Familien den Wasserbedarf für das Toilettenspülen decken kann.

7.8 Fazit

Der politische Wille für Gewässerschutz ist stark vorhanden: Die Gesetzgebung als Ausdruck der Politik verabschiedet immer mehr Gesetzestexte zum Umwelt- und Gewässerschutz. Der Vollzug ist bisher gescheitert. Die Ursachen hierfür sind zahlreich und miteinander verflochten, wie zum Beispiel die Defizite bei der Finanzierung, bei der Personalfachkraft, bei der Überwachungstechnologie für den Umweltschutz sowie beim Umweltschutzbewußtsein.
Der Umweltschutz unter marktwirtschaftlichen Prinzipien ist ein effektiver Lösungsansatz und soll durchgreifend umgesetzt werden. Ein anderer Lösungsansatz wäre die Bürgerinitiativen für den Umweltschutz. Auch die Erfahrungen mit dem Umweltschutz in den Industrieländern haben gezeigt, daß der Umweltschutz nicht der Regierung allein überlassen werden darf. Gründe hierfür sind wie üblich zweierlei: Zum einen kann die Regierung schwer auf ihre Wirtschaftsinteressen verzichten und zum anderen ist die Umweltbehörde nicht in der Lage, alle Umweltsünden zu erfassen. Die Bürgerbeteiligung ist eine Art von Demokratie. Ohne ausgereifte Demokratie sind die umweltpolitischen Handlungsprinzipien

- das Vorsorgeprinzip,
- das Verursacherprinzip,
- das Kooperationsprinzip und
- das Gemeinlastprinzip

schwer zu handhaben.

8 ZUSAMMENFASSUNG

Shanghai ist die größte chinesische Industriestadt (etwa 13,56 Mio. Einwohner auf 6.340 qkm). Etwa 12% der Shanghaier Oberfläche ist mit Wasser bedeckt. Sein Gewässernetz umfaßt rd. 30 Seen und 200 Flüsse mit einer Wasserführung von rd. 57,79 Mrd. m^3 im Jahr. Aber die Gewässer sind schwer belastet. 1994 lagen die Gewässergütestufen bei den Entnahmestellen der Wasserwerke vom Stadtgebiet bei 4 bis 6. Die Situation gefährdet die Volksgesundheit und die Wirtschaft. Die vorliegende Arbeit hat sich die Aufgabe gestellt, die Gewässerschutzpraxis in Shanghai zu erfassen und Verbesserungsvorschläge hinsichtlich der Wasserschutzgebiete, des Aktionsprogramms "Huangpu-Sanierung" und der Gewässerschutzpolitik zu erarbeiten.

1. Übersichtsaufnahme der Gewässerbelastung und Gewässergüte

Im Binnengewässersystem von Shanghai ist der Fluß Huangpu der Hauptfluß. Das Huangpu-Einzugsgebiet umfaßt fast alle Binnengewässer in Shanghai. Da über 90% des Wasserbedarfs im Shanghaier Stadtgebiet durch das Wasser des Huangpu gedeckt wird, stellt der Huangpu das Kernstück des Gewässerschutzes in Shanghai dar. Ein anderes Hauptmerkmal des Binnengewässersystems von Shanghai ist seine Beeinflussung durch die Gezeiten. Das eine Resultat der Übersichtsaufnahme der Gewässergüte in Shanghai 1984 - 1994 ist, daß die Wasserqualität des Huangpu in diesem Zeitraum um 0,5 - 1 Gütestufen abgesunken war. Der erste Hauptgrund dafür war, daß die Gewässer aus Mangel an Abfall- und Abwasseranlagen als Vorfluter benutzt wurden, und der zweite Hauptgrund war die Belastung aus der Landwirtschaft, wo die Kunstdünger und Pestizide massiv eingesetzt wurden (z.B. ca. 633 kg/ha Kunstdünger in Reinnährstoffen und 7,5 kg/ha Pestizide in Wirkstoffen im Jahr 1990). 1994 hatten die Binnengewässer eine Abwasserlast von 1.658 Mio. m^3, zugleich wurden noch 632 Mio. m^3 Abwasser in die Küstengewässer eingeleitet. Die Abfallwirtschaft fehlt noch.

Das Grundwasser ist auch belastet, insbesondere das oberflächennahe Grundwasser. Der Grundwasserschutz gegen Verunreinigung in Shanghai hat im Vergleich zum Schutz der Oberflächengewässer kaum Aufmerksamkeit bekommen. Da kaum Information über den Grundwasserschutz zur Verfügung steht, wird das Thema wenig ausführlich behandelt.

2. Das Wasserschutzgebiet am Oberhuangpu

Das Rechtsinstitut "Wasserschutzgebiet" in China wird erst seit 1984 durch das Abwassergesetz zur Verfügung gestellt. Das Wasserschutzgebiet am Oberhuangpu ist seit den 80er Jahren ein Hauptthema des Gewässerschutzes in Shanghai. Vom Oberhuangpu werden seit 1987 täglich ca. 2,3 Mio. m^3 Wasser dem Stadtgebiet am Unterhuangpu zugeleitet. Die Untersuchung des Wasserschutzgebiets am Oberhuangpu zeigt, daß das Einzugsgebiet des Huangpu saniert werden muß, falls man das Wasserschutzgebiet am Oberhuangpu umsetzen möchte, weil der ganze

Huangpu ein Tidefluß ist. Zudem ist das heutige Wasserschutzgebiet am Oberhuangpu erfahrungsgemäß zu groß für die Umsetzung in die Praxis. Drei Vorschläge zur Ausweisung der Wasserschutzgebiete an der geplanten Entnahmestelle Songpu Brücke am Oberhuangpu, am See Dianshan und am Fluß Tongbotang in Zukunft werden unter Berücksichtigung der bewährten Erfahrungen mit Wasserschutzgebieten in Deutschland gemacht.

3. Das Aktionsprogramm "Huangpu-Sanierung"

Die Güteziele des Aktionsprogramms "Huangpu-Sanierung" für das Jahr 2020 sind, daß die Gewässer zur Trinkwasserversorgung die Gütestufe 1 erreichen sollen und jene für die landwirtschaftliche und industrielle Nutzung die Gütestufe 3. Die aktuelle Hauptmaßnahme zur Abwasserbeseitigung ist die Einrichtung der Abwasserleitungen zum Meer hin. In der Untersuchung wird das Aktionsprogramm "Huangpu-Sanierung" im Vergleich zu dem europäischen Vorbild Rheinsanierung sowie zu der aktuellen Elbesanierung hinsichtlich der folgenden Fragestellungen bewertet:

- Zeitplan der Sanierung des Huangpu
- Abwasserbeseitigung und Küstengewässerschutz
- Gewässerüberwachung

Nach der Rheinsanierung bräuchte man etwa 40 bis 50 Jahre für die Huangpu-Sanierung, falls sich die Menschen am Huangpu genau so sorgfältig wie die Menschen am Rhein um ihre eigene Lebensader kümmern würden. Die Einrichtung der Abwasserleitungen zum Meer hin ist eher eine Verlegung als eine Lösung des Abwasserproblems.

4. Gewässerschutzpolitik

Die Gewässerschutzpolitik hat zwar die üblichen Instrumente durch Gesetzgebung zur Verfügung gestellt, scheiterte aber in der Praxis. Die Gründe waren vielseitig. Noch heute besteht z.B. der Mangel an das Umweltbewußtsein, an der Finanzierung des Umweltschutzes sowie an der Personal- und Technikausstattung. Da der Schuldenberg im Umweltschutz zu mächtig ist, steht die Finanzfrage im Vordergrund. Eine neue Chance zur Finanzierung des Umweltschutzes bringt die Marktwirtschaft. Das Wasser ist inzwischen eine Ware auf dem Markt geworden. In Zukunft muß die Wassergüte bei der Preisbildung in der Wasserversorgung und -entsorgung stärker berücksichtigt werden. Die Wasser-/Abwasserabgabe in einem Shanghaier Haushalt 1996 beträgt 0,5 Yuan/m^3 und macht im Durchschnitt ca. 0,56% des Nettoeinkommens eines Haushalts aus, während sie in Berlin 3,15% des Nettoeinkommens im Haushalt ausmacht. Aus der Untersuchung ergibt sich auch, daß die einzurichtende Umweltschutzindustrie ihren Weg in der Privatisierung und Marktwirtschaft suchen sollte, wobei die notwendige Umstellung der Landwirtschaft auf die ökologische Landwirtschaft durch den Staat unterstützt werden müßte. Bei der Errichtung der Umweltindustrie sollte man von der vorhandenen und modernen Umweltschutztechnologie der Industrieländern profitieren.

9 SUMMARY

Water pollution and water protection in Shanghai

The municipality of Shanghai is the PRC´s largest industrial center and in 1996 had a population of 13.56 million spread over 6,340 km^2. The surface waters with around 30 lakes and 200 rivers cover about 12% of the Shanghai´s territory and are the principal sources of municipal, industrial, drinking water supplies and of irrigation. The rundoff and influx amount to approximately 57.79 billion m^3 each year. Most surface waters are seriously polluted. In 1994 the quality-class of surface water was 4, 5 or 6 at the water pumping plants along the downstream of the Huangpu river, which is the main source of urban drinking water and supplies more than 90% of the total water volume used in the fourteen urban districts with a population of 9.5 million people.
This dissertation tries to document the water pollution and water protection in Shanghai and to make some suggestions to improve: a) the water conservation areas for drinking water in the upstream of the Huangpu, b) the action program "Huangpu rehabilitation" and c) water protection policies.

1. Inventory of water pollution and water quality

The Huangpu ist the main river in Shanghai and its catchment area comprises almost all of the Shanghai´s inland rivers. Another main feature of Shanghai´s surface waters is that the Huangpu is a tidal river. One of the findings of the inventory of the water quality in 1984 -1994 is that the Huangpu water quality was in 1994 nearly 0.5 - 1 quality-class worse than in 1984. There were two main reasons. Firstly, the rivers were polluted with wastewater and ohter wasteproducts, because there were not enough treatment plants. The wastewaters in 1994 exceeded 2,290 million tones, about 632 million tones of them were partly treated and carried by pipelines into coastal waters. The remaining 1,658 million tones were dumped into inland surface waters, only around 480 million tones of them were treated. Secondly, the use of pesticides and fertilizers in agriculture was much higher than normal, for example 633 kg/ha fertilizers as nutrients and 7,5 kg/ha pesticides as ingredients in 1990.
The ground waters are also polluted, the free surface ground waters in particular, which are pumped for drinking water supplies in Shanghai´s counties. In the late 1950s and early 1960s the drastically-increased extraction of ground waters led to the widespread lowering of the water tables and surface sinking. In comparison to the volume of surface water, much less ground water is used in Shanghai. Relatively little information is available so far on ground water protection.

2. The conservation areas for drinking water in the upstream of the Huangpu

The possibility of establishing conservation areas for drinking water was created under the Law on Wastewater Prevention and Treatment of May 11, 1984. Shanghai created conservation areas for drinking water in the upstream of the Huangpu in its water protection policy in 1985. Since 1987, 2.3 million m³ of the Huangpu´s upstream water have been transfered daily by pipeline to the urban districts downstream. This study shows that the catchment area of the Huangpu must be rehabilitated for conservation areas for drinking water to function properly, because the Huangpu is a tidal river. Another problem ist that the conservation areas for drinking water are too large to be realized. Three designs for new conservation areas for drinking waters at the Songpu bridge, at the Lake Dianshan and along the Tongbotang river have been proposed.

3. Action program "Huangpu rehabilitation"

The quality goals of the action program "Huangpu rehabilitation" for 2020 are to make waters for drinking water supply quality-class 1 and waters for agricultural and industrial use quality-class 3. The main emphasis of the program currently is the building of wastewater pipelines to the coast. This study considers the following issues in the light of the rehabilitation projects of the Rheine and Elbe rivers:

- the "Huangpu rehabilitation" program timetable
- wastewater treatment and coastal seas protection
- water resources monitoring

The experience of the Rheine rehabilitation program shows the Huangpu Program could take 40 - 50 years. The building of the wastewater pipelines to the sea simply transfers the problem to another place and is no solution.

4. Water protection policies

Many water and environmental protection laws have been passed. But thay have not worked properly in reality. There are different reasons. For example, the lack of environmental protection consciousness, a shortage of funding for evironmental protection and insufficient personnel and technical equipment. The lack of action in the past and the high cost of environmental protection make future measures very expensiv. So the financial problems must be solved first. The market economy will provide a new chance to finance environmental protection. In setting up its environmental protection industry, China can benefit from modern technology from industrialized countries. But turning today´s agriculture into ecological agriculture will require state subsidies. Water is already a commodity. In further water quality should be a more importent factor pricing water. The water / wastewater rate for a Shanghai family for example is 0.5 Yuan/m³ in 1996. It makes up an average of 0.56% of the family´s net income, compared to 3.15% in Berlin.

10 论文简介

上海水源保护研究

李建新

本文描述了上海市水质变化，探讨了原因。根据德国保护水源的经验对上海市黄浦江上游水源保护区进行了评价；将莱茵河治理与黄浦江治理做了比较。也对中德水污染防治政策进行了比较研究，例如水价、污水价等。

11 ANHANG

Anhang 1: 中国地面水环境质量标准 ＧＢ３８３８－８３
Qualitäts-Standard für Oberflächengewässer GB3838-83 der VR China 123

Anhang 2: 中国地面水环境质量标准 ＧＢ３８３８－８８
Qualitäts-Standard für Oberflächengewässer GB3838-88 der VR China 124

Anhang 3: 上海地面水环境质量分级标准
Qualitäts-Standard für Oberflächengewässer der Stadt Shanghai 125

Anhang 4: 中国海水水质标准 ＧＢ３０９７－８２
Qualitäts-Standard für Meeresgewässer GB3097-82 der VR China 126

Anhang 5: 中国生活饮用水卫生标准 ＧＢ５７４９－８５
Qualitäts-Standard für Trinkwasser GB5749-85 der VR China 127

Anhang 1: 中国地面水环境质量标准 G B 3 8 3 8 - 8 3
Qualitäts-Standard für Oberflächengewässer GB3838-83 der VR China von 1983 (Quelle: FANG, Z.-Y., 1988: 1083 - 1085).

	Funktionen der Gütestufe
Gütestufe 1	Gute bis sehr gute Qualität, Wasserressourcen für alle Nutzungszwecke
Gütestufe 2	Noch gute Qualität, Trinkwasserressourcen, Fischereigewässer
Gütestufe 3	Befriedigende Qualität, gilt als untere Grenzwerte des sauberen Wassers

Klassifizierung (mg/l)				
Nr.	Parameter	Gütestufe 1	Gütestufe 2	Gütestufe 3
1	pH-Wert	6,5 - 8,5		
2	Temperatur (°C)	Erhöhung der Temperatur im Grenzraum der Wasserkörper durch Aufnahme der Abwärme nicht über 3 Grade. Temperatur ≤ 35 °C im Sommer		
3	Trübung	Keine eindeutige Blasen, Ölteppiche und sonstige Partikelchen		
4	Färbungsgrad (25 mg Pt/l) ≤	10	15	25
5	Geruch	Ohne	1 Grad	2 Grad
6	Sauerstoff O_2	≥ 90% (SSI)	≥ 6	≥ 4
7	BSB_5 ≤	1	3	5
8	CSB_{Mn} ≤	2	4	6
9	Phenol ≤	0,001	0,005	0,01
10	Cyanid CN^- ≤	0,01	0,05	0,1
11	Arsen As ≤	0,01	0,04	0,08
12	Quecksilber Hg ≤	0,0001	0,0005	0,001
13	Cadmium Cd ≤	0,001	0,005	0,01
14	Chrom Cr^6 ≤	0,01	0,02	0.05
15	Blei Pb ≤	0,01	0,05	0,1
16	Kupfer Cu ≤	0,005	0,01	0,03
17	Fett/Öl ≤	0,05	0,3	0,5
18	Koloniezahl ≤	500/l	10.000/l	50.000/l
19	P-gesamt ≤	0,1		
20	N-gesamt ≤	1,0		

Anhang 2: 中国地面水环境质量标准ＧＢ３８３８－８８
Qualitäts-Standard für Oberflächengewässer GB3838-88 der VR China von 1988 (Quelle: XIA & ZHANG, 1990: 228 - 230).

	Funktionen der Gütestufe
Gütestufe 1	Ursprung und nationale Naturschutzgebiete
Gütestufe 2	Wasserressourcen für zentrale Trinkwasserversorgung, Schutzgebiet 1. Grad, Fischereischutzgebiet usw.
Gütestufe 3	Wasserressourcen für zentrale Trinkwasserversorgung, Schutzgebiet 2. Grad, Fischereischutzgebiet usw.
Gütestufe 4	Brauchwasser für Industrie usw.
Gütestufe 5	Brauchwasser für Landwirtschaft, Landschaft usw.

Klassifizierung (mg/l)						
Nr.	Parameter	Gütestufe1	Gütestufe 2	Gütestufe 3	Gütestufe 4	Gütestufe 5
1	Temperatur (°C)	Mittler Anstieg in der Woche im Sommer ≤ 1 Grad und im Winter ≤ 2 Grad unter menschlichem Einfluß				
2	pH-Wert	6,5 - 8,5				6 - 9
3	Sulfat SO_4 ≤	< 250	250	250	250	250
4	Chlorid Cl ≤	< 250	250	250	250	250
5	Eisen Fe (gelöst) ≤	< 0,3	0,3	0,3	0,5	1,0
6	Mangan Mn ≤	< 0,1	0,1	0,1	0,5	1,0
7	Kupfer Cu ≤ (Fischerei)	< 0,01	1,0 (0,01)	1,0 (0,01)	1,0	1,0
8	Zink Zn ≤ (Fischerei)	< 0,05	1,0 (0,1)	1,0 (0,1)	2,0	2,0
9	Nitrat NO_3 ≤	< 10	10	20	20	25
10	Nitrit NO_2 ≤	0,06	0,1	0,15	1,0	1,0
11	Ammonium NH_4 ≤	0,02	0,02	0,02	0,2	0,2
12	Kjeldahl-Stickstoff ≤	0,5	0,5	1	2	2
13	P-gesamt ≤ (Stausee)	0,02	0,1 (0,025)	0,1 (0,05)	0,2	0,2
14	Oxidierbarkeit $KMnO_4$ ≤	2	4	6	8	10
15	O_2 (gelöst) ≥	90%	6	5	3	2
16	CSB_{Cr} ≤	< 15	< 15	15	20	25
17	BSB_5 ≤	< 3	3	4	6	10
18	Fluorid F ≤	< 1,0	1,0	1,0	1,5	1,5
19	Selen Se ≤	< 0,01	0,01	0,01	0,02	0,02
20	Arsen As ≤	< 0,05	0,05	0,05	0,1	0,1
21	Quecksilber Hg ≤	0,00005	0,00005	0,0001	0,001	0,001
22	Cadmium Cd ≤	0,001	0,005	0,005	0,005	0,01
23	Chrom Cr^6 ≤	0,01	0,05	0,05	0,05	0,1
24	Blei Pb ≤	0,01	0,05	0,05	0,05	0,1
25	Cyanid CN^- ≤ (Fischerei)	0,005	0,05 (0,005)	0,2 (0,005)	0,2	0,2
26	Phenol ≤	0,002	0,002	0,005	0,01	0,1
27	Fett/Öl ≤	0,05	0,05	0,05	0,5	1,0
28	Oberflächenaktive Stoffe ≤ (anionisch)	< 0,2	0,2	0,2	0,3	0,3
29	Koloniezahl	10.000/l				
30	Benzo-(a)-Pyren (µg/l) ≤	0,0025	0,0025	0,0025	–	–

Anhang 3: 上海地面水环境质量分级标准
Qualitäts-Standard für Oberflächengewässer der Stadt Shanghai (Quelle: Shanghaier Institut für Umweltschutz, 1986: 25; Shanghaier Umweltschutzamt, 1995: 19).

	Beschreibung der Gütestufe
Gütestufe 1 - 3	Sauberes Gewässer
Gütestufe 4 - 6	Verschmutztes Gewässer

Klassifizierung (mg/l)							
Nr.	Parameter	Gütestufe1	Gütestufe 2	Gütestufe 3	Gütestufe 4	Gütestufe 5	Gütestufe 6
1	O_2 (gelöst)	≥ 8	≥ 6	≥ 4	≥ 3	≥ 1	< 1
2	CSB_{Mn}	≤ 2	≤ 4	≤ 6	≤ 20	≤ 50	> 50
3	BSB_5	≤ 1	≤ 3	≤ 5	≤ 15	≤ 30	> 30
4	Phenol	≤ 0,001	≤ 0,005	≤ 0,01	≤ 0,1	≤ 0,5	> 0,5
5	Cyanid CN^-	≤ 0,01	≤ 0,05	≤ 0,1	≤ 0,5	≤ 2	> 2
6	Ammonium NH_4	≤ 0,3	≤ 0,5	≤ 1,0	≤ 2,0	≤ 4,0	> 4,0
7	Arsen As	≤ 0,01	≤ 0,04	≤ 0,08	≤ 0,3	≤ 1	> 1
8	Quecksilber Hg	≤ 0,0001	≤ 0,0005	< 0,001	≤ 0,01	≤ 0,05	> 0,05
9	Chrom Cr^6	≤ 0,01	≤ 0,02	≤ 0,05	≥ 0,05	≥ 0,2	≥ 1,0
10	Mangan Mg	≤ 0,05	≤ 0,1	≤ 0,50	≤ 1,00	≤ 1,50	> 1,50
11	Lindan $C_6H_6Cl_6$	≤ 0,002	≤ 0,02	≤0,2	≤ 0,5	≤ 1,0	> 1,0
12	Chrom Cr^6	≤ 0,01	≤ 0,02	≤ 0,05	≤ 0,2	≤ 1,0	> 1,0
13	Cadmium Cd	≤ 0,001	≤ 0,005	≤ 0,01	–	–	–
14	Blei Pb	≤ 0,01	≤ 0,05	≤ 0,1	–	–	–
15	Kupfer Cu	≤ 0,005	≤ 0,01	≤ 0,03	–	–	–
16	Fett/Öl	≤ 0,05	≤ 0,30	≤ 0,50	≤ 1,00	≤ 3,00	> 3,00

(Die unterstrichenen Pararmeter galten für die Gewässergütekarte 1984 und die doppelt unterstrichenen galten für die Gewässergütekarte 1987, 1993 und 1994)

Anhang 4: 中国海水水质标准 G B 3 0 9 7 - 8 2
Qualitäts-Standard für Meeresgewässer GB3097-82 der VR China von 1983 (Quelle: FANG, Z.-Y., 1988: 1103 - 1105).

	Funktionen der Gütestufe
Gütestufe 1	Schutzgebiete für aquatische Lebensgemeinschaften und menschliche Nutzungen (Fischerei, Aquakultur usw.) sowie Naturschutzgebiete
Gütestufe 2	Badwasser und Tourismus
Gütestufe 3	Industriewasser, Hafengewässerusw.

Klassifizierung (mg/l)				
Nr.	Parameter	Gütestufe 1	Gütestufe 2	Gütestufe 3
1	Quecksilber Hg	0,0005	0,0010	0,0010
2	Cadmium Cd	0,005	0,010	0,010
3	Blei Pb	0,05	0,10	0,10
4	Chrom Cr^6	0,10	0,50	0,50
5	Arsen As	0,05	0,10	0,10
6	Kupfer Cu	0,01	0,10	0,10
7	Zink Zn	0,10	1,00	1,00
8	Selen Se	0,01	0,02	0,03
9	Fett/Öl	0,05	0,10	0,50
10	Cyanid CN^-	0,02	0,10	0,50
11	Phenol	0,005	0,010	0,050
12	Chlororganische Pestizide	0,001	0,020	0,040
13	N (anorganisch)	0,10	0,20	0,30
14	P (anorganisch)	0,015	0,030	0,045

Anhang 5: 中国生活饮用水卫生标准 ＧＢ５７４９－８５
Qualitäts-Standard für Trinkwasser GB5749-85 der VR China von 1985 (Quelle: XIA & ZHANG, 1990: 332 - 333).

I. Chemische Parameter/Grenzwerte

Nr.	Parameter	Grenzwert (mg/l)
1	Färbungsgrad	15 Gr.
2	Trübung	< 3 (bis 5) Gr.
3	Geruch	ohne besondere Gerüche
4	pH-Wert	6,5 - 8,5
5	Gesamthärte ($CaCO_3$)	450
6	Eisen Fe	0,3
7	Mangan Mn	0,1
8	Kupfer Cu	1,0
9	Zink Zn	1,0
10	Phenol	0,002
11	Anionaktive Detergentien	0,3
12	Sulfat SO_4	250
13	Chlorid Cl	250
14	Lösliche Feststoffe	1.000

II. Toxische Parameter/Grenzwerte

Nr.	Parameter	Grenzwert (mg/l)
1	Fluorid F	1,0
2	Cyanid CN^-	0,05
3	Arsen As	0,05
4	Selen Se	0,01
5	Quecksilber Hg	0,001
6	Cadmium Cd	0,01
7	Chrom Cr^6	0,05
8	Blei Pb	0,05
9	Silber Ag	0,05
10	Nitrat NO_3 (N)	20
11	Chloroform $CHCl_3$	60
12	Tetrachlormethan CCl_4	0,003
13	Benzo-(a)-Pyren	0,01 (µg/l)
14	Dichlorodiphenyltrichloroethan DDT	1 (µg/l)
15	Lindan $C_6H_6Cl_6$	5 (µg/l)

III. Mikrobiologische Parameter/Grenzwerte

Nr.	Parameter	Richtwert
1	Gesamt-Coli	100/ml
2	Koloniezahl	3/l
3	Freies Chlor nach Desinf. mit Chlor und ClO_2-Restkonz. nach Desinf. mit ClO_2	≤ 0,3 mg/l

IV. Radioaktive Parameter/Grenzwerte

Nr.	Parameter	Richtwert (Bq/l)
1	Gammastrahlung	0,1
2	Betastrahlung	1

12 ATLAS

Karte 1: 上海市及其地表水
Shanghai und seine Oberflächengewässer 129

Karte 2: 上海地形
Relief in Shanghai 131

Karte 3: 上海土壤及其土地利用
Boden und Landnutzung in Shanghai 132

Karte 4: 上海行政区划发展 1 8 4 0 - 1 9 9 2
Regional-administrative Entwicklung von Shanghai 1840 - 1992 133

Karte 5: 上海人口密度 1 9 9 4
Bevölkerungsdichte in Shanghai 1994 ohne Berücksichtigung der Gastbewohner 135

Karte 6: 上海水厂、污水厂分布
Lageplan der Stadtwasserwerke und Abwasseranlagen in Shanghai 137

Karte 7: 上海潜水水质 1 9 8 4 - 8 5
Die Qualität des oberflächennahen Grundwassers in Shanghai 1984/85 138

Karte 8: 上海黄浦江上游水质 1 9 8 4
Gewässergüte am Oberhuangpu in Shanghai 1984 139

Karte 9: 上海地表水水质 1 9 8 4
Gewässergüte in Shanghai 1984 140

Karte 10: 上海地表水水质 1 9 8 7
Gewässergüte in Shanghai 1987 141

Karte 11: 上海地表水水质 1 9 9 3
Gewässergüte in Shanghai 1993 142

Karte 12: 上海地表水水质 1 9 9 4
Gewässergüte in Shanghai 1994 143

Beilage zu Karte 1: 上海市市区 1 9 9 2
Die Stadtbezirke von Shanghai 1992 130

Beilage zu Karte 4: 上海市老城区土地利用及浦东发展规划
Flächennutzung im alten Stadtgebiet und Bauplan von Pudong in Shanghai 134

Beilage zu Karte 5: 上海市老城区人口密度 1 9 9 4
Bevölkerungsdichte der Alt-Stadtbezirke von Shanghai 1994 ohne Berücksichtigung der Gastbewohner 136

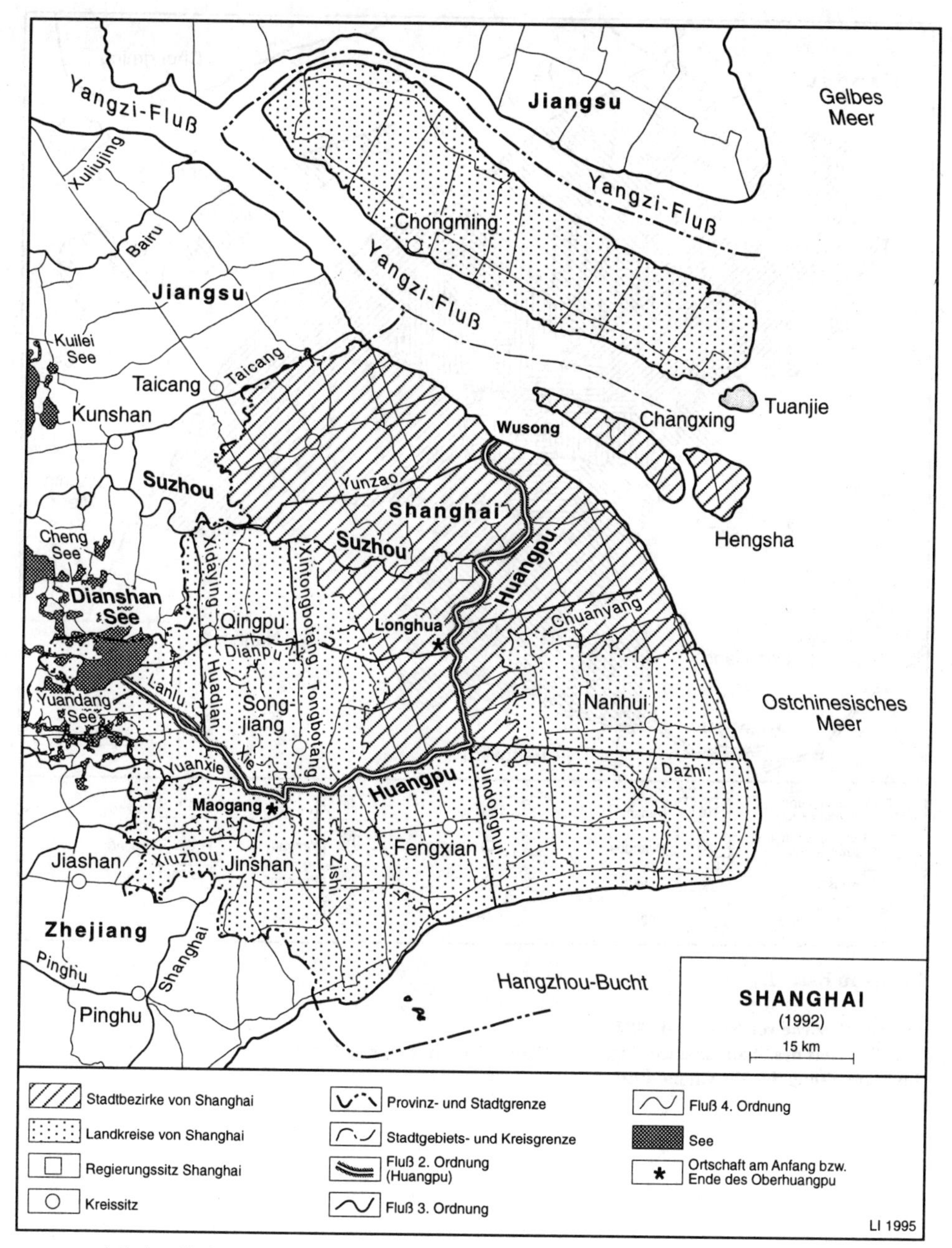

Karte 1: 上海市及其地表水
Shanghai und seine Oberflächengewässer
(Quelle: Atlas des Shanghaier Stadtgebiets 1990: 4; Ministerium für Zivilverwaltung der VR China, 1993: 27).

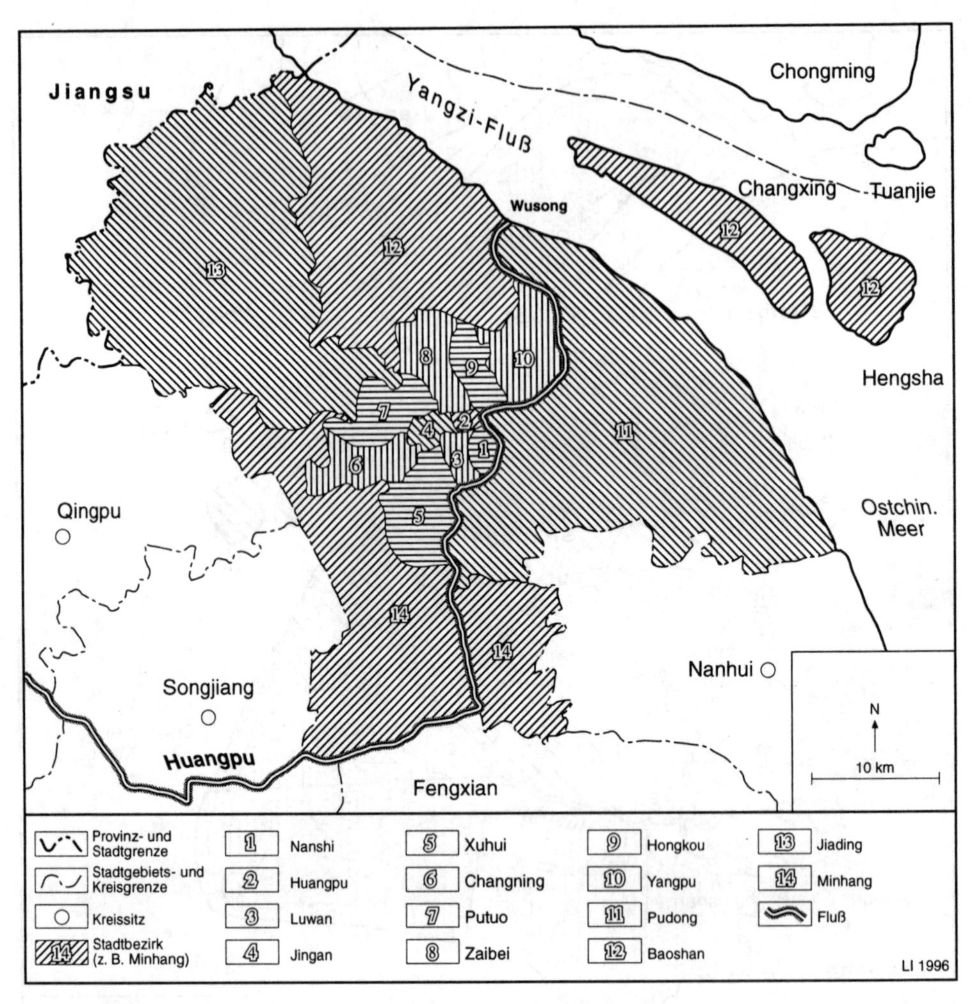

Beilage zu Karte 1:
上海市市区 1 9 9 2
Die Stadtbezirke von Shanghai 1992
(Quelle: Atlas des Shanghaier Stadtgebiets 1990: 4, 20; Ministerium für Zivilverwaltung der VR China, 1993: 27).

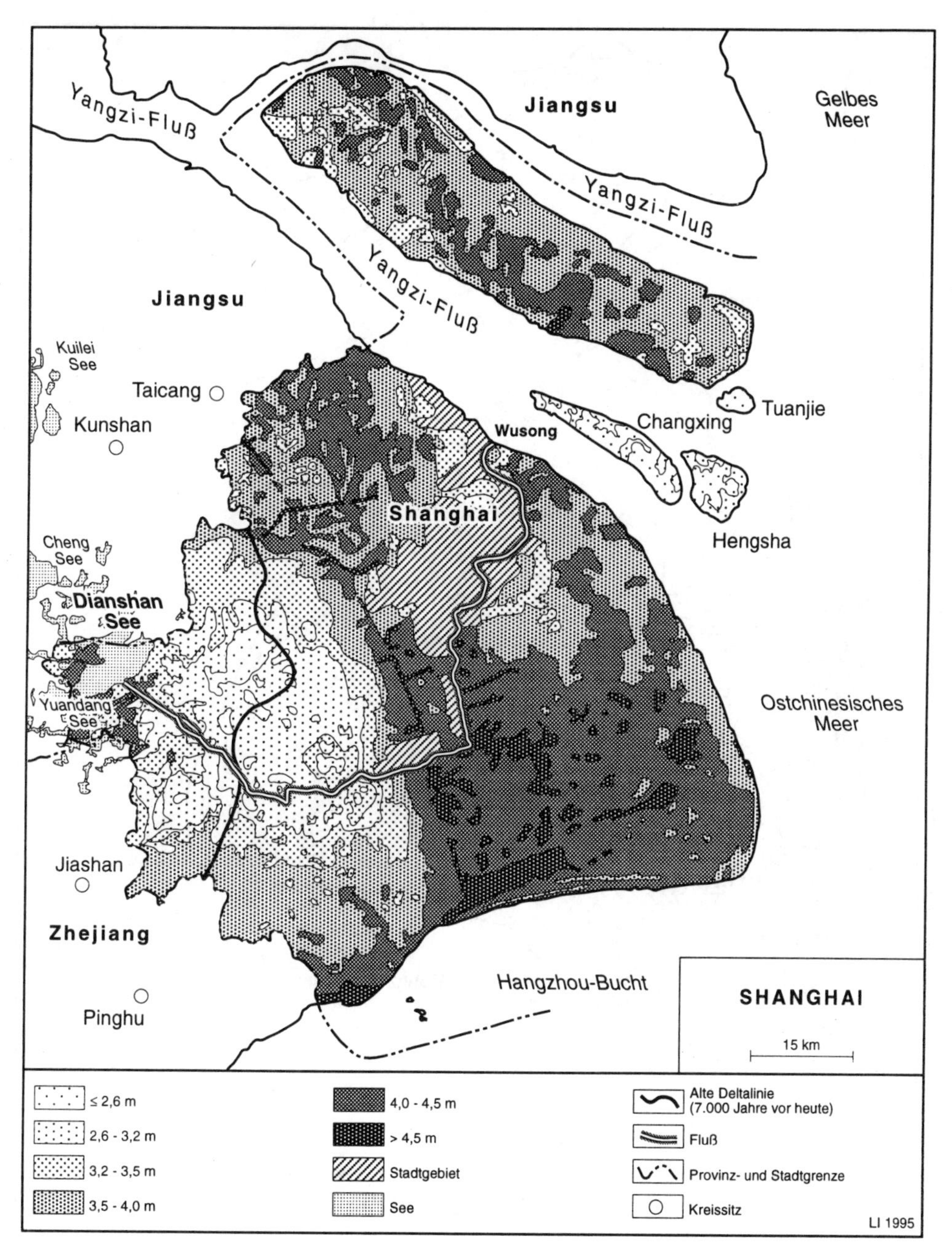

Karte 2: 上海地形
Relief in Shanghai
(Quelle: CHEN, L., 1988: 6ff.; XU, S.-Y., 1989: 8f.).

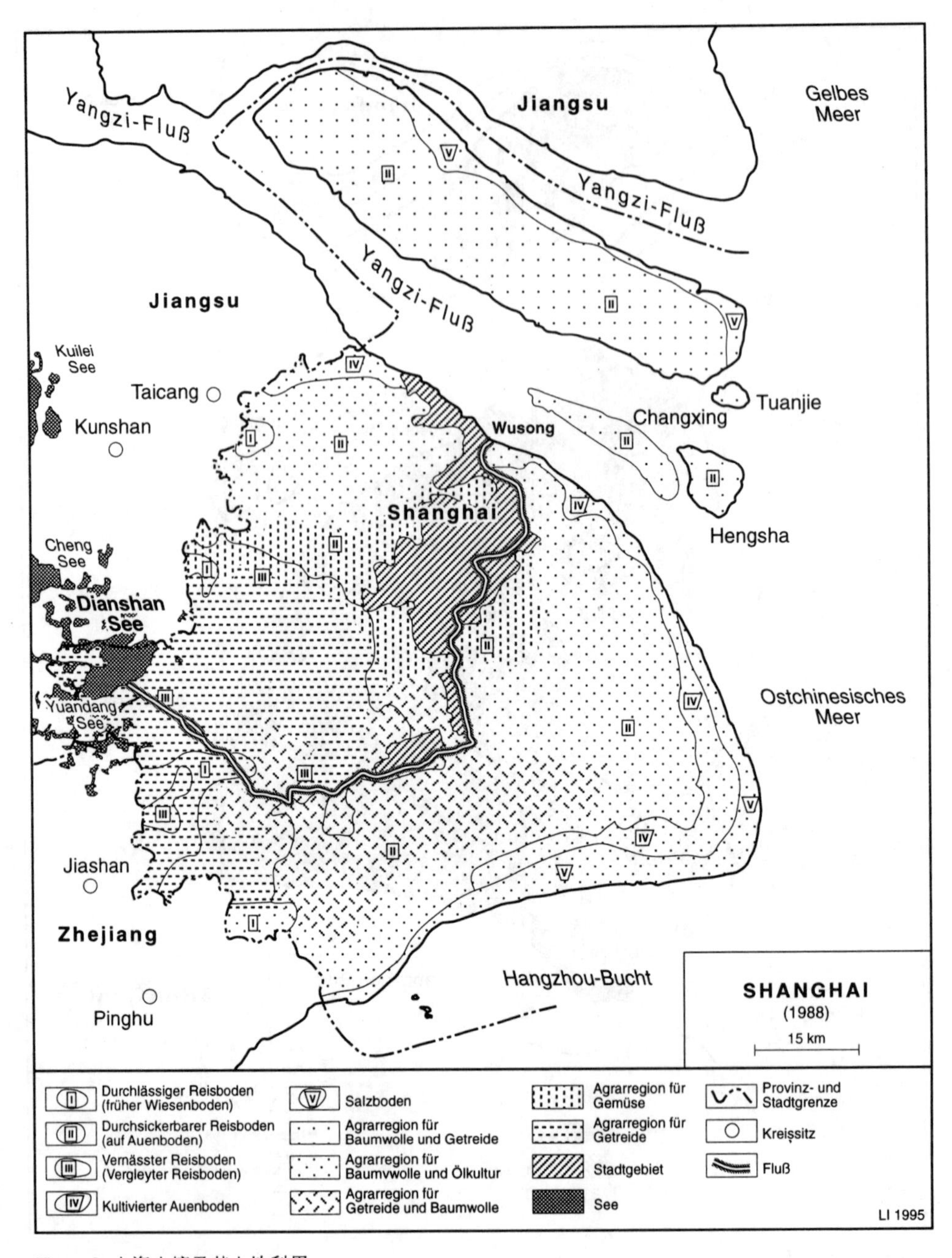

Karte 3: 上海土壤及其土地利用
Boden und Landnutzung in Shanghai
(Quelle: CHEN, L., 1988: 33ff.; HSUENG, Y., 1986: 13ff.).

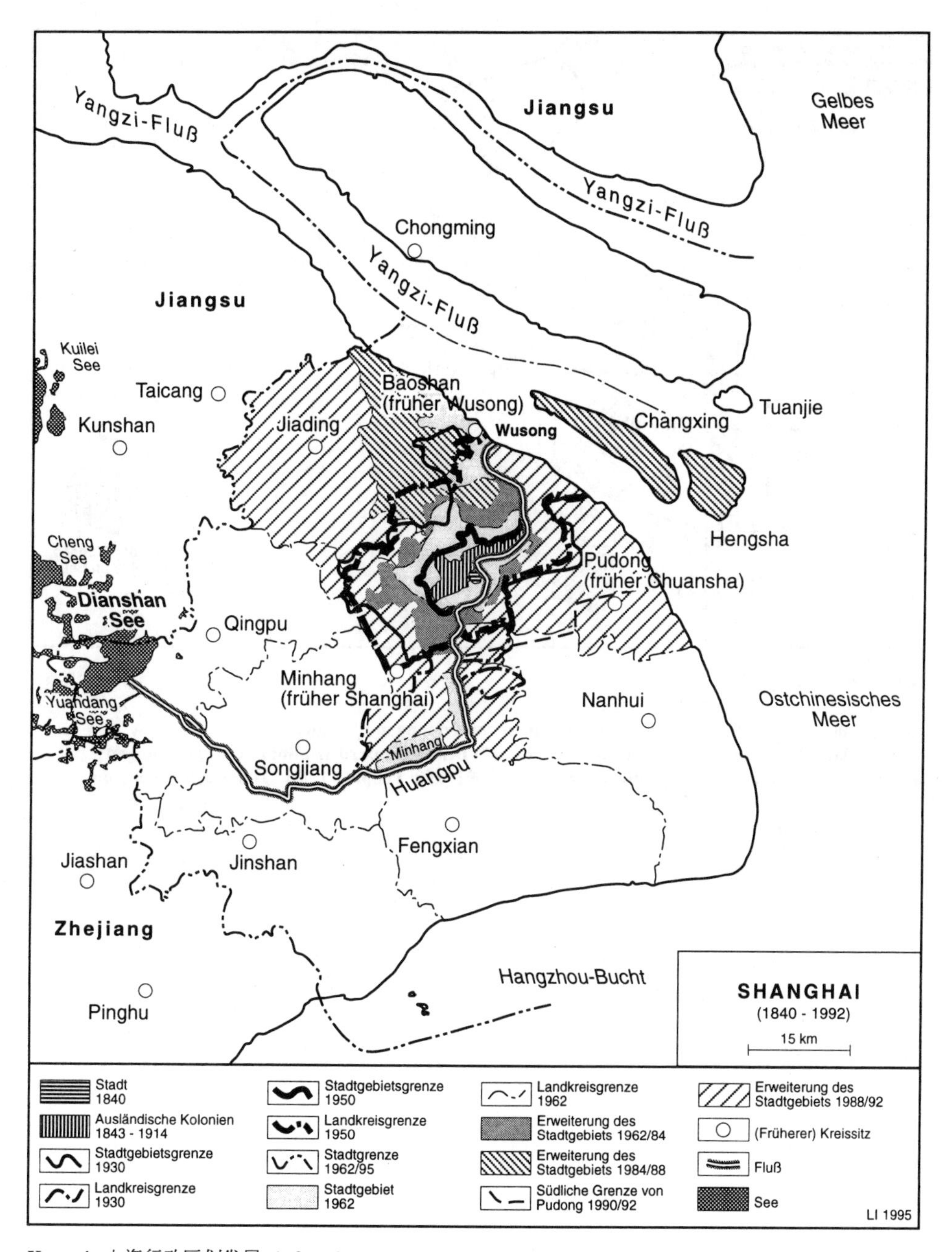

Karte 4: 上海行政区划发展 1 8 4 0 － 1 9 9 2
Regional-administrative Entwicklung von Shanghai 1840 - 1992
(Quelle: Atlas des Shanghaier Stadtgebiets (1990): 68f.; Atlas der Stadt Shanghai (1984): 84ff.; Ministerium für Zivilverwaltung der VR China, 1993: 27).

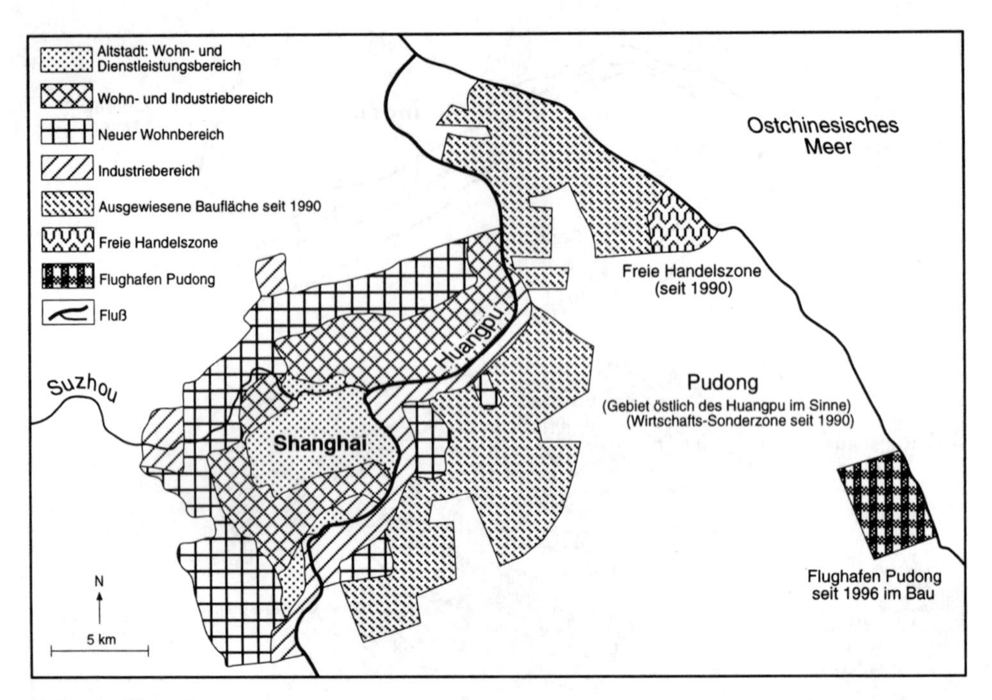

Beilage zu Karte 4:
上海市老城区土地利用及浦东发展规划
Flächennutzung im alten Stadtgebiet und Bauplan von Pudong in Shanghai
(Quelle: Atlas des Shanghaier Stadtgebiets (1990): 67; Büro für interdisziplinäre Untersuchungen der Stadt Shanghai durch Luftbildfernerkundung, 1991: 150; People´s Daily Overseas Edition vom 21.8.1996).

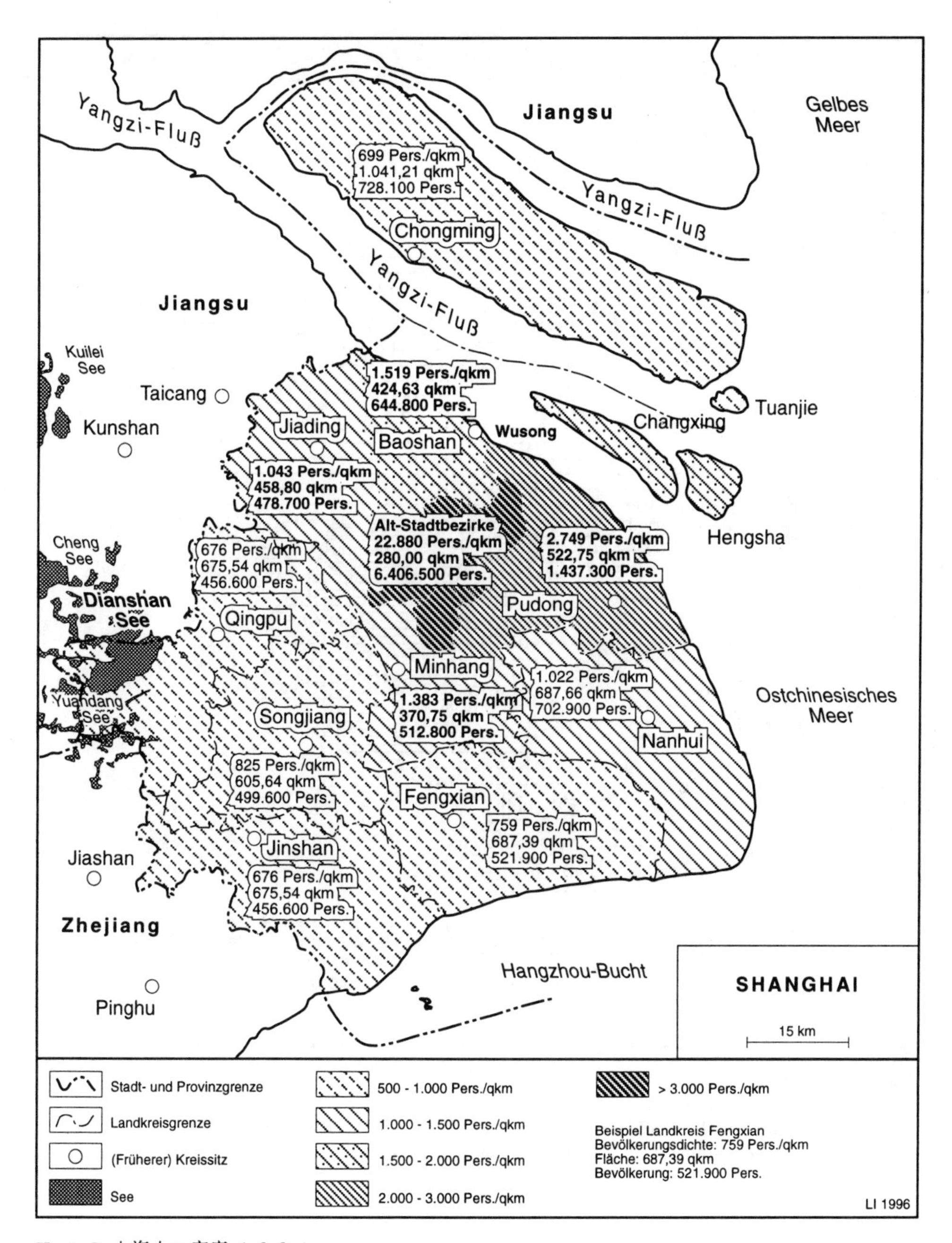

Karte 5: 上海人口密度 1 9 9 4

Bevölkerungsdichte in Shanghai 1994 ohne Berücksichtigung der Gastbewohner (Quelle: Statistisches Jahrbuch Shanghai 1994: 42).

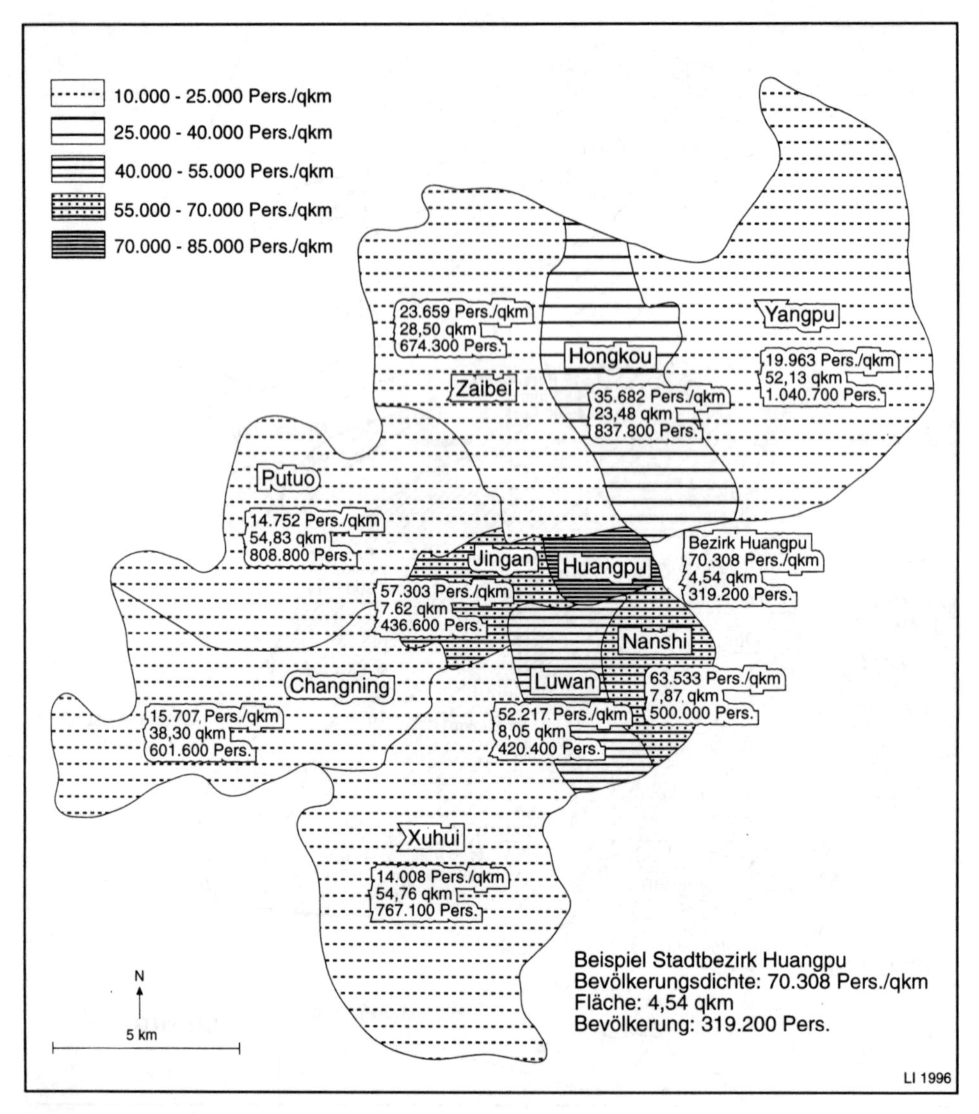

Beilage zu Karte 5:
上海市老城区人口密度 1 9 9 4
Bevölkerungsdichte der Alt-Stadtbezirke von Shanghai 1994 ohne Berücksichtigung der Gastbewohner (Quelle: Statistisches Jahrbuch Shanghai 1994: 42).

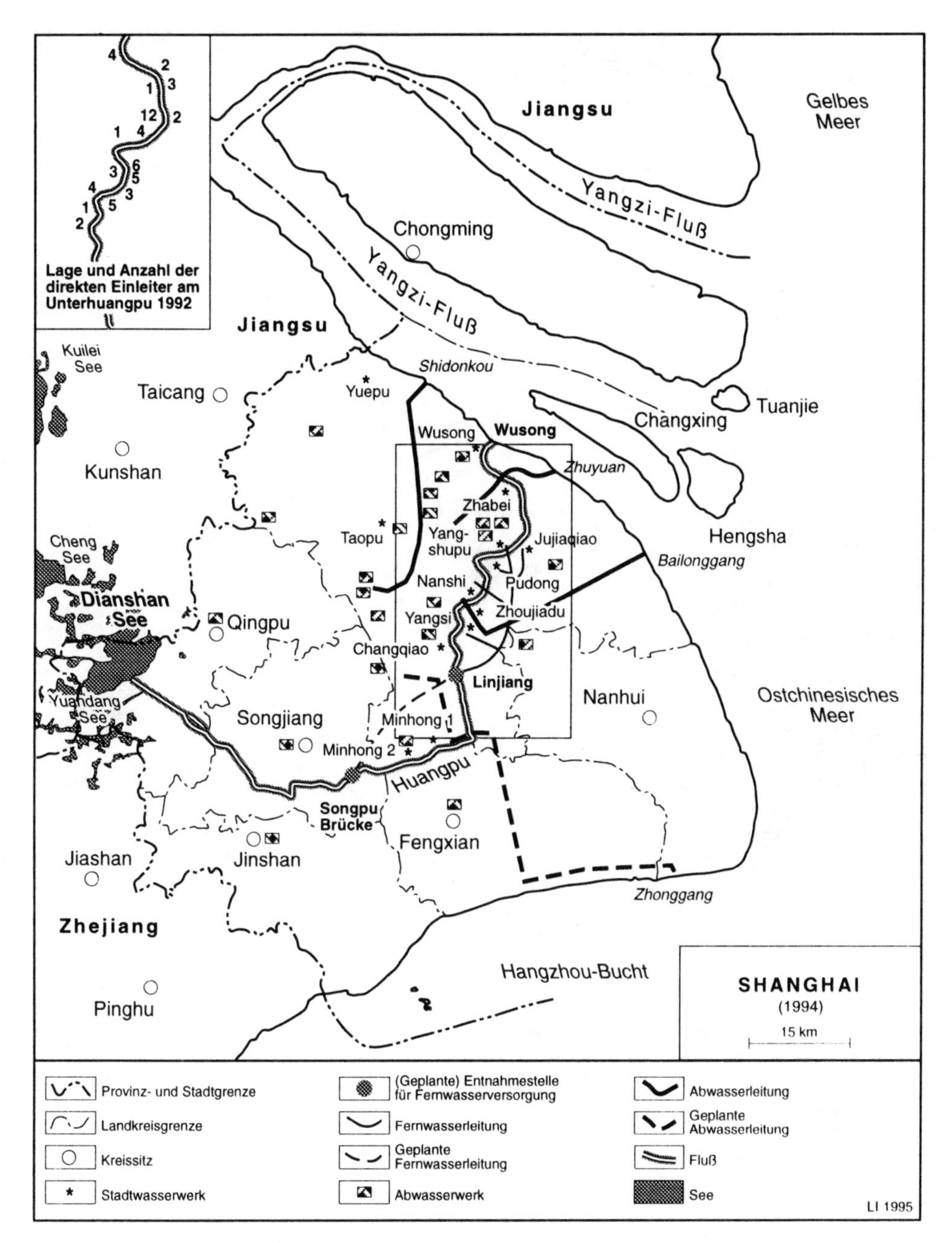

Karte 6: 上海水厂、污水厂分布
Lageplan der Stadtwasserwerke und der Abwasseranlagen in Shanghai (Quelle: Planungsskizze des neuen Stadtbezirks Pudong (1994); RUI & XIA, 1992: 2ff.; ZHOU, Z.-Y., 1996).

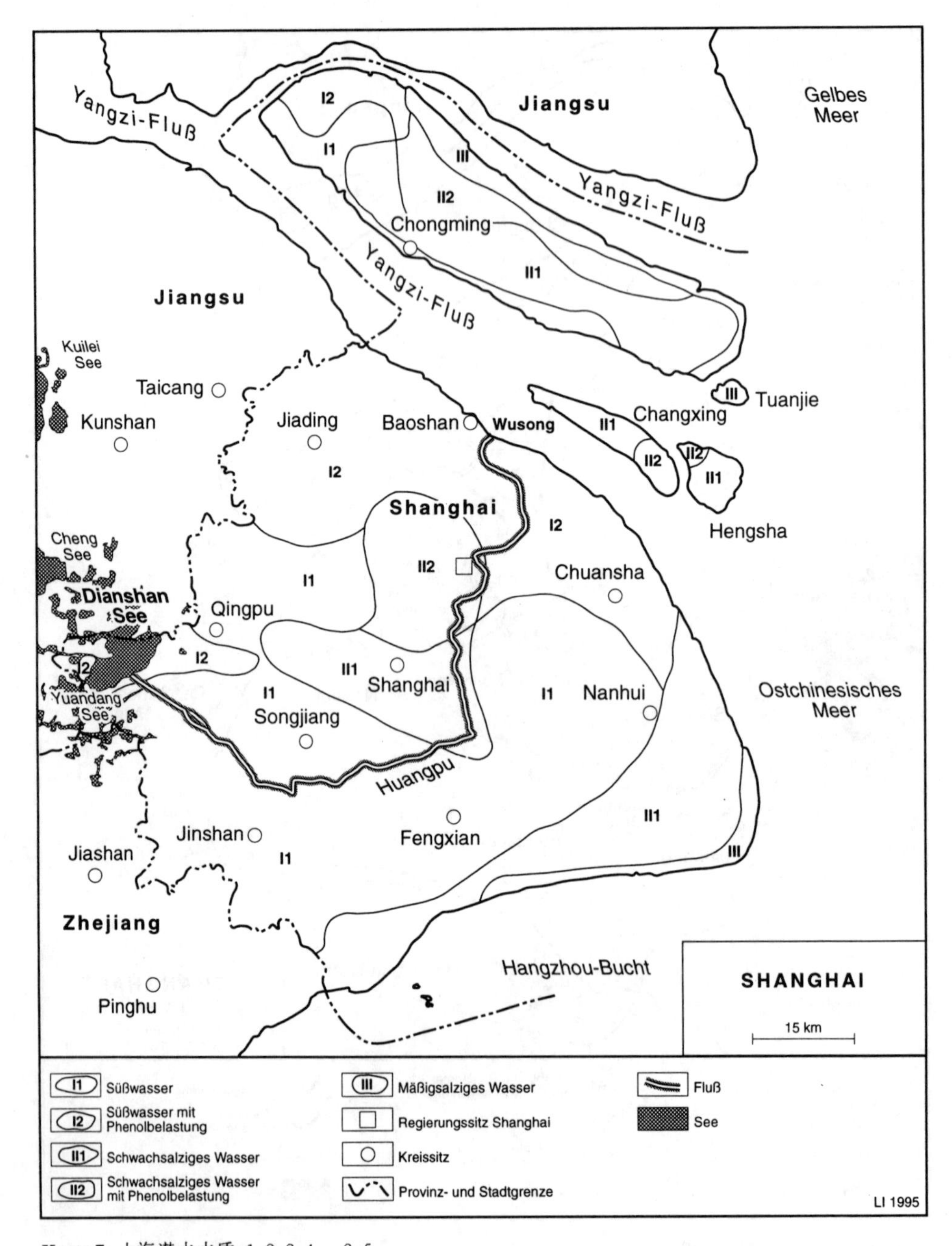

Karte 7: 上海潜水水质 1 9 8 4 − 8 5
Die Qualität des oberflächennahen Grundwassers in Shanghai 1984/85
(Quelle: CHEN, L., 1988: 30ff.).

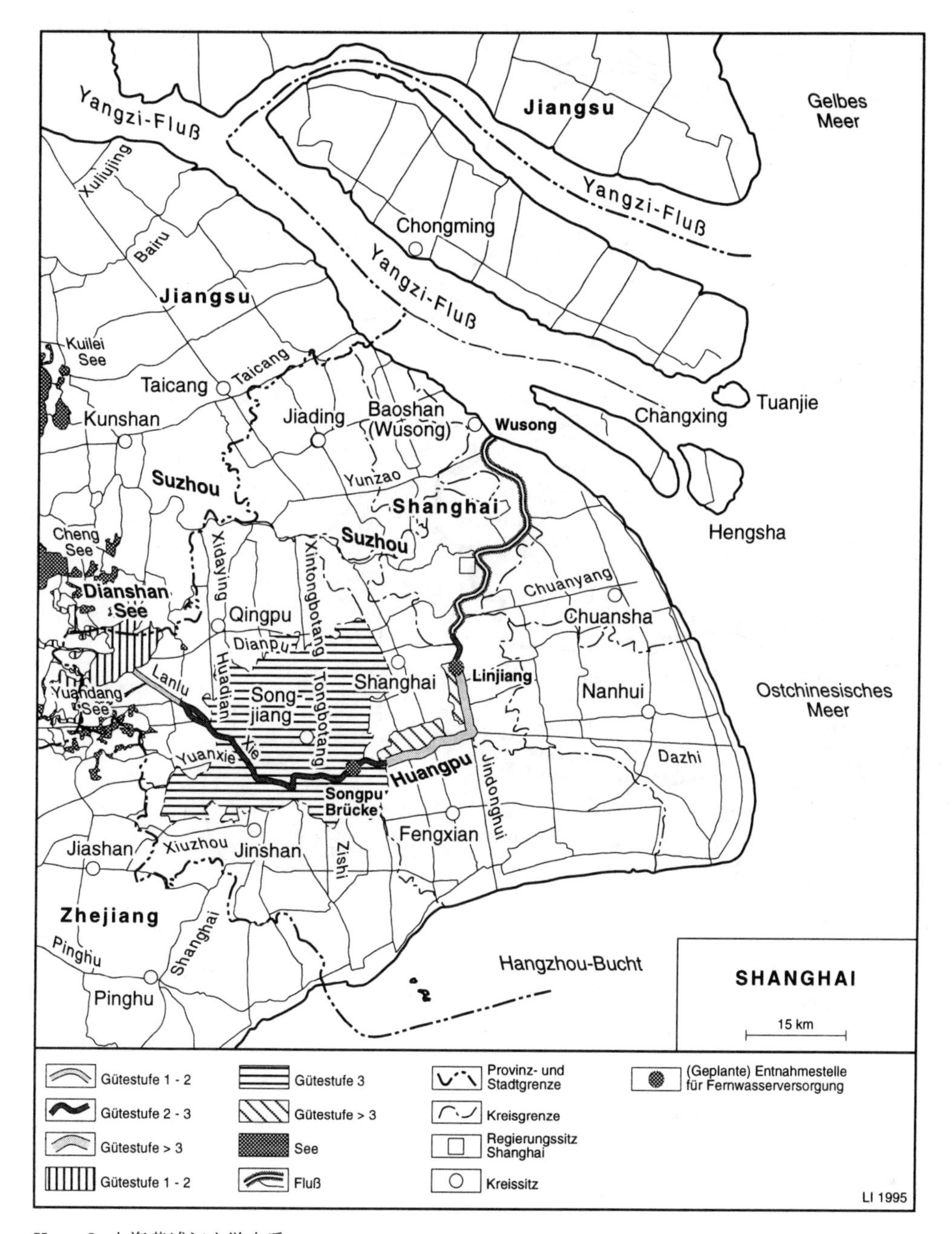

Karte 8: 上海黄浦江上游水质 1984
Gewässergüte am Oberhuangpu in Shanghai 1984
(Quelle: GU, G.-W. u.a., 1985: 82ff.; Qualitäts-Standard für Oberflächengewässer GB3838-83 der VR China).

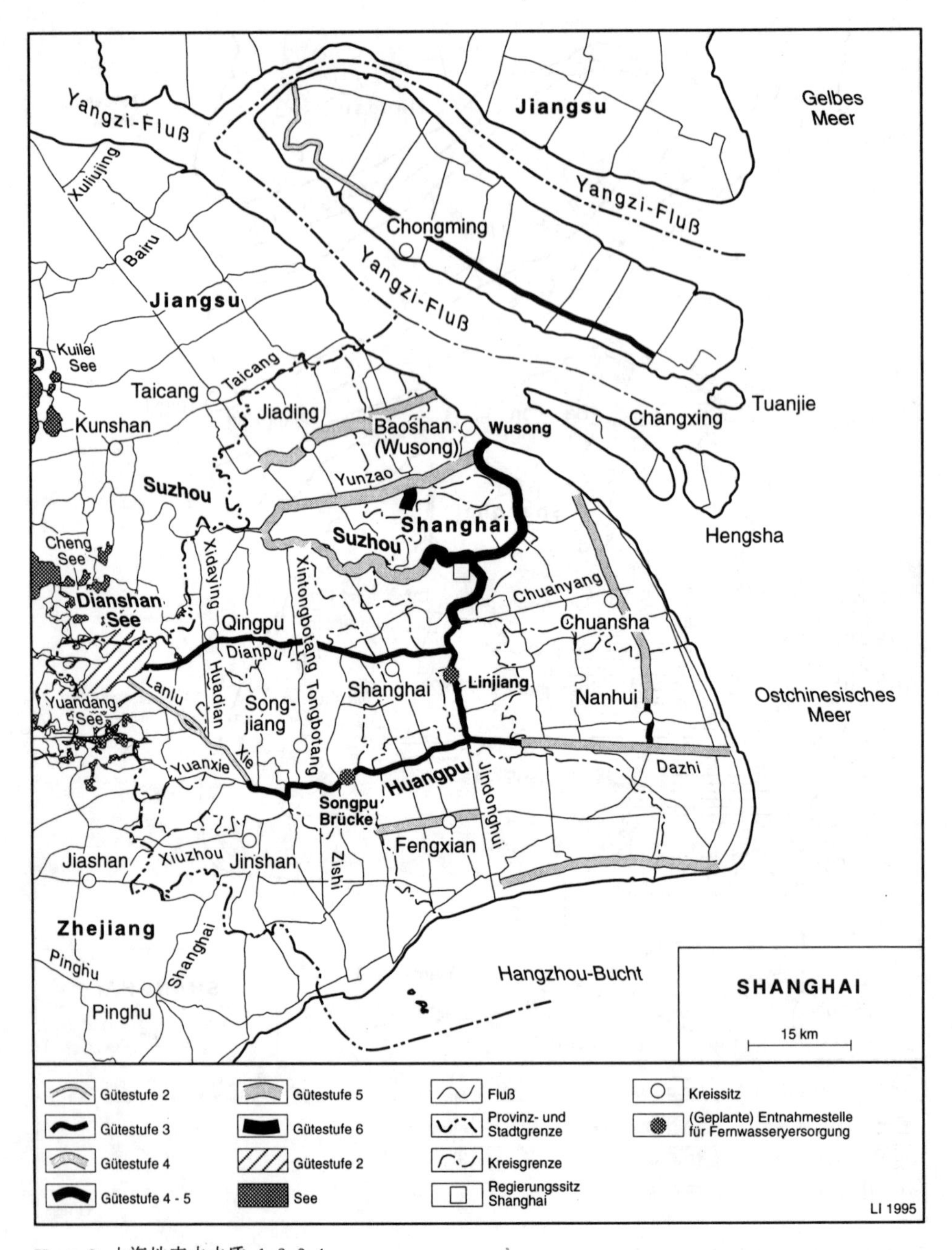

Karte 9: 上海地表水水质 1 9 8 4
Gewässergüte in Shanghai 1984
(Quelle: Shanghaier Institut für Umweltschutz, 1986: 15ff.; Qualitäts-Standard für Oberflächengewässer der Stadt Shanghai).

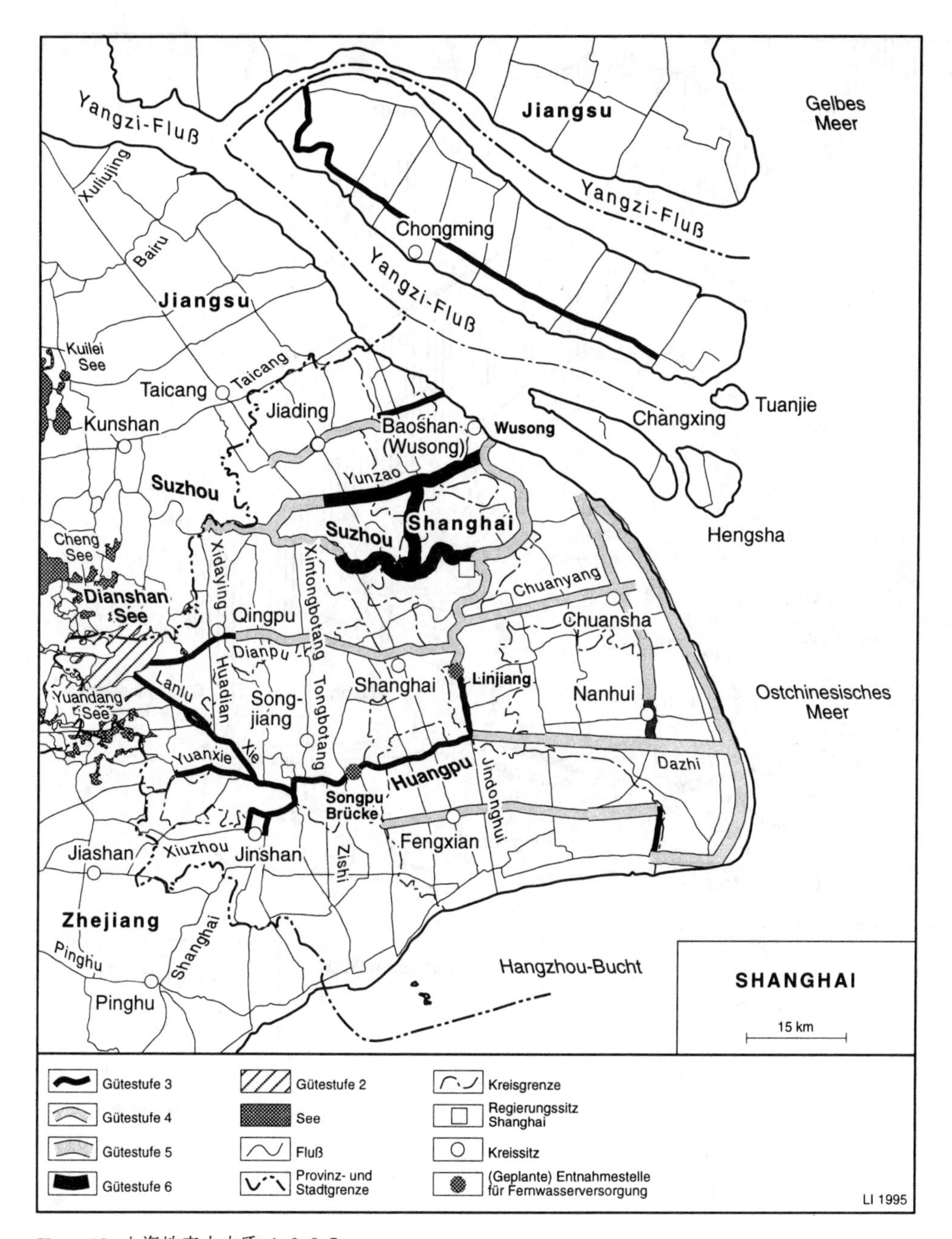

Karte 10: 上海地表水水质 1 9 8 7
Gewässergüte in Shanghai 1987
(Quelle: Shanghaier Institut für Umweltschutz, 1990: 1-12ff.; Qualitäts-Standard für Oberflächengewässer der Stadt Shanghai).

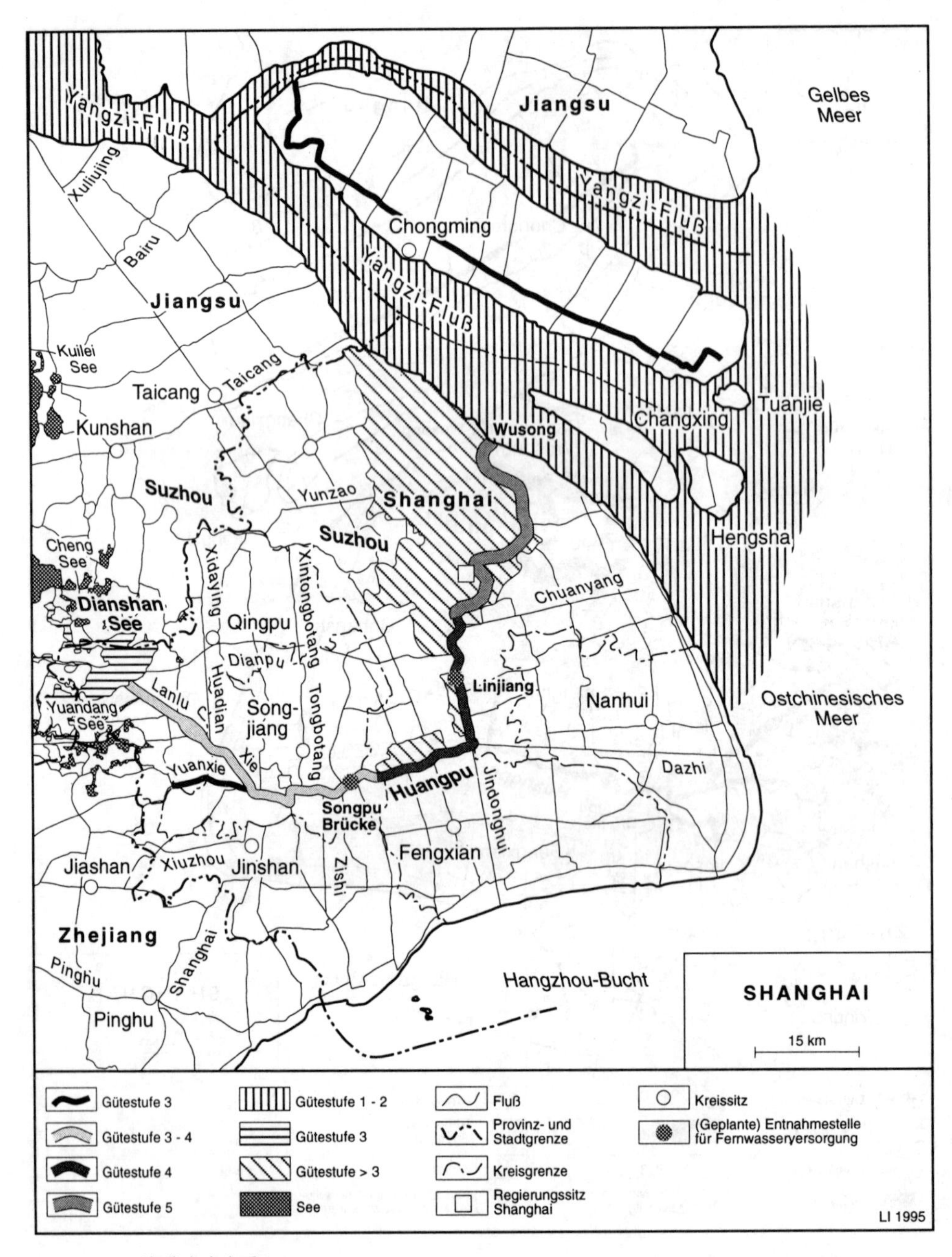

Karte 11: 上海地表水水质 1 9 9 3
Gewässergüte in Shanghai 1993
(Quelle: Shanghai environmental bulletin 1993: 6f.; Qualitäts-Standard für Oberflächengewässer der Stadt Shanghai).

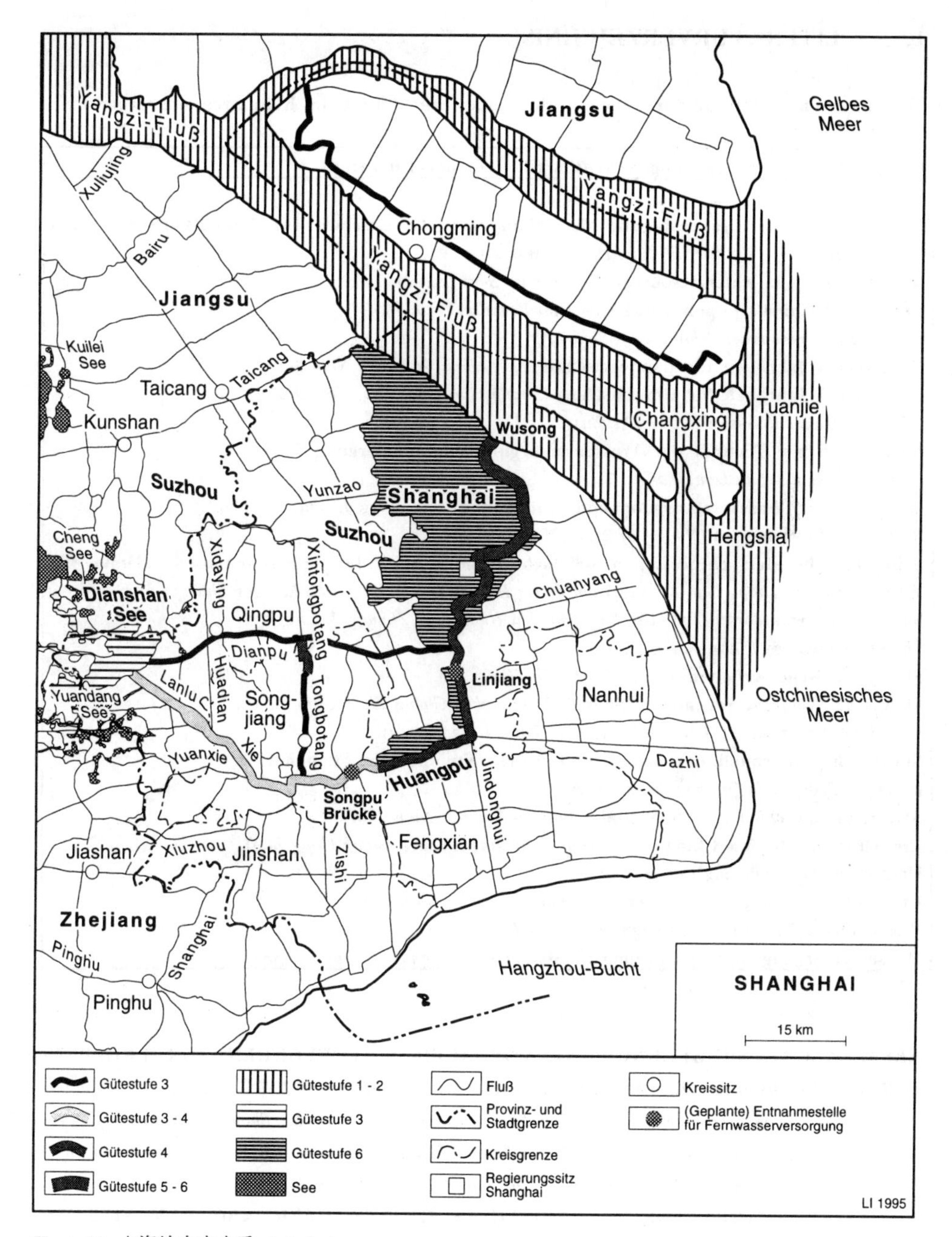

Karte 12: 上海地表水水质 １９９４

Gewässergüte in Shanghai 1994

(Quelle: Shanghai environmental bulletin 1994: 4f.; ZHAO & HE, 1994: 1f.; Qualitäts-Standard für Oberflächengewässer der Stadt Shanghai; Für die Flüsse Tongbotang und Dianpu gilt der Oberflächenwasser-Standard GB3838-88).

13 LITERATURVERZEICHNIS

Die chinesische Literatur wird auch in der Lautschrift *Pinyin* in Klammern angegeben.

Chinesische Zeitschriften und Schriftenreihen in der Literatur
Abhandlungen der Jahrestagung der Shanghaier Gesellschaft für Umweltwissenschaften (*Shanghai Huan Jing Ke Xue Hui Nian Hui Lun Wen Ji*).
Almanac of China water resources (*Zhong Guo Shui Li Nian Jian*).
Almanac of China's population (*Zhong Guo Ren Kou Nian Jian*).
China water resources (*Zhong Guo Shui Li*).
Chinesisches Jahrbuch für Landwirtschaft (*Zhong Guo Nong Ye Nian Jian*).
Chinesisches Jahrbuch für Umweltschutz (*Zhong Guo Huan Bao Nian Jian*).
Geographisches Wissen (*Di Li Zhi Shi*).
Nachrichten zur Technik der Wasserversorgung und -entsorgung (*Ji Shui Pai Shui Ji Shu Dong Tai*).
Ostchinesische Wasserversorgung und -entsorgung (*Hua Dong Ji Shui Pai Shui*).
Rural Eco-Environment (*Nong Cun Sheng Tai Huan Jing*).
Schriftenreihe der chinesischen Wirtschaftsgeographie der chinesischen Akademie für Wissenschaften (*Zhong Guo Ke Xue Yuan Zhong Hua Di Li Zhi Jing Ji Di Li Cong Shu*).
Shanghai environmental bulletin (*Shanghai Shi Huan Jing Zhuang Kuang*).
Shanghai Geology (*Shanghai Di Zhi*).
Stadtgeologische Arbeiten (*Cheng Shi Di Zhi Zhuan Ji*).
Städtische Wasserversorgung in Shanghai (*Shanghai Cheng Zhen Gong Shui*).
Statistical Yearbook of China (*Zhong Guo Tong Ji Nian Jian*).
Statistisches Jahrbuch des neuen Stadtbezirks Pudong von Shanghai (*Shanghai Pudong Xin Qu Tong Ji Nian Bao*).
Statitisches Jahrbuch von Shanghai (*Shanghai Tong Ji Nian Jian*).
Umweltbericht der VR China (*Zhong Guo Huan Jing Zhuang Kuang Gong Bao*).
Umweltschutz (*Huan Jing Bao Hu*).
Umweltüberwachung in Shanghai (*Shanghai Huan Jing Jian Ce*).
Wasserversorgung und -entsorgung (*Ji Shui Pai Shui*).
Wasserversorgung und -entsorgung in Shanghai (*Shanghai Ji Shui Pai Shui*).

ABFALLABGABENREGELUNGEN (= VORLÄUFIGE REGELUNGEN ZUR ERHEBUNG DER ABFALLABGABE) (*Zhen Shou Pai Wu Fei Zan Xing Ban Fa*) vom 5.2.1982. In: FANG, Zi-Yun (ed.) (1988): Handbook on water resources protection (*Shui Zi Yuan Bao Hu Gong Zuo Shou Ce*). Nanjing: 945 - 947.

ABWASSER-STANDARD GB8978-88 (= INTEGRATED WASTEWATER DISCHARGE STANDARD GB8978-88) (*Wu Shui Zong He Pai Fang Biao Zhun*). Beijing (1988).

ABWASSERABGABENGESETZ - ABWAG (= GESETZ ÜBER ABGABEN FÜR DAS EINLEITEN VON ABWASSER IN GEWÄSSER) vom 6. November 1990. In: BGBI. I: 2432ff.

ABWASSERGESETZ (= GESETZ ZUR VORBEUGUNG UND SANIERUNG DER WASSERVERUNREINIGUNG DER VR CHINA) (*Zhong Hua Ren Min Gong He Guo Wu Shui Fang Zhi Fa*) vom 11.5.1984. Beijing (Chinesisches Jahrbuch für Umweltschutz 1990: 985 - 989).

ALBERTZ, J. (1991): Grundlagen der Interpretation von Luft- und Satellitenbildern. Eine Einführung in die Fernerkundung. Darmstadt.

ALMANAC OF CHINA WATER RESOURCES 1990 (*Zhong Guo Shui Li Nian Jian 1990*). Beijing (1991).

ALMANAC OF CHINA'S POPULATION 1985 (*Zhong Guo Ren Kou Nian Jian*). Beijing (1985).

ATLAS DER CHINESISCHEN PROVINZEN (*Zhong Guo Fen Sheng Di Tu Ji*). Beijing (1959).

ATLAS DER CHINESISCHEN PROVINZEN (*Zhong Guo Fen Sheng Di Tu Ji*). Beijing (1974).

ATLAS DER PHYSISCHEN GEOGRAPHIE VON CHINA (*Zhong Guo Zi Ran Di Li Tu Ji*). Beijing (1984).

ATLAS DER STADT SHANGHAI (*Shanghai Shi Di Tu Ji*). Shanghai (1984).

ATLAS DER VOLKSREPUBLIK CHINA (*Zhong Hua Ren Min Gong He Guo Di Tu Ji*). Bejing (1979).

ATLAS DER VOLKSREPUBLIK CHINA (*Zhong Hua Ren Min Gong He Guo Di Tu Ji*). Bejing (1984).

ATLAS DES SHANGHAIER STADTGEBIETS (*Shanghai Shi Qu Di Tu Ce*). Shanghai (1990).

AURAND, K. (HRSG.) (1991): Die Trinkwasserverordnung: Einführung und Erläuterungen für Wasserversorgungsunternehmen und Überwachungsbehörden. 3. Aufl., Berlin.

BAHADIR, M. u.a. (HRSG.) (1995): Springer-Umweltlexikon. Berlin u.a.

BARRETT, E.C. etc. (ed.) (1990): Satellite remote sensing for hydrology and water management: the Mediterranean coasts and islands. New York etc. (Current topics in remote sensing: 1).

BAUM, F. (1992): Umweltschutz in der Praxis. 2. Aufl., München.

BAYERISCHES STAATSMINISTERIUM FÜR LANDESENTWICKLUNG UND UMWELTFRAGEN (1996): Guter Rat spart Geld. In: Umwelt & Entwicklung Bayern, 1: 12 - 13.

BERGMANN, E. & S. WERRY (1989): Der Wasserpfennig: Konstruktion und Auswirkungen einer Wasserentnahmeabgabe. (Berichte/Umweltbundesamt; 5/89). Berlin.

BODEN- UND WASSERGESETZ (= GESETZ ZUR WASSER- UND BODENERHALTUNG DER VR CHINA) (*Zhong Hua Ren Min Gong He Guo Shui Tu Bao Chi Fa*) vom 29.6.1991. In: Chinesisches Jahrbuch für Umweltschutz 1992: 52 - 54.

BODEN- UND WASSERVERORDNUNG (= VERORDNUNG ZUR WASSER- UND BODENERHALTUNG DER VR CHINA) (*Shui Tu Bao Chi Gong Zuo Tiao Lie*) vom 30.6.1982. In: FANG, Zi-Yun (ed.) (1988): Handbook on water resources protection (*Shui Zi Yuan Bao Hu Gong Zuo Shou Ce*). Nanjing: 954 - 957.

BOLSENKÖTTER, H. u.a. (1984): Hydrogeologische Kriterien bei der Bemessung von Wasserschutzgebieten für Grundwasserfassungen. Hannover (Geologisches Jahrbuch, Reihe C, 36).

BRUCKHAUS, A. & R. BERG (1990): Anforderungen des Gewässerschutzes an eine ordnungsgemäße Landwirtschaft. Berlin (Umweltbundesamt Fachberichte, 90-037).

BUNDESMINISTER DES INNERN (HRSG.) (1982): Wasserversorgungsbericht. Bericht über Wasserversorgung in der Bundesrepublik Deutschland. Berlin.

BUNDESMINISTER FÜR UMWELT, NATURSCHUTZ UND REAKTORSICHERHEIT (1990): Umweltpolitik. Bericht der Bundesregierung an den Deutschen Bundestag zur Vorbereitung der 3. Internationalen Nordseeschutz-Konferenz (3. INK). Ergebnisse der Konferenz. Bonn.

BUNDESMINISTERIUM FÜR UMWELT, NATURSCHUTZ UND REAKTORSICHERHEIT (1994): Wasserwirtschaft in Deutschland. Bonn.

BUNDESMINISTERIUM FÜR UMWELT, NATURSCHUTZ UND REAKTORSICHERHEIT (1995): Schutz der Elbe und ihres Einzugsgebiets. In: Umwelt, 12: 452 - 453.

BÜRO FÜR INTERDISZIPLINÄRE UNTERSUCHUNGEN DER STADT SHANGHAI DURCH LUFTBILDFERNERKUNDUNG (1991): Interdisziplinäre Untersuchungen der Stadt Shanghai durch Luftbildfernerkundung (1988 - 1991) (*Shanghai Shi Hang Kong Yao Gan Zong He Diao Cha Yu Yan Jiu*). Shanghai.

CHEN, Cheng-Kang (1991): Einführung in die Umweltschutzgesetze (*Huan Jing Bao Hu Fa Gai Lung*). Beijing.

CHEN, Cheng-Siang (1970): Shanghai (*Shanghai*). Hong Kong (Research report, 38, geographical research centre, graduate school, the chinese university of Hong Kong).

CHEN, Jiang-Tao (1985): Erläuterungen zur Verordnung über Wasserschutzgebiet am Oberlauf des Flusses Huangpu der Stadt Shanghai (*Guan Yu Shanghai Shi Huangpu Jiang Shang You Shui Yuan Bao Hu Tiao Lie (Cao An) De Shuo Ming*). In: Shanghaier Umweltschutzamt (1990): Materialien zur Kontrolle der gesamten Emission und Verwendung der Zertifikate. Shanghai: 15 - 20.

CHEN, Lu (HRSG.) (1987): Wirtschaftsgeographie der Stadt Shanghai (*Shanghai Shi Jing Ji Di Li*). Beijing.

CHEN, Lu (HRSG.) (1988): Atlas der Agrargliederung der Stadt Shanghai (*Shanghai Shi Nong Ye Qu Hua Tu Ji*). Shanghai.

CHEN, Peng-Ju (1988): Wasserwirtschaftliche Fachgesetze von der chinesischen Republik und Taiwan (*Min Guo Shi Qi Ji Taiwan De Shui Li Zhuan Yie Fa Gui*). In: China water resources, 3/1988: 40 - 41.

CHEN, Ren & GU, Yun-Kang (HRSG.) (1994): Umweltverschmutzung: Konflikte Zwischen Fabriken und Bewohnern sowie Lösungsstrategien (*Huan Jing Wu Ran: Chang Qun Mao Dun Yu Chu Li Dui Ce*). Shanghai.

CHEN, Yin-Xu (1996): Persönliche Mitteilung. Berlin.

CHEN, Yu-Qun (ed.) (1992): Theory and practice of urban eco-economy. Concurrently study on developing strategy and its countermeasure of urban eco-economy in Shanghai (*Chen Shi Sheng Tai Jing Ji Li Lun Yu Shi Jian. Jian Lun Shanghai Shi Sheng Tai Jing Ji Fa Zhan Zhan Lüe Ji Dui Ce*). Shanghai.

CHINESISCHES JAHRBUCH FÜR LANDWIRTSCHAFT 1981 (*Zhong Guo Nong Ye Nian Jian 1981*). Beijing (1992).

CHINESISCHES JAHRBUCH FÜR UMWELTSCHUTZ 1990 (*Zhong Guo Huan Bao Nian Jian 1990*). Beijing (1991).

CHINESISCHES JAHRBUCH FÜR UMWELTSCHUTZ 1992 (*Zhong Guo Huan Bao Nian Jian 1992*). Beijing (1993).

DAI, Gang (1991): Schnelle Entwicklung von Pudong. In: Beijing Rundschau, 29: 23 - 30.

DENG, Shou-Lin (HRSG.) (1979): Allgemeine Hydrologie (*Pu Tong Shui Wen Xue*). Beijing.

DEUTSCHER VEREIN DES GAS- UND WASSERFACHES (DVGW) (1975A): Richtlinien für Trinkwasserschutzgebiete; II. Teil: Schutzgebiete für Trinkwassertalsperren. 2. Fassung, Eschborn (DVGW-Arbeitsblatt W 102).

DEUTSCHER VEREIN DES GAS- UND WASSERFACHES (DVGW) (1975B): Richtlinien für Trinkwasserschutzgebiete; III. Teil: Schutzgebiete für Seen. Eschborn (DVGW-Arbeitsblatt W 103).

DEUTSCHER VEREIN DES GAS- UND WASSERFACHES (DVGW) (1981): Behandlung des Waldes in Schutzgebieten für Trinkwassertalsperren. Eschborn (DVGW-Merkblatt W 105).

DEUTSCHER VEREIN DES GAS- UND WASSERFACHES (DVGW) (1994): Richtlinien für Trinkwasserschutzgebiete; I. Teil: Schutzgebeite für Grundwasser. 4. Fassung, Eschborn (DVGW-Arbeitsblatt W 101, Druckmanuskript).

DINKLOH, L. (1991): Qualitätsziele zum Schutz oberirdischer Binnengewässer vor gefährlichen Stoffen - Neue Entwicklungen. Darmstadt (Gewässerschutz-Wasser-Abwasser (GWA), 119: 113 - 125).

DOMRÖS, M. & G. PENG (1988): The Climate of China. Berlin etc.

ELLWEIN, Th. (1996): Wasser und Abwasser: Der Privatisierungsdruck nimmt zu. In: GWF Wasser/Abwasser, 4: 187 - 191.

EMISSIONSGRENZWERTE GBJ4-73 (= EMISSIONSGRENZWERTE FÜR INDUSTRIEABWASSER, -ABGAS UND -SCHLACKE GBJ4-73 (AUF PROBE)) (*Gong Ye "San Fe" Pai Fang Shi Xing Biao Zhun*). Beijing (1973).

ENDRES, A. & K. HOLM-MÜLLER (1993): Die deutschen Wasserverbände als Vorbild für Umweltgenossenschaften? Eine ökonomische Betrachtung. In: ENDRES, A. & P. MARBURGER: Umweltschutz durch gesellschaftliche Selbststeuerung: gesellschaftliche Umweltnormierungen und Umweltgenossenschaften. Bonn (Studien zum Umweltstaat: 161 - 189).

ENDRES, A. (1985): Umwelt- und Ressourcenökonomie. Darmstadt (Erträge der Forschung, 229).

ENDRES, A. (1994): Umweltökonomie: eine Einführung. Darmstadt.

ENGLERT, S. & F. REICHERT (1985): Vorwort. Heidelberg (Heidelberger Bibliotheksschriften, 17: 7 - 8).

ERLÄUTERUNGEN ZU WSG-VERWALTUNGSBESTIMMUNGEN (= ERLÄUTERUNGEN ZU VERWALTUNGSBESTIMMUNGEN ZUR VORBEUGUNG UND SANIERUNG DER VERUNREINIGUNG VON TRINKWASSERSCHUTZGEBIETEN) (*Yin Yong Shui Shui Yuan Bao Hu Qu Wu Ran Fang Zhi Guan Li Gui Ding Bian Zhi Shuo Ming*) vom 10.7.1989. In: ZHANG, Yong-Liang u.a. (1991): Schutz von Trinkwasserressourcen: Regelungen, Standards und Unterlagen (*Yin Yong Shui Shui Yuan Bao Hu. Gui Ding, Biao Zhun, Can Kau Zhi Liao*). Beijing: 8 - 11.

FAKULTÄT FÜR TECHNISCHEN UMWELTSCHUTZ DER TONGJI UNIVERSITÄT (1992): Gutachten zum Wasserzuleitungsprojekt Daqiao am Oberlauf des Flusses Huangpu und Ersatzvorschläge (Huangpu Jiang Shang You Da Qiao Yin Shui Gong Cheng Ji Qi Dai Ti Fang An Zong He Ping Jia Bao Gao). Shanghai.

FANG, Zi-Yun (ed.) (1988): Handbook on water resources protection (Shui Zi Yuan Bao Hu Gong Zuo Shou Ce). Nanjing.

FLINSPACH, D. (1995): Schriftliche Mitteilung. Stuttgart.

FÖRSTNER, U. (1991): Umweltschutztechnik. Eine Einführung. 2. Aufl., Berlin u.a.

FRICKE, K. u.a. (HRSG.) (1993): Integrierte Abfallwirtschaft im ländlichen Raum. Berlin.

FUNKTIONSBESTIMMUNG, ORGANISATION UND PERSONALBESTAND DES MINISTERIUMS FÜR WASSERWIRTSCHAFT (*Shui Li Bu Zhi Neng Pei Zhi, Nei She Ji Gou He Ren Yuan Bian Zhi Fang An*). In: China water resources, 2/94: 4 - 6.

GAO, Ting-Yao (1994A): Persönliche Mitteilung. Shanghai.

GAO, Ting-Yao (HRSG.) (1994B): Technische Wasserreinhaltung (*Shui Wu Ran Kong Zhi Gong Cheng*). 4. Aufl., Teil 2, Shanghai (Hochschullehrbücher).

GÄRTNER, A. (1915): Die Hygiene des Wassers. Gesundheitliche Bewertung, Schutz, Verbesserung und Untersuchung der Gewässer. Braunschweig.

GEWÄSSERBIOLOGIE-VERORDNUNG (= VERORDNUNG ZUM SCHUTZ DER PFLANZEN- UND TIERWELT IM GEWÄSSER UND IHRER ZUCHT) (*Shui Chan Zi Yuan Fan Zhi Bao Hu Tiao Lie*) vom 10.2.1979. In: FANG, Zi-Yun (ed.) (1988): Handbook on water resources protection (*Shui Zi Yuan Bao Hu Gong Zuo Shou Ce*). Nanjing: 935 - 937.

GIERLOFF-EMDEN, H.G. (1979/80): Karte: Gezeitenverhältnisse an den Küsten der Ozeane. In: GIERLOFF-EMDEN, H.G.: Geographie des Meeres. Berlin/New York (Lehrbuch der allgemeinen Geographie, 5).

GIESEKE, P. u.a. (1985): Wasserhaushaltsgesetz unter Berücksichtigung der Landeswassergesetze und des Wasserstrafrechts. Kommentar. 4. Aufl., München.

GÖPFERT, W. (1991): Raunbezogene Informationssysteme. Grundlagen der integrierten Verarbeitung von Punkt-, Vektor- und Rasterdaten, Anwendungen in Kartographie, Fernerkundung und Umweltplanung. 2. Aufl., Karlsruhe.

GOTTSCHALK, C. (1994): Zielvorgaben für gefährliche Stoffe in Oberflächengewässern. Überarbeitung des Berichtes "Qualitätsziele für gefährliche Stoffe in Oberflächengewässern" (Texte 8/92). Berlin (Umweltbundesamt Texte, 44/94).

GREENPEACE (1991): Elbe/Rhein. Der Rhein - kein Vorbild für die Elbe. Hamburg (Greenpeace Studie).

GU, Guo-Wei u.a. (1985): Forschungsprojekt Verträglichkeit des Gewässers und Konzepte zum komplexen Sanierungsplan am Oberlauf des Flusses Huangpu. Inventatur der Verschmutzungsquellen und Wassergütebewertung am Oberlauf des Flusses Huangpu (*Huangpu Jiang Shang You Shui Huan Jing Rong Liang Ji Zong He Zhi Li Gui Hua Fang An Yan Jiu Ke Ti. Huangpu Jiang Shang You Wu Ran Yuan Diao Cha Yu Shui Zhi Ping Jia*). Shanghai.

GU, Yong-Bo (1990): Der Abfallsanierung muß weiterhin Aufmerksamkeiten geschenkt werden (*Yao Ji Xu Zhong Shi San Fe Zhi Li Gong Zuo*). In: WO, Yong-Guang u.a.: Technik und Management des Umweltschutzes (*Huan Jing Bao Hu Ji Shu Yu Guan Li*). Shanghai: 298 - 302.

GU, You-Zhi u.a. (1986): Vorläufige Einschätzung der Wirkungen der diffusen Verschmutzungsquellen am Oberlauf des Huangpu-Flusses (*Huangpu Jiang Shang You Di Qu Fei Dian Wu Ran Yuan Ying Chu Bu Gu Ji*). Shanghai.

GU, Ze-Nan & GU, Qi-Xiang (1978): 100 Jahre Leitungswasser in China 1883 - 1983 (*Zhong Guo Zi Lai Shui Shi Ye Yi Bai Nian 1883 - 1983*). Shanghai.

HANDBUCH DER CHINESISCHEN PROVINZEN (*Zhong Guo Fen Sheng Gai Kuang Shou Ce*). Beijing (1984).

HANDBUCH GEOGRAPHIE FÜR SCHULLEHRER (*Zhong Xue Di Li Jiao Shi Shou Ce*). 2. Aufl., Beijing (1985).

HANSEN, P.-D. (1995): Grenzwerte und Zielvorgaben. Berlin (Manuskript).

HE, Chen (1994): Wirtschaftsanalytische Studien der Umweltauswirkungen: Analysen der wirtschaftlichen Verluste durch Wasserverschmutzung im Neugebiet Pudong und Gegenmaßnahmen (*Guan Ỳu Huan Jing Ying Xiang Jing Ji Fen Xi De Yan Jiu. Dui Pudong Xin Qu Shui Wu Ran Jing Ji Sun Shi De Dui Ce He Fen Xi*). Shanghai.

HOCHSCHULGRUPPE FÜR UMWELTFORSCHUNG (1983): Forschungsbericht. Konzeption der Abwassersanierung im Kreis Songjiang (*Songjiang Xian Shui Wu Ran Zong He Zhi Li Fang An Yan Jiu Bao Gao*). Shanghai.

HÖLTING, B. (1992): Hydrogeologie. Einführung in die Allgemeine und Angewandte Hydrogeologie. 4. Aufl., Stuttgart.

HSUENG, Yi (ed.) (1986): The soil atlas of China. Beijing.

HUANG, Zhong-Jie (1991): Selbstberechnung der Wasserpreise in Shanghai (*Shanghai Shui Fei Xin Suan You Jue Qiao*). In: Städtische Wasserversorgung in Shanghai, 2: 35 - 36.

INFO- UND FORSCHUNGSGRUPPE DER STÄDTISCHEN ABWASSERWERKE (1992): Entwicklung und Statusanalyse der städtischen Abwasserwerke in Shanghai (*Shanghai Shi Chen Shi Wu Shui Chu Li Chang Fa Zhan Jian Kuang He Xian Zhuang Fen Xi*). In: Ostchinesische Wasserversorgung und -entsorgung, 1: 7 - 13.

INTERNATIONALE ARBEITSGEMEINSCHAFT DER WASSERWERKE IM RHEINEINZUGSGEBIET (1991): Rheinbericht ´88 - ´90. Amsterdam.

INTERNATIONALE ARBEITSGEMEINSCHAFT DER WASSERWERKE IM RHEINEINZUGSGEBIET (1992): Rheinsanierung: Vorbild für Europa? Amsterdam (13. Arbeitstagung der Internationalen Arbeitsgemeinschaft der Wasserwerke im Rheineinzugsgebiet).

INTERNATIONALE KOMMISSION ZUM SCHUTZ DER ELBE (1995): Aktionsprogramm Elbe. Magdeburg.

INTERNATIONALE KOMMISSION ZUM SCHUTZE DES RHEINS (1991): Ökologisches Gesamtkonzept für den Rhein. Koblenz.

INTERNATIONALE KOMMISSION ZUM SCHUTZE DES RHEINS (1993): Statusbericht Rhein. Chemisch-physikalische und biologische Untersuchungen bis 1991. Vergleich Istzustand 1990 - Zielvorgaben. Koblenz.

INTERNATIONALE KOMMISSION ZUM SCHUTZE DES RHEINS (1994A): Der Rhein auf dem Weg zu vielseitigem Leben. Koblenz.

INTERNATIONALE KOMMISSION ZUM SCHUTZE DES RHEINS (1994B): Aktionsprogramm Rhein. Vergleich der Gewässergüte des Rheins mit den Zielvorgaben 1990 - 1993. Zwischenbericht. Koblenz.

IRMER, U. u.a. (1994): Ableitung und Erprobung von Zielvorgaben für gefährliche Stoffe in Oberflächengewässern. In: UWSF-Zeitschrift für Umweltchemie und Ökotoxikologie, 1: 19 - 27.

JANZ, K. & YE, Jing-Zhong (ed.) (1994): Towards organic farming in China. Beijing (Proceedings of the first international symposium on organic farming in China Mai 4 - 10, 1994).

JANZ, K. (1994): Organic farming in China - some closing remarks. In: JANZ, K. & YE, Jing-Zhong (ed.) (1994): Towards organic farming in China. Beijing (Proceedings of the first international symposium on organic farming in China Mai 4 - 10, 1994): 103 - 108.

JIA, Xiu (1986): Mikrobiologisches Wachstum und Verschlechterung der Wasserqualität bei den künstlichen Grundwasseranreicherungsanlagen (*Ren Gong Hui Guan Jing Wei Sheng Wu Sheng Zhang Yu Shui Zhi E Hua*). In: Shanghai Geology, 2: 11 - 15.

JIANG, Mian-Kang (1994): Persönliche Mitteilung. Shanghai.

JIAO, Qu-Min (1984): Die Entwicklung von Qinglong Zhen und Shanghai (*Qinglong Zhen De Sheng Shuai Yu Shanghai De Xing Qi*). In: WANG, Peng-Chen u.a.: Studien der Shanghaier Geschichte (*Shanghai Shi De Yan Jiu*). Shanghai: 37 - 50.

JIN, Rui-Lin (HRSG.) (1992): Umweltgesetz (*Huan Jing Fa Xue*). 2. Aufl., Beijing.

KALENDER. In: Brockhaus-Enzyklopädie, 11: 343ff. Mannheim (1990).

KELLETAT, D. (1984): Deltaforschung: Verbreitung, Morphologie, Entstehung und Ökologie von Deltas. Darmstadt (Erträge der Forschung, 214).

KNEBEL, J. (1988): Überlegungen zur Fortentwicklung des Umwelthaftungsrechts. Trier (Jahrbuch des Umwelt- und Technikrechts, 5: 261 - 280).

KNORR, M. (1937): Die Schutzzonenfrage in der Trinkwasserhygiene. In: GWF Wasser - Abwasser, 21: 330 - 334; 22: 350 - 355.

KNORR, M. (1951): Zur hygienischen Beurteilung der Ergänzung und des Schutzes großer Grundwasservorkommen. In: GWF Wasser - Abwasser, 10: 104 - 110; 12: 151 - 155.

KRAMER, D. u.a. (1989): Bewirtschaftung von Trinkwasserschutzgebieten durch Kooperationsgemeinschaften Trinkwasserschutz. In: Wasserwirtschaft - Wassertechnik, 8: 173 - 175.

KUHBIER, J. (1996): Privatisierung in der Wasserversorgung und Abwasserbeseitigung. Anmerkung zur Organisationsfreiheit der Gemeinden und zur Vertragsgestaltung mit privaten Partnern. In: GWF Wasser - Abwasser, 4: 180 - 186.

KUKAT, K.D.H. (1964): Die Ausweisung von Wasserschutzgebieten. Diss., Hamburg.

LÄNDERARBEITSGEMEINSCHAFT WASSER (LAWA) (1991): Die Gewässergütekarte der Bundesrepublik Deutschland 1990. Berlin.

LANDESAMT FÜR WASSER UND ABFALL NORDRHEIN-WESTFALEN (1990): Gewässergütebericht ´89. Düsseldorf.

LANDESAMT FÜR WASSER UND ABFALL NORDRHEIN-WESTFALEN (1993): Rheingütebericht ´92. Düsseldorf.

LANGER, W. (BEARB.) (1992): Investitionshilfen im Umweltschutz. Ein Praxisleitfaden mit Gesetzes-, Verordnungs- und Richtliniensammlung. 2. Aufl., Köln.

LEITUNGSWASSER-VERORDNUNG (= VORLÄUFIGE LEITUNGSWASSERGÜTE-VERORDNUNG) (*Sheng Huo Yin Yong Shui Wei Sheng Gui Chen (Shi Xing)*). Beijing (1955).

LEXIKON (*Ci Hai*), Teil 1, Stichwort Mondphasen (*Yue Xiang*): 943; Teil 3, Stichwort Mond- und Sonnenkalender (*Yin Yang Li*): 3425. Shanghai (1979).

LI, Jin-Chang (1992): Umweltpreis und Wirtschaftshaushalt (*Huan Jing Jia Zhi Yu Jing Ji He Suan*). In: Umweltschutz, 7: 21 - 24.

LI, Jing (1988): Entwicklung des Yangzideltas (*Chang Jiang Kou De Bian Qian*). In: Geographisches Wissen, 7: 27.

LI, Tian-Jie u.a. (HRSG.) (1983): Bodengeographie (*Tu Rang Di Li Xue*). 2. Aufl., Beijing.

LI, Xin-Hui (1994): Schriftliche Mitteilung. Urumchi.

LI, Xin-Hui (1996): Schriftliche Mitteilung. Urumchi.

LI, Zhai (1991): Shanghais Entwicklung im Schnellgang. In: Beijing Rundschau, 24: 20 - 25.

LIU, Jing-Hua u.a. (1993): Studie zur Abwassersammlung in den Gebieten Hongkou Gang und Yangpu Gang (*Hongkou Gang, Yangpu Gang Di Qu Han Liu Wu Shui Jie Liu Yan Jiu*). In: Ostchinesische Wasserversorgung und -entsorgung, 4: 39 - 44.

LUCKNER, L. & B. RIESS (1992): Trinkwasserschutzgebiete in den neuen Bundesländern. In: Wasserwirtschaft - Wassertechnik, 8: 352 - 360.

MARBURGER, P. & T. GEBHARD (1993): Umweltgenossenschaften. In: ENDRES, A. & P. MARBURGER: Umweltschutz durch gesellschaftliche Selbststeuerung: gesellschaftliche Umweltnormierungen und Umweltgenossenschaften. Bonn (Studien zum Umweltstaat: 116 - 160).

MEERESSCHUTZGESETZ (= GESETZ ZUM SCHUTZ DER OZEANISCHEN UMWELT DER VR CHINA) (*Zhong Hua Ren Min Gong He Guo Hai Yang Huan Jing Bao Hu Fa*) vom 23.8.1982. In:

FANG, Zi-Yun (ed.) (1988): Handbook on water resources protection (*Shui Zi Yuan Bao Hu Gong Zuo Shou Ce*). Nanjing: 958 - 962.

MEERESWASSER-STANDARD GB3097-82 (= QUALITÄTS-STANDARD FÜR MEERESGEWÄSSER GB3097-82 DER VR CHINA) (*Zhong Hua Ren Min Gong He Guo Guo Jia Biao Zhun GB3097-82 Hai Shui Shui Zhi Biao Zhun*) vom 6.4.1982. In: FANG, Zi-Yun (ed.) (1988): Handbook on water resources protection (*Shui Zi Yuan Bao Hu Gong Zuo Shou Ce*). Nanjing: 1103 - 1105.

MEISER, P. (1989): Trinkwasserschutzgebiete. Eschborn (DVGW-Schriftenreihe Wasser 201: 25-1/25-16).

MINISTERIUM FÜR WASSERWIRTSCHAFT (1988A): Vorschläge über Mitbeteiligung der Bevölkerung am Wasserbau im ländlichen Raum (*Guan Yu Kao Qun Zhong He Zuo Xing Xiu Nong Cun Shui Li De Yi Jian*). In: Almanac of China water resources 1990: 41.

MINISTERIUM FÜR WASSERWIRTSCHAFT (1988B): Vorläufige Bestimmungen über Management der Multiunternehmen in der Wasserwirtschaft (*Shui Li Zhong He Jing Ying Guan Li Zhan Xing Gui Ding*). In: Almanac of China water resources 1990: 42 - 44.

MINISTERIUM FÜR ZIVILVERWALTUNG DER VR CHINA (1993): Broschüre der Verwaltungsgliederung der VR China 1993 (*Zhong Hua Ren Min Gong He Guo Xing Zheng Qu Hua Jian Ce 1993*). Beijing.

MO, Bing-Chun (1988): Wasserzuleitungsprojekt am Huangpu. In: China im Bild, 6: 36 - 37.

MÖHLE, K.-A. (1983): Wassersparmaßnahmen. Möglichkeiten, Probleme und Grenzen der Einsparung von Trinkwasser durch Ausbau doppelter Versorgungsnetze sowie durch wassersparende Installationen und Einrichtungen beim Verbraucher. Berlin (Bundesminister des Innern (HRSG.): Wasserversorgungsbericht, Teil B: Materialien, 4).

MÖNNINGHOFF, H. (HRSG.) (1988): Ökotechnik, Wasserversorgung im Haus: Wasserspartechnik, doppelte Wassernetze, Regenwassernutzung, Grauwasserreinigung. Freiburg.

MÜLLER, N. (1994): Gewässergütemodellierung von Fließgewässern unter Berücksichtigung qualitativer, quantitativer, flächenhafter und sozioökonomischer Informationen. Karlsruhe (Schriftenreihe des Instituts für Siedlungswasserwirtschaft der Universität Karlsruhe, 70).

NATIONAL PEOPLE'S CONGRESS AMENDS WATER POLLUTION LAW. In: SWB, FE/2625 S1/1 - 4.

NATIONALES UMWELTSCHUTZAMT & MINISTERIUM FÜR WASSERWIRTSCHAFT UND ELEKTRIZITÄT (1985): Einige Regelungen zur Arbeit mit dem Wasserressourcenschutz Changjiang (*Changjiang Shui Zi Yuan Bao Hu Gong Zuo Ruo Gan Gui Ding*). In: FANG, Zi-Yun (ed.) (1988): Handbook on water resources protection (*Shui Zi Yuan Bao Hu Gong Zuo Shou Ce*). Nanjing: 1040 - 1041.

NIU, Mao-Sheng (1989): Vertiefung und Beschleunigung der Wasserpreisreform (*Tong Yi Ren Shi, Jian Ding Xin Xin, Jia Su Shen Hua Shui Fei Gai Ge*). In: China water resources, 6: 10 - 12.

NÖRING, F. (1981): Grundlagen der geltenden Richtlinien für Trinkwasserschutzgebiete. In: AURAND, K. (HRSG.): Bewertung chemischer Stoffe im Wasserkreislauf. Berlin: 60 - 62.

NÖRING, F. (1982): Grundlagen und Probleme der Festsetzung von Wasserschutzgebieten. Aachen (Mitteilungen der Ingenieur- und Hydrogeologie der TH Aachen, 13: 19 - 38).

NÖRING, F. (1984): Wasserschutzgebiete. In: GWF Wasser - Abwasser, 6: 169 - 171.

OBERFLÄCHENWASSER-STANDARD GB3838-83 (= QUALITÄTS-STANDARD FÜR OBERFLÄCHENGEWÄSSER GB3838-83 DER VR CHINA) (*Zhong Hua Ren Min Gong He Guo Guo Jia Biao Zhun GB3838-83 Di Mian Shui Huan Jing Zhi Liang Biao Zhun*) vom 14.9.1983. In: FANG, Zi-

Yun (ed.) (1988): Handbook on water resources protection (*Shui Zi Yuan Bao Hu Gong Zuo Shou Ce*). Nanjing: 1083 - 1085.

OBERFLÄCHENWASSER-STANDARD GB3838-88 (= QUALITÄTS-STANDARD FÜR OBERFLÄCHENGEWÄSSER GB3838-88 DER VR CHINA) (*Zhong Hua Ren Min Gong He Guo Guo Jia Biao Zhun GB3838-88 Di Mian Shui Huan Jing Zhi Liang Biao Zhun*) vom 5.4.1988. In: XIA, Qing & ZHANG, Xu-Hui (HRSG.) (1990): Handbuch für Gewässergütestandards (*Shui Zhi Biao Zhun Shou Ce*). Bejing: 228 - 233.

PAN, Ling (1982): In search of old Shanghai. Hong Kong.

PANG, Jin-Hua (1991): Entwicklung der Landwirtschaft und Bodenchemie in Shanghai (*Shanghai Nong Ye De Fa Zhan Yu Tu Rang Bei Jing Zhi*). Shanghai (Abhandlungen der 3. Jahrestagung der Shanghaier Gesellschaft für Umweltwissenschaften, 3: 465 - 467).

PEOPLE´S DAILY (*Renmin Ribao*) vom 5.10.1995.

PEOPLE´S DAILY OVERSEAS EDITION (*Renmin Ribao Haiwaiban*) vom 21.8.1996.

PFLANZENSCHUTZMITTEL-VERORDNUNG (= VERORDNUNG ÜBER ANWENDUNGSVERBOTE FÜR PFLANZENSCHUTZMITTEL) (*Nong Yao An Quan Shi Yong Gui Ding*) vom 5.6.1982. Beijing.

PLANUNGSSKIZZE DES NEUEN STADTBEZIRKS PUDONG (*Pudong Xin Qu Gui Huai Shi Yi Tu*). Shanghai (1994).

PÖPEL, H.J. (1989): Begrüßung und Eröffnung. Darmstadt (Schriftenreihe WAR 42: 1 - 4).

PU, Yue-Pu u.a. (1988): Untersuchung zu der Verunreinigung des ländlichen Gewässers durch Viehzucht und ihrer Schädlichkeit (*Qin Chu Si Yang Ye Dui Nong Cun Shui Ti Wu Ran Ji Qi Wei Hai Xing Yan Jiu*). Shnaghai.

PUTNOKI, H. (1991): Optimale Wasserpreise. Eine ökonomische Analyse zur Nutzung qualitativ knapper Wasserressourcen. Baden-Baden (Schriften zur öffentlichen Verwaltung und öffentlichen Wirtschaft, 121).

QIU, Xin-Yan & HUANG, Hong-Liang (1989): Zertifikate sind ein effektives Instrument im Umweltzielmanagement (*Pai Wu Xu Ke Zheng Shi Huan Jing Mu Biao Guan Li De Yi Ge You Xiao Shou Duan*). In: Shanghaier Umweltschutzamt (1989): Materialien zum Statusseminar Erfahrungen mit Abfall-Zertifikaten in der Stadt Shanghai. Shanghai: 1 - 10.

REICHERT, F. (1985): Shanghai 1609. Die frühesten europäischen Zeugnisse. Heidelberg (Heidelberger Bibliotheksschriften, 17: 15 - 20).

REISEN, W. (1993): Aufbau der Abfallwirtschaft in Erfurt. In: THOME-KOZMIENSKY, K. J.: Modelle für eine zukünftige Siedlungsabfallwirtschaft. Berlin - Neuruppin (Technik, Wirtschaft, Umweltschutz): 73 - 82.

REN, Mei-E (HRSG.) (1985): Grundzüge der physischen Geographie von China (*Zhong Guo Zi Ran Di Li Gang Yao*). Beijing.

RICHTER, D. (1983): Taschenatlas Klimastationen. Braunschweig.

RICHTLINIE DES RATES VOM 16. JUNI 1975 ÜBER DIE QUALITÄTSANFORDERUNGEN AN OBERFLÄCHENWASSER FÜR DIE TRINKWASSERGEWINNUNG IN DEN MITGLIEDSTAATEN (75/440/EWG). In: Amtsblatt der Europäischen Gemeinschaften L 194 vom 25.7.75: 34 - 39.

ROTH, H. (1988): Wasserhaushaltsgesetz. Textausgabe mit Erläuterungen und Ausführungsvorschriften sowie Einführung zum gesamten Recht der Wasserwirtschaft. 2. Aufl., Berlin (Wasserrecht und Wasserwirtschaft; 20).

RUCHAY, D. (1993): Gewässerschutz und Trinkwasserversorgung in Deutschland. In: MOSER, (HRSG.) (1993): Wasser im Blickpunkt. Essen: 10 - 12.

RUI, You-Ren & XIA, Rou-Gang (1992): Stand und Entwicklungsplan der Wasserressourcen für Shanghaier Stadtwasserversorgung (*Shanghai Shi Cheng Shi Gong Shui Shui Yuan Xian Zhuang Ji Fa Zhan Gui Hua*). In: Ostchinesische Wasserversorgung und -entsorgung, 1: 2 - 7.

RUI, You-Ren u.a. (1991): Der Stand der Wassergüte nach der ersten Phase des Huangpu-Umleitungsprojekts und sein Sozialeffekt (*Huangpu Jiang Shang You Yin Shui Yi Qi Gong Chen Tou Chan Hou Shui Zhi Gai Shan Qing Kuang Ji Qi She Hui Xiao Yi*). In: Wasserversorgung und -entsorgung in Shanghai, 2: 21 - 41.

SCHÄDLER, M (1991): Provinzporträts der VR China. Hamburg (Mitteilungen des Instituts für Asienkunde Hamburg, 193).

SCHERER, B. (1993): Wie sieht die deutsche Gewässergütekarte in Zukunft aus? In: Ökologische Briefe, 30: 7 - 8.

SCHERER, P. (1993): Die Wasserversorgung im Spannungsfeld der Umweltpolitik. In: MOSER, H. (HRSG.): Wasser im Blickpunkt. Kongress Wasser Berlin 1993. Essen: 41 - 45.

SCHLEYER, R. & G. MILDE (1991): Zur Einrichtung von Trinkwasserschutzgebieten (Grundwasser). In: AURAND, K. (HRSG.): Die Trinkwasserverordnung: Einführung und Erläuterungen für Wasserversorgungsunternehmen und Überwachungsbehörden. 3. Aufl., Berlin: 541 - 571.

SCHLÖSINGER, F. u.a. (1988): Abwasser-Wiederverwendung am Beispiel eines Berliner Mietshauses. In: MÖNNINGHOFF, H.: Ökotechnik, Wasserversorgung im Haus: Wasserspartechnik, doppelte Wassernetze, Regenwassernutzung, Grauwasserreinigung. Freiburg: 70 - 76.

SCHÜLLER, S. & F. HÖPPNER (1996): Shanghai auf dem Weg zu einem regionalen und internationalen Wirtschaftszentrum? In: Institut für Asienkunde Hamburg (Hrsg.): Shanghai: Chinas Tor zur Welt. Hamburg: 79 - 108.

SCHNEIDER, H. (Bearb.) (1988): Die Wassererschließung. Erkundung, Bewirtschaftung und Erschließung von Grundwasservorkommen in Theorie und Praxis. 3. Aufl., Essen.

SCHUDOMA, D. u.a. (1994): Ableitung von Zielvorgaben zum Schutz oberirdischer Binnengewässer für die Schwermetalle Blei, Cadmimum, Chrom, Kupfer, Nickel, Quecksilber und Zink. Berlin (Umweltbundesamt Texte, 52/94).

SCHUTZGEBIETS- UND AUSGLEICHSVERORDNUNG - SCHALVO (= VERORDNUNG DES MINISTERIUMS FÜR UMWELT ÜBER SCHUTZBESTIMMUNGEN IN WASSER- UND QUELLENSCHUTZGEBIETEN UND DIE GEWÄHRUNG VON AUSGLEICHSLEISTUNGEN) vom 27.11.1987. In: Gesetzblatt für Baden-Württemberg, 22: 742 - 751.

SHANDONGER AMT FÜR WASSERWIRTSCHAFT (1989): Versuch der Selbstfinanzierung der Wasserversorgungsunternehmen durch richtige Wasserpreisreform (*Gao Hao Shui Fei Gai Ge, Li Zheng Gong Shui Gong Cheng Zi Wo Wei Chi*). In: China water resources, 6: 13 - 14.

SHANGHAI ENVIRONMENTAL BULLETIN 1993 (*Shanghai Shi Huan Jing Zhuang Kuang 1993*). Shanghai (1994).

SHANGHAI ENVIRONMENTAL BULLETIN 1994 (*Shanghai Shi Huan Jing Zhuang Kuang 1994*). Shanghai (1995).

SHANGHAI PUDONG STUDIENBERICHT 1993 (*Shanghai Pudong Yan Jiu Bao Gao 1993*). Shanghai (1993).

SHANGHAIER ABFALLABGABENREGELUNGEN (= REGELUNGEN ZUR ERHEBUNG DER ABFALLABGABE UND BUßGELDER DER STADT SHANGHAI) (*Shanghai Shi Pai Wu Shou Fei He Fa Kuan Guan Li Ban Fa*) vom 11.5.1984. Shanghai 1984.

SHANGHAIER AKADEMIE FÜR STADTPLANUNG (1981): Systematische Planungen der Wasserentsorgung in Shanghai (1): Konzepte zur systematischen Planung der Abwasserprojekte in Shanghai (*Shanghai Shi Pai Shui Xi Tong Gui Hua (1): Shanghai Shi Wu Shui Gong Chen Xi Tong Gui Hua Fang An*). Shanghai.

SHANGHAIER EMISSIONSGRENZWERTE (= EMISSIONSGRENZWERTE FÜR INDUSTRIEABWASSER UND -ABGAS DER STADT SHANGHAI) (*Shanghai Shi Gong Ye Fe Shui Fe Qi Pai Fang Biao Zhun*). Shanghai (1973).

SHANGHAIER GEOLOGISCHES AMT (1979): Bericht zur Bewertung der umwelt-hydrogeologischen Qualität des Gebietes Baoshan-Wusong in Shanghai (*Shanghai Shi Baoshan, Wusong Di Qu Huan Jing Shui Wen Di Zhi Zhi Liang Ping Jia Bao Gao*). Shanghai.

SHANGHAIER GEWÄSSERBIOLOGIE-VERORDNUNG (= VORLÄUFIGE VERORDNUNG ZUM SCHUTZ DER PFLANZEN- UND TIERWELT IM GEWÄSSER UND IHRER ZUCHT DER STADT SHANGHAI) (*Shanghai Shi Shui Chan Yang Zhi Bao Hu Zan Xing Tiao Lie*) vom 1.5.1982. Shanghai (1982).

SHANGHAIER HAFENGEWÄSSER-BESTIMMUNGEN (= VORLÄUFIGE BESTIMMUNGEN ZUR VORBEUGUNG DER GEWÄSSERVERUNREINIGUNG AM SHANGHAIER HAFEN DER STADT SHANGHAI) (*Fang Zhi Shanghai Gang Shui Yu Wu Ran Zan Xing Ban Fa*) vom 1.7.1980. Shanghai (1980).

SHANGHAIER INSTITUT FÜR UMWELTSCHUTZ (1986): Prognose der Verschmutzung von Oberflächengewässern und Studien der Maßnahmen zum Gewässerschutz in Shanghai (*Shanghai Shi Di Biao Shui Huan Jin Wu Ran Yu Ce Ji Dui Ce Yan Jiu*). Shanghai.

SHANGHAIER INSTITUT FÜR UMWELTSCHUTZ (1990): Schutz und Nutzung der Wasserressourcen im Einzugsgebiet des Huangpu (*Huangpu Jiang Liu Yu Shui Yuan Bao Hu Yu Li Yong*). Shanghai.

SHANGHAIER LIU-BESTIMMUNGEN (= VORLÄUFIGE BESTIMMUNGEN ZUM UMWELTSCHUTZMANAGEMENT DER LÄNDLICHEN INDUSTRIE DER STADT SHANGHAI) (*Shanghai Shi Xian Zhen Qi Ye Huan Jing Bao Hu Guan Li Zan Xing Ban Fa*) vom 4.7.1986. Shanghai 1986.

SHANGHAIER OBERFLÄCHENWASSER-STANDARD (= QUALITÄTS-STANDARD FÜR OBERFLÄCHENGEWÄSSER DER STADT SHANGHAI) (*Shanghai Shi Di Mian Shui Huan Jing Zhi Liang Fen Ji Biao Zhun*). In: Shanghaier Institut für Umweltschutz (1986): Prognose der Verschmutzung von Oberflächengewässern und Studien der Maßnahmen zum Gewässerschutz in Shanghai (*Shanghài Shi Di Biao Shui Huan Jin Wu Ran Yu Ce Ji Dui Ce Yan Jiu*). Shanghai: 25; Shanghai environmental bulletin 1994 (*Shanghai Shi Huan Jing Zhuang Kuang 1994*). Shanghai: 19.

SHANGHAIER UMWELTGEOLOGISCHE STATION (1986): Prognose und Bewertung des Grundwasserzustands in Shanghai und Maßnahmenforschungen (*Shanghai Di Xia Shui De Xian Zhuang Ping Jia Yu Ce Ji Dui Ce Yan Jiu*). Shanghai.

SHANGHAIER UMWELTSCHUTZ-BESTIMMUNGEN (= VORLÄUFIGE BESTIMMUNGEN ZUR VORBEUGUNG DER NEUEN UMWELTVERUNREINIGUNG DER STADT

SHANGHAI) (*Shanghai Shi Fang Zhi Huang Jing Xin Wu Ran Zan Xing Ban Fa*) vom 12.5.1983. Shanghai 1983.

SHANGHAIER UMWELTSCHUTZAMT (1988): Studien der Maßnahmen zum Schutz der Wasserressourcen am Oberlauf des Huangpus (*Huangpu Jiang Shang You Shui Yuan Bao Hu Dui Ce Diao Cha Yan Jiu*). Shanghai.

SHANGHAIER UMWELTSCHUTZAMT (1989): Materialien zum Statusseminar Erfahrungen mit Abfall-Zertifikaten in der Stadt Shanghai (*Shanghai Shi Pai Wu Xu Ke Zheng Shi Dian Gong Zuo Zong Jie Yan Shou Hui Cai Liao Hui Zong*). Shanghai.

SHANGHAIER UMWELTSCHUTZAMT (1990): Materialien über Kontrolle der gesamten Emission und Verwendung der Zertifikate (*Tui Guang Zhi Xing Zong Liang Kong Zhi Pai Wu Xu Ke Zheng Zhi Du Zong He Shi Fan Cai Liao Hui Bian*). Shanghai.

SHANGHAIER WASSERENTNAHME-ORDNUNG (= DURCHFÜHRUNGSVORSCHRIFTEN ZUR ORDNUNG DER WASSERENTNAHMEZERTIFIKATE DER STADT SHANGHAI) (*Shanghai Shi Qu Shui Xu Ke Zhi Du Shi Shi Xi Ze*) vom 15.6.1995. Shanghai.

SHANGHAIER WATTENMEER-REGELUNGEN (= VORLÄUFIGE WATTENMEER-REGELUNGEN DER STADT SHANGHAI) (*Shanghai Shi Tan Tu Guan Li Zan Xing Gui Ding*) vom 29.7.1986. Shanghai (1986).

SHI, Ji-De (1991): Situation und Maßnahmen des Managements der Fäkalien im ländlichen Raum Shanghais (*Shanghai Shi Nong Cun Fen Bian Guan Li Xian Zhuang Ji Cuo Shi Tan Tao*). Shanghai.

SHI, Rui-He & CAO, Yun-Hu (1990): Die Wassertarifreform muß noch verstärkt werden (*Shui Fei Gai Ge Huan Xu Da Li Tui Xing*). In: China water resources, 8: 18 - 19.

SHU, Ren-Shun u.a. (1986): Studien zur Durchführbarkeit des Projektes Wasserressourcen-Schutz am Oberlauf des Flusses Huangpu (Gesamtbericht) (*Huangpu Jiang Shang You Shui Yuan Bao Hu Fang An Ke Xing Xing Yan Jiu (Zong Bao Gao)*). Shanghai.

SOKOLL, G. (1965): Die Festsetzung von Wasserschutzgebieten und ihre Rechtswirkungen. Diss., Münster.

STADTWASSER-VERORDNUNG (= VORLÄUFIGE VERORDNUNG ÜBER STÄDTISCHE WASSERVERSORGUNG) (*Cheng Shi Gong Shui Gong Zuo Zan Xing Gui Ding*) vom 23.9.1980. Beijing (1980).

STATISTICAL YEARBOOK OF CHINA 1993 (*Zhong Guo Tong Ji Nian Jian 1993*). Beijing (1993).

STATISTISCHES JAHRBUCH BERLIN 1994. Berlin (1994).

STATISTISCHES JAHRBUCH DER DEUTSCHEN DEMOKRATISCHEN REPUBLIK 1988. Berlin (1988).

STATISTISCHES JAHRBUCH DES NEUEN STADTBEZIRKS PUDONG VON SHANGHAI 1993 (*Shanghai Pudong Xin Qu 1993 Tong Ji Nian Bao*). Bejing (1994).

STATISTISCHES JAHRBUCH FÜR DIE BUNDESREPUBLIK DEUTSCHLAND 1995. Wiesbaden (1995).

STATISTISCHES JAHRBUCH SHANGHAI 1991 (*Shanghai Tong Ji Nian Jian 1991*). Beijing (1991).

STATISTISCHES JAHRBUCH SHANGHAI 1994 (*Shanghai Tong Ji Nian Jian 1994*). Beijing (1994).

STRUCKMEIER, P.-H. & W. SCHULZ (1976): Möglichkeiten zur Verbesserung der Wasserpreisstruktur in der Bundesrepublik Deutschland. Köln (Schriftenreihe des Energiewirtschaftlichen Instituts, 20).

SUCIS Genaral Office (1994): The Shanghai urban construction commission´s world bank GIS projekt. Shanghai.

SUN, Jin-Zhi (HRSG.) (1959): Wirtschaftsgeographie Ostchinas (*Hua Dong Di Qu Jing Ji Di Li*). Beijing (Schriftenreihe der chinesischen Wirtschaftsgeographie der chinesischen Akademie für Wissenschaften, 5).

SUN, Yong-Chang u.a. (1991): Ursachen der Eutrophierung des Sees Dianshan und Gegenmaßnahmen (*Dianshan Hu Fu Ying Yang Hua Chen Ying Ji Fang Zhi Dui Ce*). Shanghai (Abhandlungen der 3. Jahrestagung der Shanghaier Gesellschaft für Umweltwissenschaften, 3: 400 - 401).

SUN, Yong-Fu u.a. (o.J.): Rationelle Erschließung und Nutzung der Grundwasserressourcen in Shanghai (*Shanghai Shi Di Xia Shui Zi Yuan He Li Kai Fa Ying Yong*). Shanghai.

TÄGER, U.Ch. & L. UHLMANN (1984): Der Technologietransfer in der Bundesrepublik Deutschland: Grundstrategien auf dem Technologiemarkt. München (Schriftenreihe des Ifo-Instituts für Wirtschaftsforschung; 115).

TGL 43850/06: TRINKWASSERSCHUTZGEBIETE; FESTLEGUNGEN FÜR OBERFLÄCHENGEWÄSSER. Leipzig (1989).

THE NATIONAL ECONOMIC ATLAS OF CHINA. Hong Kong etc., 1994.

THOME-KOZMIENSKY, K.J. (HRSG.) (1993): Modelle für eine zukünftige Siedlungsabfallwirtschaft. Berlin/Neuruppin (Technik, Wirtschaft, Umweltschutz).

THOME-KOZMIENSKY, K.J. (HRSG.) (1994): Kreislaufwirtschaft. Berlin.

TISCHLER, K. (1994): Umweltökonomie. München u.a.

TÖPFER, K. (1992): Vorwort. In: LANGER, W. (BEARB.): Investitionshilfen im Umweltschutz. Ein Praxisleitfaden mit Gesetzes-, Verordnungs- und Richtliniensammlung. 2. Aufl., Köln: 5.

TRINKWASSER-STANDARD GB5749-85 (= QUALITÄTS-STANDARD FÜR TRINKWASSER GB5749-85 DER VR CHINA) (*Zhong Hua Ren Min Gong He Guo Guo Jia Biao Zhun GB5749-85 Sheng Huo Yin Yong Shui Wei Sheng Biao Zhun*) vom 16.8.1985. In: XIA, Qing & ZHANG, Xu-Hui (HRSG.) (1990): Handbuch für Gewässergütestandards (*Shui Zhi Biao Zhun Shou Ce*). Bejing: 332 - 333.

TRINKWASSERVERORDNUNG - TRINKWV (= VERORDNUNG ÜBER TRINKWASSER UND ÜBER WASSER FÜR LEBENSMITTELBETRIEBE) vom 12.12.1990. In: Bundesgesetzblatt I: 2617ff.

UMWELTBERICHT DER VR CHINA 1994 (1994 Zhong Guo Huan Jing Zhuang Kuang Gong Bao). Beijing (1994).

UMWELTBUNDESAMT (1992): Daten zur Umwelt 1990/91. Berlin.

UMWELTSCHUTZGESETZ DER VR CHINA (Zhong Hua Ren Min Gong He Guo Huan Jing Bao Hu Fa). Beijing (1989).

UMWELTSCHUTZGESETZ DER VR CHINA (ZUR VERSUCHSWEISEN DURCHFÜHRUNG) (*Zhong Hua Ren Min Gong He Guo Huan Jing Bao Hu Fa (Shi Xing)*). Beijing (1979).

UMWELTSCHUTZPLANUNG DER STADT SHANGHAI (DISKUSSIONSPAPIER) (Shanghai Shi Huan Jing Bao Hu Gui Hua (Tao Lun Gao)). Shanghai (1994).

van ROSSENBERG, M.C. (1992): Qualitätszielsetzung des Aktionsprogramms "Rhein". Amsterdam (13. Arbeitstagung der Internationalen Arbeitsgemeinschaft der Wasserwerke im Rheineinzugsgebiet: 161 - 169).

WANG, Peng-Chen u.a. (1984): Studien der Shanghaier Geschichte (*Shanghai Shi De Yan Jiu*). Shanghai.

WANG, Tian-Xiang (1993): Entwicklung der ländlichen Wasserversorgung im Kreis Fengxian (*Fengxian Xian Nong Cun Ji Shui De Fa Zhan*). In: Nachrichten zur Technik der Wasserversorgung und -entsorgung, 3: 5 - 6.

WANG, Wei-Yi (1991): Probleme der Eutrophierung des Sees Dianshan (*Dianshan Hu Shui Zhi Fu Ying Yang Hua Wen Ti*). In: Städtische Wasserversorgung in Shanghai, 1: 3 - 5

WASSERENTNAHME-ORDNUNG (= BESTIMMUNGEN ZUR ORDNUNG UND UMSETZUNG DER WASSERENTNAHMEZERTIFIKATE) (*Qu Shui Xu Ke Zhi Du Shi Shi Ban Fa*) vom 1.8.1993. In: China water resources, 9/1993: 4 - 7.

WASSERGEBÜHREN-BESTIMMUNGEN (= BESTIMMUNGEN ZUR GESTALTUNG, ERHEBUNG UND VERWALTUNG DER WASSERGEBÜHREN FÜR WASSERWIRTSCHAFTLICHE ANLAGEN) (*Shui Li Gong Cheng Shui Fei He Ding, Ji Shou He Guan Li Ban Fa*) vom 22.7.1985. In: China water resources, 9/1985: 2 - 4.

WASSERGEBÜHREN-BESTIMMUNGEN AUF PROBE (= BESTIMMUNGEN ZUR ERHEBUNG DER WASSERGEBÜHREN FÜR WASSERWIRTSCHAFTLICHE ANLAGEN, IHRER VERWENDUNG UND VERWALTUNG (AUF PROBE)) (*Shui Li Gong Cheng Shui Fei Zheng Shou, Shi Yong He Guan Li Shi Xing Ban Fa (Shi Xing)*) vom 13.10.1965. Beijing.

WASSERGESETZ DER VR CHINA (*Zhong Hua Ren Min Gong He Guo Shui Fa*) vom 21.1.1988. In: FANG, Zi-Yun (ed.) (1988): Handbook on water resources protection (*Shui Zi Yuan Bao Hu Gong Zuo Shou Ce*). Nanjing: 1026 - 1031.

WASSERHAUSHALTSGESETZ - WHG (= GESETZ ZUR ORDNUNG DES WASSERHAUSHALTS), in der Fassung vom 28. März 1980. In: GIESEKE, P. u.a. (1985): Wasserhaushaltsgesetz unter Berücksichtigung der Landeswassergesetze und des Wasserstrafrechts. Kommentar. 4. Aufl., München: 1 - 32.

WEIMAR, K. (1989): Möglichkeiten und Grenzen der Privatisierung öffentlicher Kläranlagen aus der Sicht der Landespolitik. Darmstadt (Schriftenreihe WAR 42: 21 - 32).

WICKE, L. (1991): Umweltökonomie: eine praxisorientierte Einführung. 3. Aufl., München (Vahlens Handbücher der Wirtschafts- und Sozialwissenschaften).

WO, Yong-Guang u.a. (1990): Technik und Management des Umweltschutzes (*Huan Jing Bao Hu Ji Shu Yu Guan Li*). Shanghai.

WÖRTERBUCH FÜR LANDWIRTSCHAFT (*Jian Min Nong Ye Shou Ce*). Beijing (1985).

WSG-DURCHFÜHRUNGSBESTIMMUNGEN OBERHUANGPU (= DURCHFÜHRUNGSBESTIMMUNGEN ZUR VERORDNUNG ÜBER WASSERSCHUTZGEBIET AM OBERLAUF DES FLUSSES HUANGPU DER STADT SHANGHAI) (*Shanghai Shi Huangpu Jiang Shang You Shui Yuan Bao Hu Tiao Lie Shi Shi Xi Ze*) vom 29.8.1987. Shanghai.

WSG-VERORDNUNG OBERHUANGPU (= VERORDNUNG ÜBER WASSERSCHUTZGEBIET AM OBERLAUF DES FLUSSES HUANGPU DER STADT SHANGHAI (AUF PROBE)) (*Shanghai Shi Huangpu Jiang Shang You Shui Yuan Bao Hu Tiao Lie (Shi Xing)*) vom 19.4.1985. Shanghai.

WSG-VERORDNUNG OBERHUANGPU (= VERORDNUNG ÜBER WASSERSCHUTZGEBIET AM OBERLAUF DES FLUSSES HUANGPU DER STADT

SHANGHAI) (*Shanghai Shi Huangpu Jiang Shang You Shui Yuan Bao Hu Tiao Lie*) vom 28.9.1990. Shanghai.

WSG-VERWALTUNGSBESTIMMUNGEN (= VERWALTUNGSBESTIMMUNGEN ZUR VORBEUGUNG UND SANIERUNG DER VERUNREINIGUNG VON TRINKWASSERSCHUTZGEBIETEN) (*Yin Yong Shui Shui Yuan Bao Hu Qu Wu Ran Fang Zhi Guan Li Gui Ding*) vom 10.7.1989. In: ZHANG, Yong-Liang u.a. (1991): Schutz von Trinkwasserressourcen: Regelungen, Standards und Unterlagen (*Yin Yong Shui Shui Yuan Bao Hu. Gui Ding, Biao Zhun, Can Kau Zhi Liao*). Beijing: 4 - 7.

WU, Nan-Qun (1993): Statistische Charakteristiken der heutigen Absenkung der Landfläche in Shanghai (*Shanghai Jin Qi Di Mian Chen Jiang De Tong Ji Te Zheng*). In: Shanghai Geology, 2: 27 - 37.

WU, Yong-Xiang (1996): Mündliche Mitteilung. Berlin.

WU, Zhi-Qiang (1993): Globalisierung: Die gegenwärtige städtbauliche Entwicklung und deren Rahmenbedingungen in chinesischen und deutschen Grosstädten. Am Beispiel vergleichender Fallstudien in den Partnerstädten Shanghai und Hamburg. Diss., Berlin.

WURSTER, E. (1976): Trinkwasser aus der Donau. Stuttgart (Stuttgarter Berichte zur Siedlungswasserwirtschaft, 55: 79 - 112).

XIA, Qing & ZHANG, Xu-Hui (HRSG.) (1990): Handbuch für Gewässergütestandards (*Shui Zhi Biao Zhun Shou Ce*). Beijing.

XIA, Wei-Min (1991): Die Verschmutzung durch Fäkalien im Stadtgebiet Shanghais und Vorschläge zur Sanierung (*Shanghai Shi Qu Fen Bian Wu Ran Xian Zhuang Ji Qi Zhi Li She Xiang*). Shanghai (Abhandlungen der 3. Jahrestagung der Shanghaier Gesellschaft für Umweltwissenschaften, 3: 467 - 468).

XU, Shi-Yuan (1989): Shanghai vergrößert sich durch Deltawachstum zur Zeit schneller (*Shanghai Cheng Lu Su Du Zai Jia Kuai*). In: Geographisches Wissen, 4: 8 - 9.

YAN, Li-Chuan (o.J.): Studie der Maßnahmen zur hygienischen Trinkwasserversorgung bei der optimalen Erschließung und Nutzung der Wasserressourcen in Shanghai (*Shanghai Shi Shui Zi Yuan He Li Kai Fa Li Yong Zhong Ti Gong Shi Min Wei Sheng Yin Shui Fang Fa De Tan Tao*). Shanghai (Stadtgeologische Arbeiten, 9: 15 - 20).

YANG, Li-Pu (1982): Die Wasserressourcen und ihre Nutzung in Xinjiang (*Xinjiang Shui Li Zi Yuan Ji Qi Li Yong*). Urumchi.

YANG, Xiu-Wei (1988): Alte Wassergesetze Chinas (*Wo Guo Gu Dai Shui Fa Jian Jie*). In: China water resources, 371988: 42 - 45.

YAO, Yu-Lin u.a. (1992): Städtische Wasserversorgung und -entsorung (*Cheng Shi Ji Shui Pai Shui*). 2. Aufl., Beijing.

YAO, Zhong-Wei (1992): Fertigung und Teilinbetriebnahme des Wasserwerks Yuepu. Shanghaier bekommen zum ersten Mal Trinkwasser aus dem Yangzi (*Yuepu Shui Chang Jian Chen Bu Fen Tou Chan, Shanghai Shi Min Shou Ci He Dao Changjiang Shui*). In: Städtische Wasserversorgung in Shanghai, 2: 46.

YIN, Rong-Qiang (1988): Politik, Zustand und Entwicklungsrichtung der Wasserreform im ländlichen Raum Shanghais (*Lun Shanghai Shi Nong Cun Gai Shui De Zheng Ce, Xian Zhuang He Fa Zhan Fang Xiang*). Shanghai.

YU, Yi-Chang (1990): A study of Shanghai water quantity balance. In: Journal of East China Normal University (Natural Science), Geo-Science Supplement 1990: 105 - 109.

YUN, Cai-Xing & CAI, Mengyi (1986): Change of estuary and suspended sediment diffusion of the Changjiang River (the Yangtze). In: CHEN, Shu-Peng (ed.): Atlas of geo-science analyses of Landsat imagery in China. Beijing: 48 - 59.

ZHANG, Kai-Ming & WANG, Jian-Ming (1985): Die Bevölkerung der Stadt Shanghai (*Shanghai Shi Ren Kou*). In: Almanac of China's population 1985: 447 - 456.

ZHANG, Xiang-Yu (1992): Stand und Perspektiven der Wasserversorgung in Kreisstädten in Shanghai (*Shanghai Shi Xian Zhen Gong Shui Xian Zhuang He Zhan Wang*). In: Städtische Wasserversorgung in Shanghai, 1: 14 - 17.

ZHANG, Yong-Liang u.a. (1991): Schutz von Trinkwasserressourcen: Regelungen, Standards und Unterlagen (*Yin Yong Shui Shui Yuan Bao Hu. Gui Ding, Biao Zhun, Can Kau Zhi Liao*). Beijing.

ZHANG, Yuan-De & YANG, Shao-Gen (1993): Theorie und Anwendung der optimalen Wasserentnahme am Yangzi für den Metall-Konzern Baoshan (*Baoshan Changjiang Shui Yuan You Hua Qu Shui De Gui Lü Ji Ying Yong*). In: Wasserversorgung und -entsorgung, 1: 10 - 13; 2: 19 - 20.

ZHAO, Bing-Kui (1991): Umweltverschmutzung durch Viehzucht und nötige Maßnahmen in Shanghai (*Ben Shi Xu Mu Ye Wu Ran Gai Kuang Ji Ying Cai Qu De Cuo Shi*). Shanghai (Abhandlungen der 3. Jahrestagung der Shanghaier Gesellschaft für Umweltwissenschaften, 3: 377 - 380).

ZHAO, Hong-Lin (1993): Wasserqualität des Sees Dianshan im Zeitraum 1986 - 1990 (*"Qi Wu" Qi Jian Dianshan Hu Shui Huan Jing Zhi Liang Zhuang Kuang*). In: Umweltüberwachung in Shanghai, 3: 31 - 40.

ZHAO, Yin-Wei & HE, Jian-Min (1994): Programme for conservation of drinking water sources and environmental management in Songjiang Town of Shanghai City (*Shanghai Shi Songjiang Zhen Yin Yong Shui Shui Yuan Qu De Bao Hu Yu Huan Jing Guan Li Fang An*). In: Rural Eco-Environment, 2: 1 - 5.

ZHAO, Yin-Wei u.a. (1994): Study on controlling system for environmental pollution of agriculture and animal husbandary in Songjiang County, a source region of drinking water for Shanghai (*Shanghai Shi Songjiang Zhen Yin Yong Shui Shui Yuan Qu Nong Mu Ye Huan Jing Wu Ran Kong Zhi Xi Tong*). In: Rural Eco-Environment, 3: 9 - 13.

ZHENG Wen (1982): Wassertarifreform zur Entschärfung der Konflikte zwischen Wasserbedarf und -versorgung (*Gai Ge Shui Fei Zheng Shou Zhi Du Huan He Shui Yuan Gong Xui Mao Dun*). In: China water resources, 3: 38.

ZHI, Ke-Cheng (1991): Bericht zur Überwachung der Wasserqualität von Huangpu in Shanghai 1986 - 1990 (*Shanghai Huangpu Jiang Shui Zhi Wu Nian (1986 - 1990) Jian Ce Zong Shu*). In: Umweltüberwachung in Shanghai, 1: 6 - 14.

ZHOU, Dan-Min (1994): Umweltverträglichkeitsprüfung in der VR China - mit 7 Fallstudien. Berlin (Berliner Beiträge zu Umwelt und Entwicklung, 5).

ZHOU, Shu-Zhen (ed.) (1989): Urban climate and regional climate with special regard to the urban climate of Shanghai (*Cheng Shi Qi Hou Yu Qu Yu Qi Hou - Zhao Zhong Shanghai Cheng Shi Qi Hou De Yan Qou Jiu*). Shanghai.

ZHOU, Zeng-Yan (1996): Schriftliche Mitteilung. Shanghai.

ZIMMERMANN, G. (1991): Fernerkundung des Ozeans. Probleme der Fernerkundung des Ozeans mit optischen Mitteln. Berlin.

ZUSTAND DER ABWASSERKANÄLE IM SHANGHAIER STADTGEBIET (*Shanghai Chen Shi Xia Shui Dao Xian Zhuang*). Shanghai (1978).

BERLINER GEOGRAPHISCHE STUDIEN

Band 27: SCHAAFHAUSEN-BETZ, Sabine: Auswirkungen spontaner Landnahme in Ost- Kalimantan. Untersucht am Beispiel der Straße von Samarinda nach Balikpapan Ost- Kalimantan, Indonesien. 1988, VII, 118 S., 24 Abb. (davon 2 Farbkarten), 4 Tab. im Text
ISBN 3 7983 1213 3 — DM 5,00

Band 28: SCHULZ, Georg: Lexikon zur Bestimmung der Geländeformen in Karten. 1989, V, 359 S., 296 Abb. incl. 8 farb. Abb. 3. überarbeitete und ergänzte Auflage, 1994
ISBN 3 7983 1283 4 — DM 40,00

Band 29: ELLENBERG, Ludwig (Hrsg): Gefährdung und Sicherung von Straßen in Costa Rica und Panama. 1990, XII, 153 S., 11 Tab., 63 Karten
ISBN 3 7983 1299 0 — DM 10,00

Band 30: GABRIEL, Baldur (Hrsg.): Forschungen in ariden Gebieten. Aus Anlaß der Gründung der Station Bardai (Tibesti) vor 25 Jahren. 1990, VI, 300 S., 10 Tab., 70 Abb., 18 Photos und eine Kartenbeilage
ISBN 3 7983 1340 7 — DM 10,00

Band 31: HOFSTEDE, Jacobus: Hydro- und Morphodynamik im Tidebereich der Deutschen Bucht. 1991, X, 113 S., 13 Tab., 41 Abb., 3 Photos im Text
ISBN 3 7983 1422 5 — DM 13,00

Band 32: VOLMERIG, Rolf-Dieter: Kommunaler Finanzausgleich und zentrale Orte in Schleswig-Holstein. 1991, XVI, 258 S., 87 Tab., 37 Abb. und eine Faltkarte (Kartentasche)
ISBN 3 7983 1429 2 — DM 25,00

Band 34: KOLB, Albert: Yünnan - Chinas unbekannter Süden. Mit einem Beitrag von Reinhard Hohler. 1991, XII, 133 S., 7 Tab., 8 Abb. und 30 Photos
ISBN 3 7983 1463 2 — DM 22,00

Band 36: VOIGT, Bernd: Klima und Landschaft am Horn von Afrika im Quartär. 1992, XII, 151 S., 12 Tab., 46 Abb. und 2 Tafeln
ISBN 3 7983 1499 3 — DM 19,00

Band 37: DREISER, Christoph: Mapping and Monitoring of QUELEA Habitats in East Africa. 1993, XII, 149 S., 2 Tab., 90 Abb.
ISBN 3 7983 1560 4 — DM 38,00

Band 38: ONGSOMWANG, Suwit: Forest Inventory, Remote Sensing and GIS (Geographic Information System) for Forest Management in Thailand. 1994, XIV, 272 S., 108 Tab., 52 Abb., 20 Photos und 5 Farbkarten (Kartentasche)
ISBN 3 7983 1561 2 — DM 63,00

Band 39: NIESTEL, Axel: Drought Risk Modelling in the Nile Valley. Based on a Stream-Aquifer Interaction Model. 1994, X, 81 S., 6 Tab., 28 Abb.
ISBN 3 7983 1562 2 — DM 26,00

Band 40: HOFMEISTER, Burkhard / VOSS, Frithjof (Hrsg.): Exkursionsführer zum 50. Deutschen Geographentag 1995 in Potsdam. 1995, VI, 423 S., 15 Tab., 97 Abb., 29 Photos
ISBN 3 7983 1641 4 — DM 25,00

Band 41: GÖNNERT, Gabriele: Mäandrierung und Morphodynamik im Ästuar am Beispiel der Eider. 1995, XIV, 198 S., 15 Tab., 85 Abb.
ISBN 3 7983 1642 2 DM 55,00

Band 42: ACKER, Heike: Bürobetriebe und Stadtentwicklung. Entwicklungen in Berlin nach 1989 unter besonderer Berücksichtigung der Immobilienbranche. 1995, VII, 172 S., 12 Tab., 31 Abb.
ISBN 3 7983 1643 0 DM 49,00

Band 43: ALBERS, Christoph: Kommunale Planung in Alto Valle de Rio Negro y Neuquén, Argentinien. 1996, XII, 244 S., 34 Karten, 21 Abb. und 25 Tab.
ISBN 3 7983 1654 6 DM 49,00

Band 44: STEINECKE, Albrecht (Hrsg.): Stadt und Wirtschaftsraum. Festschrift für Prof. Dr. Burkhard Hofmeister. 1996, XX, 509 S., 41 Tab., 131 Abb. und 16 Fotos
ISBN 3 7983 1654 4 DM 28,00

Band 45: ALBERS, Christoph: Planificatión en el Alto Valle de Rio Negro y Neaquén, Argentinien. Spanische Version von Band 43. 1996, XII, 245 S., 34 Karten, 21 Abb. und 25 Tab.
ISBN 3 7983 1696 1 DM 49,00

Band 46: CHUCHIP, Kankhajane: Satellite Data Analysis and Surface Modeling for Land Use and Land Cover Classification in Thailand. 1997, XIV, 239 S., 96 Abb. (davon 4 Farbkarten), 45 Tab. und 4 Farbkarten (Kartentasche)
ISBN 3 7983 1706 2 DM 49,00

Band 47: WAGAW, Mezemir F.: Integrated Application of Geographic Information System and Remote Sensing in Engineering and Hydrogeological Problem-Settings in Sellected Areas in Ethiopia.
in Vorbereitung

Band 48: LI, Jianxin: Gewässerschutz in Shanghai. 1997, IX, 161 S., 21 Abb., 46 Tab., 14 Karten
ISBN 3 7983 1740 2 DM 35,00

Der Band 34 ist nur bei dem Herausgeber zu beziehen.

Nicht aufgeführte Bd-Nrn. sind vergriffen. Bei Abnahme mehrerer Exemplare eines Titels wird Preisnachlaß gewährt; Näheres auf Anfrage. Ab 1994 gelten die Preise für den Barverkauf. Bei Bestellungen wird zusätzlich eine Versandpauschale erhoben: für das 1. Exemplar 4,00 DM, für jedes weitere Exemplar 1,00 DM.

Vertrieb/ Publisher: Technische Universität Berlin, Universitätsbibliothek, Abt. Publikationen
Straße des 17. Juni 135, D-10623 Berlin; Tel.: (030) 314-22976, -23676; Fax: (030) 314-24743
Verkauf/ Book-Shop: Gebäude FRA-B
Franklinstr. 15 (Hof), D-10587 Berlin-Tiergarten

